U0341038

多语言
情感分析及其应用

◎ 徐月梅 著

清华大学出版社
北京
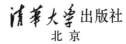

内 容 简 介

情感分析研究属于自然语言处理领域的一个重要分支。在信息全球化背景下,情感分析研究从单语言逐步扩展到多语言场景。本书分为上下两篇,上篇为单语言情感分析,下篇为多语言情感分析,尝试讲清楚情感分析是什么,单语言和多语言情感分析应该怎么做,情感分析需要具备哪些理论基础、技术基础和模型基础,多语言情感分析有哪些可用的语言资源,多语言情感分析未来的发展等问题。

本书能够为多语言自然语言处理和情感分析等领域的科研人员、从业者、在读研究生提供入门理论指导和技术参考。

图书在版编目(CIP)数据

多语言情感分析及其应用/徐月梅著. —北京:清华大学出版社,2023.9(2023.11重印)
ISBN 978-7-302-63972-5

Ⅰ.①多… Ⅱ.①徐… Ⅲ.①自然语言处理—研究 Ⅳ.①TP391

中国国家版本馆 CIP 数据核字(2023)第 114767 号

责任编辑:袁勤勇
封面设计:刘艳芝
责任校对:韩天竹
责任印制:宋 林

出版发行:清华大学出版社
　　　　网　　　址:https://www.tup.com.cn,https://www.wqxuetang.com
　　　　地　　　址:北京清华大学学研大厦 A 座　　　　邮　　编:100084
　　　　社 总 机:010-83470000　　　　　　　　　　邮　　购:010-62786544
　　　　投稿与读者服务:010-62776969,c-service@tup.tsinghua.edu.cn
　　　　质量反馈:010-62772015,zhiliang@tup.tsinghua.edu.cn
　　　　课件下载:https://www.tup.com.cn,010-83470236
印 装 者:三河市天利华印刷装订有限公司
经　　销:全国新华书店
开　　本:185mm×260mm　　　　印　　张:18　　　　字　　数:428 千字
版　　次:2023 年 9 月第 1 版　　　　　　　印　　次:2023 年 11 月第 2 次印刷
定　　价:68.00 元

产品编号:101026-02

序

很高兴看到《多语言情感分析及其应用》出版。

当前,新一轮技术变革正深刻影响并改变着人们的生产与生活方式。全球化背景下的信息呈现多语言信息模态,微博、Twitter、Facebook 等社交媒体上不同国家、不同语言的互联网用户发布的多语言信息交织在一起,构成庞大的多语言信息。多语言情感分析可以挖掘多语言信息背后蕴含的用户观点、态度立场和情感倾向,对于实现跨语言媒体智能、构建多语言认知智能体系有着举足轻重的作用。

多语言情感分析从多语言信息中挖掘出人们的观点和态度,因而有着鲜明的时代特色和广阔的应用前景,在网络舆论监测引导、网际空间安全研究、在线医疗健康、跨境电商等领域均有着迫切的应用需求。2017 年国务院发布的《新一代人工智能发展规划》,特别提出,要重点突破自然语言处理中的跨语言文本挖掘技术和认知智能的语义理解技术,实现多风格、多领域的自然语言智能理解。

多语言情感分析乃至多语言信息处理研究也是目前自然语言处理领域的一大难点。相比单语言情感分析,多语言情感分析研究主要受限于多语言信息的语法和语用差异,以及低资源语言的标注数据匮乏等难题。现有的情感分析研究主要在英语等高资源语言开展,在低资源语言甚至中等资源语言中开展情感分析研究仍是一项挑战。因此,本书通过梳理多语言情感分析及其应用涉及的理论基础、技术基础、语言资源以及典型应用,能够帮助本领域的入门者快速了解领域全貌。

本专著包括上下两篇,共 10 章,上篇为单语言情感分析,下篇为多语言情感分析,顺应情感分析的发展脉络和研究路线,内容结构合理、循序渐进。本专著的一大特色是兼具技术性和综述性,一方面涵盖了多语言情感分析研究所需的文本表示学习基础、机器学习和深度学习模型基础,另一方面梳理了现有的多语言情感语料资源、多语言情感分析综述以及作者在多语言情感分析领域所做的探索性研究。

随着国际化进程加快和国际交流趋繁,多语言情感分析研究将会在越来越多的跨学科应用领域发挥作用。希望本书可以帮助广大读者快速掌握多语言情感分析研究相关的技术和理论。

哈尔滨工业大学教授、副校长
中国中文信息学会副理事长

自 序

　　著名语言学家诺姆·乔姆斯基指出,研究人类的语言,就是探讨所谓"人类的本质",就是探讨迄今所知为人类独有的心智特征。情感是人类的一种主观意识,人们会有喜怒哀乐不同的情绪,并通过语言文字的方式进行表达;与此同时,人们也会对客观的事情或者事物进行主观评价,表达倾向性的意见。情感分析研究,是利用可计算的手段对人类的主观情感进行客观感知、表征和处理,从中挖掘出有用的信息。

　　情感分析研究属于自然语言处理领域的一个分支,自诞生之日起就有着蓬勃的生命力。利用计算机进行情感分析,最早可追溯到美国 MIT 媒体实验室皮卡德教授于 1995 年提出的"情感计算"概念。情感分析研究需要解决的关键问题,是如何借助已知的有限情感资源信息对大量未知的信息进行情感识别、情感表示以及情感因素度量,使得计算机拥有类似于人类的观察、理解、生成情感的能力,实现更高层次的人机交互。

　　信息全球化背景下,从单语言场景下的情感分析扩展到多语言场景下的情感分析是研究发展的必然趋势。然而,在全球现有的 7000 多种语言里,已开展计算语言学研究的语言数量可能少于 30 种,大多数语言缺少进行情感分析研究所需的计算资源和语言学资源。多语言情感分析研究存在严重的资源分布不均衡问题:在英语等少数语言积累了丰富的语言资源和方法模型,而其他语种、尤其是一些非通用语种上的情感分析研究进展缓慢,缺少可用的语言资源和方法模型。北京外国语大学现已开设了 101 种外语专业,已开齐与中国建交国家的官方用语,给本领域的研究提供了丰富的语言资源和背景。因此,本书选择从多语言的视角阐述情感分析这一颇具跨学科应用特色的研究方向,尝试讲清楚几个问题:情感分析是什么,单语言和多语言情感分析应该怎么做,情感分析需要具备哪些理论基础、技术基础和模型基础,多语言情感分析有哪些可用的语言资源,多语言情感分析未来的发展等。

　　谈一下写这本专著的初衷。我到北京外国语大学从教后开始接触自然语言处理研究,这个过程走过一些弯路,很多地方都是从零开始慢慢摸索,一路跌跌撞撞,深切感受到这个过程如果能有系统性的著作引路,会走得更快更稳一些。因此,这本书的写作视角是站在情感分析研究入门者的角度,把我这些年在多语言情感分析研究的经验教训和思考总结出来,帮助后来者更好地开展相关研究。一方面,阅读和整理了多语言以及跨语言情感分析领域的相关文献,并撰写了综述性的分析总结,希望能够给多语言情感分析入门者提供背景知识;另一方面,整理和完善了近年来我和我带的学生在多语言情感分析领域所做的一些探索性的研究工作,借此机会对现有工作总结,并对未来工作提出展望。得益于北京外国语大学丰富的多语言语料资源和浓厚的人文学术研究氛围,我有幸接触到许多非计算机专业、但是对情感分析研究很感兴趣的学者和学生,他们希望能够将情感分析技术或者多语言信息处理技术应用到所学领域,产生跨学科的火花碰撞。这本书在整理个人研究工作的同时,也梳理了多语言情感分析研究所需掌握的语言表示技术基础、机器学习理论基础以及深度学习模型基础等知识,力所能及地提供一些理论参考和学习经验指导。

本书分为上下两篇,上篇为单语语言情感分析,下篇为多语语言情感分析,共 10 章。从计算机科学、语言学以及社会学等多学科交叉融合角度,阐述多语言情感分析研究涉及的理论基础、技术基础以及典型应用。

第 1 章是绪论部分,介绍多语言信息的研究背景以及情感分析任务的概念定义,便于读者理解多语言情感分析的任务分类,以及所面临的主要问题和挑战。

上篇单语语言情感分析包括第 2~5 章。第 2 章为单语言情感分析的背景知识,阐述单语言情感分析的研究背景、应用场景以及实现步骤。第 3 章讲解文本表示的相关方法和模型。情感分析离不开文本的语义表示,因此第 3 章从传统的向量空间模型谈起,到LDA 等主题模型,再到 Word2vec 等词向量表示模型。第 4 章讲解单语言情感分析所需的技术基础——学习模型。情感分析任务依赖于机器学习模型或者深度学习模型,这一章从朴素贝叶斯、支持向量机等传统机器学习模型讲起,再到卷积神经网络、长短期记忆等浅层神经网络模型,最后到 Transformer、BERT 等深度学习预训练模型。第 5 章是单语言情感分析的应用案例,是笔者在情感分析领域的研究成果,包括情感分析在股票预测中的应用、情感分析在微博转发规模预测中的应用,以及情感分析在新闻舆情倾向预测中的应用。

下篇多语语言情感分析包括第 6~10 章。第 6 章为多语言情感分析的背景知识,阐述多语言情感分析的研究背景、应用场景以及实现步骤。第 7 章讲解多语言情感分析所需的技术基础——跨语言文本表示。跨语言文本表示能够实现多语言信息在同一语义空间的表示,是多语言情感分析乃至多语言自然语言处理的基础。第 8 章阐述多语言情感分析的语言资源——情感词典的构建。情感词典是情感分析研究的重要辅助工具。这一章首先概述现有单语言情感词典和多语言情感词典构建的相关研究,然后阐述笔者在领域自适应单语情感词典构建方面的研究工作。第 9 章为跨语言情感分析方面研究综述。跨语言情感分析研究对于低资源语言的情感分析有着重要的现实意义。该章首先对高、中、低资源语言进行定义,然后总结归纳现有跨语言情感分析研究的相关工作。第 10 章是多语言情感分析的 2 个具体实现模型,是笔者在跨语言情感分析方面的研究成果。本书的最后就大语言模型对多语言相关研究的未来发展和启示进行探讨剖析,并提出未来展望。

感谢我所在的信息科学技术学院,特别感谢蔡连侨院长和郭华伟书记,给我们青年教师提供了宽松和良好的科学研究环境和土壤,并鼓励我们将个人科研兴趣融入学院和学校的发展中,选择做自己感兴趣的方向。

感谢一起撰写这本书的学生,她们是胡玲、王文清和杜宛泽。感谢编辑袁勤勇和苏东方老师对书稿的精心校对与宝贵意见,清华大学出版社其他人员也为本书付出了大量努力,在此也一并表示诚挚的感谢!

因作者水平有限,书中难免有疏漏或错误之处,敬请广大读者批评指正。

最后,谨以此书献给我最敬爱的父亲。父亲陪伴了我三十多年的时光,我在他的教导和影响下成长。在撰写这本书的时间里,我都非常想念他。每每只有坐在书桌前写书码字时,对父亲的思念才得以排解。父爱如山、父爱无私,难忘父亲教诲。

徐月梅

目 录

下篇　多语语言情感分析

第 1 章

绪　　论

1.1　多语言信息的研究背景

全球化背景下,互联网信息呈现多语言(Multi-lingual)信息模态。在互联网发展初期,互联网上英语语言的信息占绝对统治地位。然而,近年来互联网信息的语言分布发生了很大的变化。根据 W3Techs 统计,现在互联网中约有一半以上的网页是英语语言,其他语言如俄语、西班牙语、德语、法语、日语、土耳其语、波斯语、中文等的占比也在逐步提升。截止到 2021 年 12 月,各种语言的网页数占比排名前 10 的国家情况如图 1-1 所示。可以看到,英语语言的网页数占比最高,约为 58.9%;俄语次之,约为 5.3%;西班牙语第三,约为 4.3%。

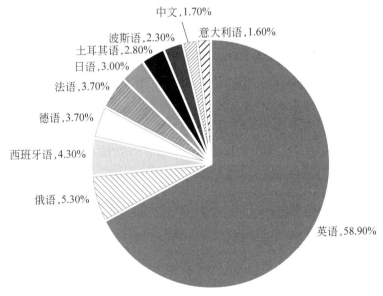

图 1-1　各种语言的网页数占比

互联网用户所使用的语言也呈现多语言化趋势。2000 年,英语语言的互联网用户占比接近 80%。然而,这一占比在 2020 年下降到 25.9%,其他非英语语言的互联网用户占比则增加到 74.1%。可见,从 2000 年至今的 20 多年间,互联网用户的语言多样化趋势非常明显。截止到 2021 年 12 月,各种语言的互联网用户占比排名前 10 的国家情况如图 1-2 所示。可以看到,英语语言的互联网用户占比最高,约为 25.9%;中文次之,占比约为 19.4%；西班牙第三，约为 7.9%。

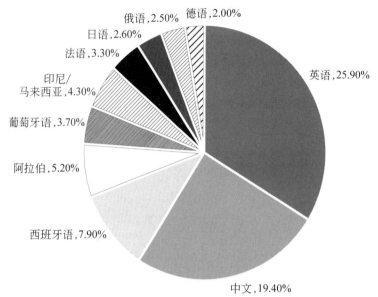

图 1-2　各种语言的互联网用户占比

得益于微博、Twitter、Facebook 等社交媒体的迅猛发展和普及，不同国家使用不同语言的人们能够跨越空间和时间在媒体平台上分享和交流信息。每天，全世界数十亿人使用这些社交媒体工具表达观点和情感。表 1-1 列举了这些不同社交媒体的用户数和语言情况。在社交媒体平台中，使用不同语言的互联网用户发布的信息交织在一起，构成庞大的多语言信息。当前，世界正在经历百年未有之大变局，在推动中国更好地走向世界以及世界更好地了解中国方面，国内和国际的舆情态势都需要准确把握和感知，而这些社交媒体上的多语言信息评论是国外舆情感知的最好信息源。

表 1-1　不同社交媒体的评论信息示例

媒　　体	创立时间	网民数	语　言	摘 取 评 论
Facebook	2004	25 亿	多语语言	It's so terrible(英语)
Twitter	2006	4 亿	多语语言	ChatGPT est très bon.（法语，ChatGPT 非常棒）
YouTube	2005	20 亿	多语语言	怖すぎる（日语，意为太可怕了）
微博	2009	5 亿	中文为主	我真希望父母读过这本书
微信	2011	12 亿	中文为主	神舟十五号，中国的骄傲

随着互联网数据爬取技术的快速发展，基于爬虫等手段采集和获取互联网上的多语言信息变得越来越容易。对这些多语言信息进行数据挖掘和数据分析，处理和屏蔽不同语言的语法差异性以及不同信息的数据异构性，挖掘这些多语言信息所蕴含的观点和情

感倾向,近年来受到工业界和学术界的极大关注。

通过挖掘社交媒体中多语言信息的情感倾向,有助于理解不同国家语言群体的意见,对于精准把握国际舆论走向,有针对性地开展国际舆情感知和引导,十分重要且十分必要。尤其是在发生自然灾害或者重大突发政治事件时,人们希望能够从大规模的多语言信息中获取不同的观点立场,分析、了解和评估民众的需求、对政治事件的看法和反应等。例如,2020 年,Kruspe 等为了研究新型冠状病毒感染对欧洲各国网民生活和工作的影响,通过收集 Twitter 上不同国家网民在 2020 年第 1 季度发布的疫情评论信息,按语言分类后判别其情感极性,从中发现舆论倾向[1]。

从单语言背景下的信息处理扩展到多语言背景下的信息处理,是信息全球化发展的必然趋势。然而对于多语言的信息处理及其在情感分析任务上的应用,仍存在着不少问题和挑战。根据 Ethnologue 数据库统计分析,全球现有 7139 种语言。在计算语言学方面研究的语言数量可能少于 30 种,大多现有的语言缺少进行自然语言处理所需的计算资源和语言学标注资源[2-3]。事实上,根据统计,世界上大约一半人口使用的语言并不在最常用的 20 种语言里[4]。即使是在那些最常用的语言中,也很少有语言具备足够丰富的资源,能够用于搭建复杂的机器学习模型进行情感分析。

因此,现有的情感分析研究大多在少数高资源(High-resource)语言,尤其主要在英语语言下开展:英语语言积累了丰富的情感资源,如标注语料库、情感词典等;而在低资源(Low-resource)语言中情感分析研究较少,情感语料资源也较为匮乏。在低资源甚至中等资源(Moderate-resource)语言中开展情感分析仍然是一项挑战。

如果针对每种语言都进行重复的资源构建和研究,将耗费大量的人力物力。因此,迫切需要多语言信息的处理技术,屏蔽不同语言间的语法、语用等差异,搭建不同语言之间的知识关联以实现资源共享,使得在英语语言积累的丰富语料和模型能够直接应用到多种语言的情感信息挖掘。

1.2　情感分析概述

1.2.1　情感分析的定义

情感是人类的一种主观意识,它是人脑对某种客观存在的主观反映。情感分析,也称为观点挖掘,目的是通过可计算的方法从信息中挖掘人们对于产品、服务、组织、个人、事件等的观点和态度。

利用计算机手段进行情感分析的研究工作,最早可以追溯到 1995 年,美国 MIT 媒体实验室皮卡德教授等在 *Affective Computing* 一书中提出“情感计算”概念[5],并指出情感计算是关于人类情感产生、情感识别、情感表示以及影响情感因素度量等方面的计算科学。情感计算利用计算机科学技术实现了信息载体与人类情感的极性倾向(积极、消极或中立)强度之间的关系度量,目标是使得计算机拥有类似于人类的观察、理解和生成情感特征的能力,能够像人一样识别和表达情感,实现真正意义上的人机交互。

人们在生活中随时都会有喜怒哀乐的情绪起伏变化,与此同时,人们也会对客观的事情或者事物进行具有倾向性的主观评价。例如,人们在社交媒体平台上表达对新闻时事、政策法规、消费产品等话题的主观评论。这些数据对于情感分析的相关研究有着重要的支撑作用,近年来大大促进了情感分析研究的发展。2002年至今,情感分析已成为自然语言处理领域最活跃的研究任务之一。

早期的情感分析主要用于分析产品评论,了解消费者对产品或服务的评价和喜好。代表性工作是2002年Turney等对书籍和电影评论进行情感分类[6]。近年来,情感分析也被逐步用于网络舆情监测、股票市场预测、医疗保健等领域。

- 网络舆情监测中,通过监测社交媒体用户评论来挖掘公众对国家重大事件或政策法规的观点倾向。
- 股票市场预测中,通过识别财经新闻或者股票交易板块中用户评论的褒义或者贬义信息,预测股票市场指数的走向。
- 医疗保健领域中,通过收集患者有关疾病和药物的不良反应以及患者的情绪等信息,使用情感分析进行信息挖掘以便提供更好的医疗保健服务。

可以说,各种应用场景数据的极大丰富,促进了情感分析研究的发展;而情感分析研究的进一步发展,又促使情感分析在各行各业得到更广泛的运用,反过来为情感分析研究提供更加丰富和多样化的研究数据。

1.2.2　情感分析的分类

情感分析研究作为自然语言处理的一个重要方向,涉及信息抽取、文本挖掘、信息检索等多个领域。可以按照面向粒度(Granularity-oriented)、面向任务(Task-oriented)、以及面向方法论(Methodology-oriented)的角度对现有的情感分析研究进行分类。

按照任务的颗粒度,情感分析可以分为篇章级(Document-level)、句子级(Sentence-level)、词或短语级(Word-level)以及属性级(Aspect-level)。顾名思义,篇章级的情感分析,目标是对整篇文档进行情感分析;句子级的情感分析是将句子作为处理单元进行情感分析;词和短语通常被认为是情感表达的最小单元,词或短语级的情感分析是判定给定的单词或者短语的情感极性,从这点看,词或短语级的情感分析与情感词典构建任务等价;属性级的情感分析是从文本中挖掘评价对象实体的属性,并对其进行情感分析。

按照任务的类型,情感分析可分为情感极性分类(Sentiment Polarity Classification)、情绪原因识别(Emotion Cause Detection)以及情感信息抽取(Sentiment Information Extraction)等子任务。

情绪(Emotion)与情感(Sentiment)这两个近义词在汉语里通常可以互用,但在情感分析研究领域,研究学者对"情绪"与"情感"作了重要的区分。

情绪,是多种感觉、思想、行为综合产生的生理和心理状态,是对外界刺激所产生的生理反应,例如高兴、喜爱、悲伤、气愤等情绪。情绪与人的自然性需要相联系。情感则是多种情绪的综合表现,与人的社会性需要相联系。例如,当某个对象满足了人的某项需要,其满意、喜悦、愉快等情绪使人产生正向的情感体验;而不满、忧愁、恐惧等情绪使人产生负向的情感体验。

因此,情感极性分类,简称情感分类,着重于情感的极性(Polarity)研究,关注人们对某个事物正面或负面的印象或评价,即事物的情感色彩(如褒义、贬义等)。不难看出,情绪是情感的具体组成,更能充分表达人类复杂的内心世界。情绪分析是在粗粒度的情感分类基础上,从心理学角度出发,多维度地描述人的情绪态度,例如喜、怒、哀、乐等,故又将情绪分析称为细粒度类别的情感分析。具体来说,情绪原因发现从蕴含情绪的文本中提取出产生该情绪原因的事件、子句、短语或词。

例如,对于句子"收到他的礼物,我很高兴",情感分类任务是判别这句话的情感倾向为积极;情绪原因识别任务是在已知情绪词"高兴"的前提下,提取出触发该情绪的原因为"收到他的礼物"。

情感信息抽取是更细粒度的情感分析研究,旨在从数据中抽取出有价值的情感信息,例如观点持有者、评价对象、评价词或短语等。相比较于简单的情感分类任务,情感信息抽取能够获得结构化的信息。情感信息抽取在电子商务、信息安全等领域具有广泛的应用需求,同时也是句子级深层次语义理解的一个重要组成部分。

按照采用的技术,情感分析可分为基于规则和情感词典的方法、基于传统机器学习的方法以及基于深度学习的方法。

基于规则和情感词典的方法,主要在早期情感分析研究中采用。其主要思路是:使用情感词典对文档中的单词进行匹配,基于匹配词语的情感极性,根据预定义的规则进行统计,依据统计结果实现对文本情感极性的判断。基于规则和情感词典的方法属于无监督的方法,优点是不需要大量的标注语料数据,缺点是仅考虑了单词的情感极性,无法兼顾文本上下文的结构特征,容易忽略文本内部深层次的语义关系。

基于机器学习的方法,其主要思路是:首先,基于标注数据进行情感特征抽取和特征选择,获取情感相关的特征表示;然后,利用机器学习算法进行模型训练和预测。2002 年,Pang 等首先将机器学习算法引入到电影评论文本的情感分类任务中[7],分别比较了朴素贝叶斯(Naïve Bayes)、最大熵(Maximum Entropy)和支持向量机(Support Vector Machine)三种经典机器学习算法的性能。实验结果发现,基于机器学习的情感分类正确率高于人工判别的结果,在三种机器学习算法中,支持向量机的表现最好,最大熵模型次之,朴素贝叶斯最差。

近年来,以神经网络模型为代表的深度学习方法,因其强大的特征自动学习能力被广泛应用于多个自然语言处理任务,在情感分析任务中也有着优异的表现。基于深度学习的情感分析方法,主要思路是:首先基于分布式词向量模型获得语义信息的词向量表示,实现特征的自动表示,再利用卷积神经网络(Convolutional Neural Networks,CNN)、长短期记忆(Long Short-Term Memory,LSTM)网络等深度学习模型进行模型训练和预测。例如,Kim 于 2014 年首次将 CNN 模型应用于文本分类任务,取得了不错的效果[8]。Tang 等 2015 年使用 CNN 和 LSTM 模型从单词嵌入(Word Embedding)中学习句子表示,然后基于句子的内在关系和语义关联进行文档的情感极性分类[9]。除此之外,在神经网络模型的基础上引入注意力机制,使神经网络模型能够更加关注与情感任务相关的特征,能够进一步提高情感分析任务的性能。

相比于基于情感词典的方法仅考虑了单词的情感极性而无法兼顾文本上下文的结构特征,基于传统机器学习和基于深度学习的方法能够很好地克服这一缺陷,在情感分析任务中表现更为突出。因此,基于机器学习尤其是基于深度学习的方法,成为近年来情感分析研究的主流方法。但是也应看到,基于机器学习和基于深度学习的方法都属于有监督的方法,需要依靠大规模的语料和标注数据。尤其是基于深度学习的方法,相比基于机器学习的方法,需要更大规模的标注数据。然而,一些语言尤其是小语种的情感标注语料很难获得,使得这些语言的情感分析研究进展缓慢。

2018 年至今,以 GPT 和 BERT 为代表的预训练模型被相继提出,通过无监督的预训练(Pre-train)和有监督的微调(Fine-tune)这一模式,能够更深层次地提取文本的语义信息,给自然语言处理任务带来里程碑式的性能提升。预训练模型也被应用到单语言以及多语言的情感分析任务中,并取得优异的性能。例如,多语言 BERT(Multi-lingual BERT,Multi-BERT)模型是谷歌公司于 2019 年提出的一个多语言预训练模型。多语言 BERT 利用 104 种语言的大规模无标注数据进行自监督训练,学习到不同语言的"对齐"能力;然后利用资源丰富的英语语言数据精调模型后,可以直接应用在其他语言的下游任务,包括情感分析、命名实体识别等自然语言处理任务。

1.2.3　情感分析的任务

按照任务的类型,情感分析可分为情感分类、情绪原因识别以及情感信息抽取等子任务,下面简单谈谈这些子任务的定义和示例。

1. 情感分类

情感分类(Sentiment Classification),着重于情感的极性研究,通过分析文本的主观性信息来判断其情感倾向。

根据分类的粒度不同,情感分类可分为:(1)包含褒贬强弱的情感极性二分类或多分类;(2)基于喜、怒、悲、恐、惊情绪的情绪分类;(3)包含支持、反对或无关立场的立场分类;(4)基于强度的情感回归。

情感极性分类,目标是判断给定文本的情感是褒扬(正面)、贬损(负面)或者中立等类别。例如,

① "酒店真的真的很棒,我很期待下一次。"

② "吃的东西太少了,没什么好吃的。"

③ "今天第一天上课。"

上述 3 个句子的情感极性分别为正面、负面和中立。

情绪分类,目标是判断给定文本蕴含的情绪类别。例如,句子"今天被老师表扬了,很开心",表达了高兴(Joy)的情绪;句子"我的小狗永远离开了我",表达了悲伤(Sadness)的情绪。

我国对情绪分类的研究最早可追溯到春秋战国时期。例如,《礼记》将人的情绪划分为"七情",即"喜怒哀惧爱恶欲";现代心理学家林传鼎根据《说文》将情绪分为 18 类,包括安静、喜悦、抚爱、恨怒、惊骇等。西方学者对情绪分类的研究也有着丰硕的成果,建立了很多情绪分类体系。例如,美国心理学家 Ekman 根据人的面部表情和心率增加、流汗等

生理过程对各类情绪进行辨别,定义了 6 种基本情绪:高兴(Joy)、悲伤(Sadness)、愤怒(Anger)、恐惧(Fear)、厌恶(Disgust)和诧异(Surprise)。

立场分类,目标是挖掘用户对特定目标或主题(如事件、政策、产品)的支持、反对或者中立态度。立场分类区别于情感极性分类任务。例如,对于"禁止放鞭炮"话题,有如下 2 个情感极性相反,但立场相同的评论:评论 1"没人放鞭炮,空气真好",情感极性为积极,立场是支持;评论 2"放鞭炮的声音太大,吵得我睡不着",情感极性为消极,立场还是支持。相比于情感极性分类,立场分类更关注于对特定目标的立场。

情感回归,旨在对带有情感的文本进行分析,并给出实际数值的情感值评分。情感分值一般在某个区间范围。例如,区间范围 1~10 分:1 分表示最消极,10 分表示最积极。相比于简单的情感分类,情感回归能够得到更加细粒度的情感表示。例如:用户 1 对某款手机的评论"操作系统非常流畅,性价比很高",情感倾向为积极,情感分值为 10 分;用户 2 对该款手机的评论"价格不错,电池容量还有提升空间",情感倾向为积极,情感分值为 6 分。

两位用户评论的情感倾向都是积极,如果仅仅从情感类别上,无法判断哪款手机更好;但从情感回归上看,用户 1 评论的情感值评分明显高于用户 2 评论的情感值评分,推荐力度明显更高。因此,情感回归通过更细粒度的情感分值表示,在电商产品推荐、社交媒体的用户群体分析等方面具有实际的应用价值。

2. 情绪原因识别

情绪原因识别(Emotion Cause Detection),旨在从蕴含情绪的文本中提取出产生该情绪的事件、子句、短语或词。根据情绪原因的提取粒度划分,情绪原因识别任务可以划分为短语级情绪原因识别和子句级情绪原因识别两大类。

具体地,短语级的情绪原因识别,目的是提取文档中与情绪原因相关的具体短语;子句级的情绪原因识别,目的则是提取包含情绪原因短语的子句。例如,对于句子"这位八旬老人[cause]听到孩子关心自己的话语[/cause],非常[emotion]高兴[/emotion]"。短语级的情绪原因识别是提取出短语"听到孩子关心自己的话语";而子句级的情绪原因识别是提取出子句"这位八旬老人听到孩子关心自己的话语",后者颗粒度更粗。

情绪原因识别研究刚刚提出时,主要是基于短语级的颗粒度。但是短语级的情绪原因识别的提取准确率不高。主要原因在于触发情感的原因事件构成复杂,原因事件可能是名词短语、动词短语,也可能是由若干个短语组成的短句。因此,研究者们开始尝试以子句为单位提取情绪原因。近年来的情绪原因识别研究主要以子句级别展开。

根据所采用的技术划分,情绪原因识别研究主要包括基于规则、基于机器学习和基于深度学习的方法。

- 基于规则的情绪原因识别,主要思路是:通过人工分析已标注的情绪原因语料库,定义适用于情绪原因识别的一般规则,基于该规则在未知文本中匹配出情绪原因文本。例如,2010 年,Lee 等开发了一个基于规则的情绪原因发现系统[10]。首先,基于 Sinica 语料库手工构建一个小规模的情绪原因语料库,然后人工分析该语料库数据,从中识别出 7 组语言线索词,并归纳出 2 组语言规则以进行情感原因识别。

- 基于机器学习的情绪原因识别,主要思路是:将情绪原因识别任务视为分类任务或序列标注任务。首先,进行特征设计或特征选择,定义文本的统计特征、语法特征以及与情绪原因识别相关的特征;然后,将特征输入机器学习模型,实现情绪原因的提取。例如,Chen 等提出一个基于最大熵分类器的情绪原因识别模型,不仅可以识别多个情绪原因,还可以捕获远距离句子信息[11]。

- 基于深度学习的情绪原因识别,主要思路是:利用深度神经网络模型和注意力机制对文本的序列特征进行建模,以捕捉到文本的深层语义信息;然后使用 softmax 函数将结果映射到概率空间,以实现情绪原因的识别。例如,Xia 等提出一个基于 Transformer 架构的联合情绪原因提取框架[12],该模型利用 Bi-LSTM 作为下层词级编码器和 Transformer 架构作为上层子句级编码器,并在 Transformer 架构中加入相对位置信息、全局预测信息以捕获子句间的相关关系和因果关系。

总的来说,基于规则的方法,耗费人力物力且规则构建复杂,构建的规则难以覆盖到所有的情绪原因情况;基于机器学习的方法,在特征设计及特征选择上依赖于经验,主观性较强,且在挖掘深层语义信息方面有所欠缺。基于深度学习的方法大大提升了情绪原因识别的准确率,成为近年来情绪原因识别任务的主流方法。

由于情绪原因识别任务涉及比较复杂的语言学知识,如何将文本的上下文信息、常识信息及子句的相对位置信息等对情绪原因发现有益的语言学线索更有效地嵌入深度神经网络架构中,获得更高的情绪原因识别准确率是目前研究的主要方向之一。

3. 情感信息抽取

情感信息抽取(Sentiment Information Extraction),旨在抽取情感文本中有意义的信息单元,例如观点持有者、评价对象、评价词、评价搭配等。情感信息抽取能够将无结构化的文本转化为结构化的情感信息,从冗余的信息中精准挖掘出有价值的信息,供下游的情感分析应用和研究服务。

观点持有者是观点/评论的隶属者,在新闻评论的情感分析中尤为重要。例如,不同国家媒体(观点持有者)对于同一重大突发事件可能持不同的立场态度。在新闻评论的情感分析中,默认观点持有者为评论用户本身;评价对象是文本中讨论的主体,例如新闻报道的话题、或产品的属性等;评价词则是带有情感倾向的词语,例如“昂贵”“美丽”等。评价搭配是评价对象及其对应评价词的搭配,一般表示为(评价对象,评价词)二元组。

例如,对于句子“美食汇:失重餐厅的餐厅环境很棒,就是人均价格有点贵”,其观点持有者为“美食汇”,评价对象为“餐厅环境”和“人均价格”,对应的评价词分别为“很棒”和“贵”。其中评价搭配有两组:(餐厅环境,很棒);(人均价格,贵)。

情感信息抽取与属性级情感分析(Aspect-based Sentiment Analysis,ABSA)研究密切相关,可以在情感信息抽取基础上完成属性级情感分析任务。属性级的情感分析通常包含两个子任务:(1)抽取评价对象;(2)判定对此评价对象的情感倾向。例如,对于句子“电池不错,屏幕太小”,评论对象“电池”和“屏幕”的情感倾向分别为正面和负面。

在属性级情感分析中,可以将评价对象抽取看作是一个序列标注任务,将属性级的情感分类看作是针对给定对象的一个分类任务。早期的属性级情感分析研究方法主要是先提取评价对象,再进行情感极性判别,研究的重点在于评价对象的提取。2018 年至今,研究学者提出评价对象抽取和属性级情感分类的联合学习方法,同时提取评价对象、评价词和情感倾向,形成一个三元组。

1.3　情感分析的挑战

近年来,随着人工智能技术的快速发展,传统情感分析技术已达到较好的性能。例如,文本情感分类的准确率已经能够达到 90% 以上。然而,对于情绪原因发现等难度更大的情感分析任务,还有进一步提升的空间。同时,随着计算机数据采集和数据处理能力的提高,情感分析从面向单一文本数据逐步扩展到面向文本、声音和图像等多模态数据;从面向单语言、单领域的应用扩展到面向多语言、跨领域的应用。多种因素和多种应用场景的交织,使得情感分析研究仍然面临不少问题与挑战。下面从几个角度简单举例谈谈。

问题挑战一：可用数据集限制了情感分析任务的应用广度。

数据集是情感分析任务的基础。现有的情感分析模型及其性能都非常依赖于可用数据集的质量,具体表现为同一个模型在不同数据集上的性能差别可能非常大。具体而言,数据集在类别维度、适用领域、是否标注以及是否均衡四个方面影响情感分析模型的性能[13],从数据层面对情感分析任务提出了挑战。

(1) 数据类别维度是指数据分类维度的大小,包括简单的情感褒贬二分类和复杂的情感强度五分类等。一般来说,类别维度越多、越细分,则情感分析任务的难度越大。

(2) 适用领域是指数据集和已训练好的情感分析模型具有一定的领域适应性,跨领域的迁移学习将导致模型的性能下降。例如,基于电商产品评论数据训练得到的情感分析模型,应用在金融领域时性能并不理想。如何减少和平滑领域的差异性是情感分析模型在跨领域应用时需要解决的问题。

(3) 数据是否标注是指情感分析模型是否需要标注数据的训练。虽然近年来研究学者们致力于研究无监督的情感分析模型,然而标注数据在很多场景下仍必不可少,对于情绪原因发现或者情感信息抽取等任务,可用的标注数据集仍较少。

(4) 数据是否均衡是指样本数据是否平均分布在不同的类别。现有模型一般假设数据是均衡的,然而在实际收集的数据集中,不同类别的样本数据规模差别很大。样本数据的分布不均衡会导致模型在训练过程中偏向多样本的类别,从而影响模型的性能。一般采用过采样、欠采样以及集成学习等方法来缓解不均衡数据的影响。需要注意,在多语言信息的情感分析任务中,不同语言间的数据均衡问题天然地存在,是迫切需要解决的问题。例如,Multi-BERT 模型为了缓解 104 种语言训练数据集中各语言数据量不均衡的问题,通过幂指数加权平滑的方法对不同语言的数据进行采样。

问题挑战二：情感本质特征的表示与可计算的量化,仍没有明确统一的理论。

基于皮卡德教授提出的基本概念,情感计算表示为对信息载体中数据特征的获取、识别和度量。如何更好地对情感本质特征进行量化及表示,仍没有一个明确且统一的理论。

人类的情感非常丰富,然而无论是 Ekman 提出的六类基本情感(高兴、悲伤、愤怒、恐惧、厌恶和惊奇)[14],还是 Fox 等将这六个维度的情感特征进一步分解为 3 个层次共 18 个细分情感特征[15],或者是 Parrott 等进一步将情感定义为具有 3 层分类结构共 115 个细分的情感特征[16],这些研究工作都是尝试将人类的情感本质特征不断地细化和分类,从而实现情感可计算的量化。但是,人类的情感表达具有多样性和多维度的特征,同样一句话在不同的语境下,其情感含义可能完全相反。

因此,近年来研究学者们提出多模态的情感分析研究,通过文本、声音和图像多种模态信息的相互补充,更好地对信息载体中的数据特征进行获取、识别和度量。也有研究学者认为,文本、声音和表情均可以通过主观意识的控制来隐藏实际的情感,但是呼吸频率、脉搏、体温等生理特征信息不受主观意识的控制,能够更好地反映出人的情感特征。因此,也有相关研究通过借助神经生理学、脑科学等领域知识对情感进行建模和计算,感兴趣的读者可以自行阅读相关文献。

问题挑战三:情感信息表达容易受到文化背景、年龄、教育程度等个人差异性的影响。

情感表达是人的主观感受,具有非常明显的个体差异性。尤其是在不同文化、不同年龄和不同教育程度个体中,其差异性更为显著,增加了情感分析的难度。

例如,在互联网舆情倾向的监测中,不同互联网用户和不同国家媒体对某一事件的表达具有一定的立场和态度,其舆论观点的表达往往是政治、经济、文化和用户心理等多因素作用的综合结果。这种情况下,脱离文化背景或者用户的立场去开展情感分析,往往效果不佳。此外,情感分析经常用于医疗保健等领域,涉及咨询等敏感问题,来自不同背景的客户、群体具有不同的情感表达习惯,这个过程需要充分考虑客户或者群体的背景知识,并将多样化的群体背景知识融入情感分析模型,提高不同领域情感分析模型的性能。

因此,现有的情感分析模型需要进一步细化,增加情感的个性化度量以及社会学的群体特征考量等。特别地,多语言情感分析模型在不同语言间迁移学习时,尤其需要注意跨文化的语言差异性,并在情感分析模型中对语言差异性进行捕捉,适配不同语言的情感分析应用。

上述从可用数据集、情感本质特征的表示以及个体差异性影响的角度讨论情感分析研究存在的问题和挑战。实际上,根据情感分析应用的领域、场景和语言不同,所遇到的问题和挑战也各有差异。问题和挑战是促进情感分析研究发展的动力,这些问题和挑战也是情感分析研究继续蓬勃发展和具有持续生命力的动力所在。

1.4 参考文献

[1] Kruspe A, Hberle M, Kuhn I, et al. Cross-language Sentiment Analysis of European Twitter Messages during the COVID-19 Pandemic[J]. arXiv preprint arXiv:2008.12172, 2020.

[2] Maxwell M, Hughes B. Frontiers in Linguistic Annotation for Lower-density Languages [C]. In Proceedings of COLING/ACL2006 Workshop on Frontiers in Linguistically Annotated Corpora, Sydney, Australia. Stroudsburg, PA: Association for Computational Linguistics, 2006.

［3］ Baumann P，Pierrehumbert J. Using Resource-Rich Languages to Improve Morphological Analysis of Under-Resourced Languages［C］. In Proceedings of the Ninth International Conference on Language Resources and Evaluation（LREC-2014），Reykjavik，Iceland. Paris，France：the European Language Resources Association，2014：3355-3359.

［4］ Littell P，Kazantseva A，Kuhn R，et al. Indigenous Language Technologies in Canada：Assessment，challenges，and successes［C］. In Proceedings of the 27th International Conference on Computational Linguistics，Santa Fe，New Mexico. Stroudsburg，PA：Association for Computational Linguistics，2018：2620-2632.

［5］ Picard RW. Affective Computing［M］. Cambridge：MIT Press，1997.

［6］ Turney P. Thumbs up or thumbs down? Semantic Orientation Applied to Unsupervised Classification of Reviews［J］. In Proceedings of the 40th Association for Computational Linguistics，2002：417-424.

［7］ Pang B，Lee L，Vaithyanathan S. Thumbs up? Sentiment Classification using Machine Learning Techniques［J］. arXiv preprint cs/0205070，2002.

［8］ Kim Y. Convolutional Neural Networks for Sentence Classification［C］. In Proceedings of the 2014 Conference on Empirical Methods on Natural Language Processing，Doha，Qatar. Stroudsburg，PA：Association for Computational Linguistics，2014：1746-1751.

［9］ Tang D，Qin B，Liu T. Document Modeling with Gated Recurrent Neural Network for Sentiment Classification［C］. In Proceedings of the 2015 Conference on Empirical Methods in Natural Language Processing，Lisbon，Portugal. Stroudsburg，PA：Association for Computational Linguistics，2015：1422-1432.

［10］ Lee Y M，Chen Y，Huang C R，et al. Detecting Emotion Causes with a Linguistic Rule-based Approach. Computational Intelligence［J］. Computational Intelligence，2013，29(3)：390-416.

［11］ Chen Y，Lee S Y M，Huang C R. Emotion Cause Detection with Linguistic Constructions［C］. In Proceedings of the 23rd International Conference on Computational Linguistics. Stroudsburg，PA：Association for Computational Linguistics，2010：179-187.

［12］ Xia R，Zhang M，Ding Z. RTHN：A RNN-Transformer Hierarchical Network for Emotion Cause Extraction［J］. arXiv preprint arXiv:1906.01236，2019.

［13］ Mabrouk A，Redondo RP，Kayed M. Deep Learning-based Sentiment Classification：A Comparative Survey［J］. IEEE Access，2020，8(2020)：85616-85638.

［14］ Ekman P，Dalgleish T，Power M. Handbook of Cognition and Emotion［M］. Chichester：Wiley Press，1999.

［15］ Fox E. Emotion Science：An Integration of Cognitive and Neuroscientific Approaches［M］. Basingstoke：Palgrave MacMillan，2008.

［16］ Parrott W G. Ur-Emotions and your Emotions：Reconceptualizing Basic Emotion［J］. Emotion Review，2010，2(1)：14-21.

上篇 单语语言情感分析

第 2 章
单语情感分析任务

2.1 单语情感分析的研究背景

单语情感分析是指在某一种语言下开展情感分析研究。特别地,相对于多语言的情感分析,单语情感分析是指情感分析任务使用的数据都属于同一种语言。例如,使用英语语言的标注数据训练情感分析模型,再基于该模型预测英语语言下的未标注数据。

情感分析研究最初主要在单个语言下开展,研究的重点是单语言环境下的情感资源建设和情感模型设计等。表 2-1 总结了单语情感分析研究的问题、任务颗粒度和采用的方法分类。

表 2-1 单语情感分析研究的问题、任务颗粒度和采用的方法总结

研究的问题	情感分类	识别给定文本所蕴含的情感或观点,判别其情感类别或倾向	主客观分类、褒贬极性分类、情感强度分类等
	情绪原因发现	分析挖掘情感文本中导致某一情绪的原因事件	检测某个情感关键字的原因事件是否出现、检测导致某个情感关键字的原因事件/子句等
	情感信息抽取	抽取情感文本中与情感表达相关的核心要素,得到结构化的情感信息	评价持有者抽取、评价对象抽取、评价搭配抽取等
任务的颗粒度	篇章级	判别整篇文档的情感分析任务,假设整篇文档只针对一个主题或者一个目标	
	句子级	判别给定句子所蕴含的观点和情感,可以将句子看作是短的篇章	
	单词级	判别给定单词或短语的情感,等价于情感词典构建任务	
	方面级	判别给定句子或者文档中针对某一具体属性的情感,与属性抽取任务密切相关	
方法的分类	基于规则和情感词典的方法	基于情感词典统计文本中单词的情感倾向,将单词的情感极性统计结果作为文本情感分析的依据	
	基于机器学习的方法	基于标注数据进行特征抽取和特征选择,获取与情感相关的特征表示,再利用机器学习算法进行模型的训练和预测	
	基于深度学习的方法	基于分布式词向量获得语义信息的词向量表示,实现特征的表示,再利用深度学习算法进行模型的训练和预测	

从研究问题上,单语情感分析研究主要包括情感分类、情绪原因发现和情感信息抽

取。其中：情感分类的目标是识别给定文本所蕴含的情感或观点,判别其情感类别或倾向,主要包括主客观分类、褒贬极性分类、情感强度分类等;情绪原因发现的目的是分析挖掘情感文本中导致某一情绪的原因事件,包括检测某个情感关键字的原因事件是否出现,或者检测导致某个情感关键字的原因事件/子句;情感信息抽取的目的是抽取情感文本中与情感表达相关的核心要素,得到结构化的情感信息,包括评价持有者抽取、评价对象抽取以及评价搭配抽取等。

从任务颗粒度上,单语情感分析研究主要包括篇章级、句子级、单词级和方面级。任务颗粒度的选择主要取决于应用场景,不同任务颗粒度的情感分析模型对数据集的要求也各不相同。相同的情感分析模型应用在不同颗粒度的情感分析任务时表现并不相同。

从方法模型上,单语情感分析研究可以分为基于规则和情感词典的方法、基于机器学习和基于深度学习的方法。在后面 2.3 小节将具体阐述基于不同方法模型的单语情感分析实现步骤。下面先谈谈单语情感分析的应用场景。

2.2   单语情感分析的应用场景

情感分析起源于计算机科学领域,随着情感分析性能的逐步提升,近年来被推广应用到管理学、政治学、经济学等不同学科的应用领域,并发挥着越来越重要的作用。此外,大数据、云计算和区块链等新技术的出现,进一步扩宽了情感分析的应用深度和广度,使得情感分析在商业智能、推荐系统、互联网舆情、医疗健康等领域得到了充分的应用。这一小节将描述情感分析常见的应用领域。

2.2.1   商业智能

情感分析最早被应用于商业智能(Business Intelligence)领域,通过挖掘电子产品、酒店服务、餐厅服务等评论信息的主观观点,从中了解用户对产品和服务的评价和喜好。众所周知,电子口碑(Electronic Word-of-mouth, e-WOM)成为影响数字营销(Digital Marketing)最重要的因素之一[1],情感分析在数字营销中发挥着非常重要的作用:一方面,公司根据客户的反馈改进产品或采用新的营销策略,提高产品或者服务的质量;另一方面,评论的情感倾向将影响客户的消费决策,即消费者根据其他用户反馈的在线评论,对比产品和服务,进行更好的消费决策。因此,分析客户评论的情感倾向是商业智能领域最常见的应用,已被亚马逊、eBay、Flipart、沃尔玛等电子商务公司所采用。

2019 年,Bose 等在亚马逊上跟踪近 10 年的美食评论,包括 74 258 种产品和256 059 名用户的共 568 454 条美食评论。为了分析结果,研究者们从中选择了最受欢迎的 6 种产品,使用 NRC 情感词典分析评论,将客户的评论分为八种情绪(愤怒、恐惧、信任、期待、悲伤、惊讶、厌恶和喜悦)和两种情感极性(正面和负面)。研究结果表明,情绪分析可以帮助商家识别客户的行为,并克服购买风险以满足客户的满意度[2]。

许多公司搭建了聊天机器人支持在线客户服务(Online Customer Service)交互,情感分析在聊天机器人的对话生成中起着举足轻重的作用[3]。聊天机器人需要有类似于人类的感知能力,才能够在对话过程中理解用户的各种需求,提供更精准、完善的服务。一般来说,聊天机器人需要在对话过程中进行对话情感识别、对话情绪管理以及对话情感回复。对话情感识别是识别出用户当前对话所蕴含的情感,对话情绪管理是结合当前对话的话题、用户等信息识别产生这种情感的背后原因,对话情感回复则是产生内容详实、有针对性、带有情感的回复。

情感分析也被用于市场和外汇预测。2020 年,Rognone 等研究发现新闻报道中的情感倾向会对比特币和传统货币的回报、交易量产生波动性的影响[4]。比特币和数字货币,是一种基于去中心化、采用点对点网络与共识主动性、开放原始码、以区块链作为底层技术的加密货币。研究者使用金融数据提供商 Ravenpack News Analytics 4.01 提供的 2012 年到 2018 年共 7 年的高频日内数据(Intra-day Data)作为研究对象,发现传统货币市场会对经济新闻立即做出重大反应;而比特币市场对经济新闻的反应与传统货币不同[4]。Murugesan 提出一个理论框架,利用区块链的原理和方法在社交媒体上自动检测虚假新闻[5]。尽管该框架的有效性和性能需要验证,但是给出了一种情感分析和区块链技术结合的方法。

将情感分析应用于区块链技术的研究较少,但是将情感分析应用于传统货币市场尤其是股票走势预测有较多相关的研究。股票价格波动的本质是对新信息的反应,一些研究在传统基于股市数值分析的基础上,利用情感分析研究新闻对股票市场的影响,从而提高股票走势的预测准确率。大量研究表明,媒体新闻信息会对股票价格产生影响。现有研究将媒体新闻信息中的情感极性(正面或者负面)作为反映市场状态的指标[6]。例如,利用道琼斯指数分析 Twitter 用户的情感来进行股价预测[7]。Manuel R.等利用 CNN 和 RNN 研究融合新闻标题和技术指标的股票走势模型,证明新闻标题比新闻内容更有利于提高预测准确率[8]。岑咏华等考察新闻网站、股吧、博客等媒介信息所蕴含的情感信号对于股票市场的影响效应,发现投资者对于积极情感的反应更及时、更强烈[9]。

现有研究确证了新闻媒体所蕴涵的情绪信号对于股票市场价格的预测能力,然而仍存在一些问题。首先,财经新闻中的情感极性并不明显,大多是对客观事件的总结和报道,使得财经新闻的情感极性分析准确率并不高,影响股票走势的预测准确率[11]。考虑到这一局限,现有研究大多采用情感表达较为明显的 Twitter、微博文本作为新闻信息的来源。Zhao 等提出使用隐含狄利克雷分布(Latent Dirichlet Allocation,LDA)的主题模型提取微博文本的关键词,再基于关键词分析得到微博文本的情感特征,作为股票预测的输入[10]。其次,如何将非结构化的文本信息特征与结构化的股票交易数据融合在一起也是一个问题。现有大多数研究将新闻文本的情感值与高维度的历史交易数据、公司财务数据直接拼接在一起,作为股票预测的输入[11-12]。这种方法很容易将情感信息淹没在高维度的结构化信息中[13]。添加了情感维度的股票预测准确率甚至低于不添加情感维度的股票预测方法。最后,新闻文本的情感极性并不总是与股票走势的涨跌正相关。例如,新闻“中兴通讯高层大变动,少壮派受重用”的情感属性为正面,但并没有对中兴股票的上涨有积极影响。新闻文本情感极性甚至可能与股票的涨跌负相关。与情感极性相比,新闻事件本身可能更能够代表媒体新闻对股票走势的影响。

2.2.2　推荐系统

大数据时代,人们处于一个信息过载的环境。获取数据不再是难题,更重要的是从海量数据中挖掘满足用户需求的有价值信息。信息过载环境下,信息的生产者很难将信息呈现在对它们感兴趣的信息消费者面前,而信息消费者也很难从海量的信息中找到自己感兴趣的信息。推荐系统(Recommendation System)作为信息生产者和信息消费者之间的桥梁,能够在一定程度解决这一难题。

推荐系统作为一种信息过滤系统,旨在根据用户的历史偏好为用户提供排序的个性化物品(Personal Item)推荐列表,推荐的对象包括电影、音乐、新闻、书籍、学术论文、搜索查询等。精准的推荐系统能够有效地解决信息过载问题,提升和改善用户体验。一个高效的推荐系统可以增加用户黏性,为行业带来巨额收入,因此推荐系统已被广泛应用到亚马逊、Netflix、淘宝等商业系统中。

按照所使用的信息不同,推荐系统分为 3 大类:协同过滤推荐(Collaborative Filtering Recommendation)、基于内容过滤推荐(Content-based Filtering Recommendation)和混合推荐(Hybrid Recommendation)系统[14]。协同过滤推荐系统仅使用用户与商品的交互信息生成推荐;基于内容过滤推荐利用用户偏好或商品偏好的信息;混合推荐模型则使用交互信息、用户和商品的元数据。其中,主流的推荐系统主要采用协同过滤或者基于内容过滤的方法。协同过滤方法根据用户的历史行为,例如曾购买的、选择的、评价的物品等,结合其他用户的相似决策建立模型,这种模型可用于预测用户对哪些物品可能感兴趣;基于内容推荐的方法则利用有关物品的离散特征,推荐出具有类似性质的相似物品。

情感分析作为一种体现用户对产品和服务喜好的技术手段,天然地适用于推荐系统中的用户偏好分析,提升推荐系统的性能。例如,Li 等研究优酷、Youtube、Hulu 等在线媒体网站的节目推荐,提出一种基于微博情感分析的智能电影推荐系统[15]。传统的协同过滤推荐系统主要基于两个方面的信息:从大量的历史记录中学习用户的偏好,或者根据与用户志趣相投的朋友的日志信息进行推荐。然而,由于缺少用户的关系网络数据,协同过滤推荐技术对于在线媒体的节目推荐存在冷启动(Cold-start)问题。因此,文献[15]提出一个基于情感感知关联规则挖掘(Sentiment-aware Association Rule Mining)的社交计算模型,识别微博中与特定电视剧或电影相关的讨论组,研究微博用户组之间的相关性,并利用微博中表达的情感信息来识别和推断影视节目的关联规则。

为了从用户的评论信息中获得可靠的推荐,Shen 等提出一种基于情感的可靠性矩阵分解(Sentiment Based Matrix Factorization with Reliability,SBMF＋R)算法。SBMF＋R算法一共包括 3 个步骤:首先,构建一个情感词典,基于情感词典将评论转化为情感分数;然后,提出一个结合用户一致性(Consistency)和评论反馈(Feedback)的用户可靠性度量;最后,将情感评分、评论和反馈合并到概率矩阵分解中,提高推荐系统的性能[16]。

可以看到,虽然推荐系统被广泛应用在亚马逊、Netflix、淘宝等商业系统,基于用户评论信息的情感分析也被用于提高推荐系统的性能。然而,推荐系统仍存在数据稀疏性(Data Sparsity)问题、冷启动问题和过曝光(Overexposure)效应。情感分析给这些问题的解决提供了一些方法和思路,下面简单谈谈。

数据稀疏性是推荐系统研发至今仍被广泛关注的一个痛点问题,大大限制了推荐系统的有效性。稀疏性概念来源于稀疏矩阵,原意是指矩阵中 0 元素在矩阵中的比重,在推荐系统中则是指用户-商品(User-Item)矩阵。稀疏性问题可以理解为在推荐系统中,用户的评分(Rating)相对于物品(Item)的数量太少。为了缓解数据稀疏性,系统需要多维度分析用户交互行为的特征,通过特征来获取更多关联性的数据。考虑到用户的评论信息是反映用户兴趣偏好的重要载体,因此研究学者提出观点挖掘的方法,从文本评论信息提取更多的有效数据,提高评分预测性能[17]。

其次是冷启动问题。推荐系统是基于用户当前上下文信息或者历史行为信息给用户推荐可能喜欢的商品。在实际使用过程中,推荐系统的用户种类不是一成不变的。当有新的用户类型出现,由于系统中缺少该类用户的偏好记录,那么推荐系统就无法对该类用户提供符合其需求的推荐。当出现新的推荐项目或者无评分数据的新用户时,推荐系统就会面临冷启动问题。

冷启动是推荐系统中极具挑战性的问题,一般来说有以下几个解决思路:(1)高效利用除了用户/物品 ID 信息之外的信息。近年来,相关研究基于知识图谱将用户性别、年龄、物品类别、价格等用户和物品的属性特征作为补充信息用到模型中。还有研究借助跨域信息、社交媒体网络的数据解决冷启动问题。(2)高效利用有效的交互数据。2017 年,来自 MIT、Twitter 与 Google Brain 的研究者们提出一种基于元学习(Meta-Learning)的方法解决新物品冷启动的问题[18]。该模型针对 Twitter 上的冷启动物品推荐,使用用户交互过的物品来训练一个分类器。基于该分类器判断用户是否对冷启动的物品感兴趣。

最后是过曝光效应,也被称为推荐系统中的信息茧房。信息茧房在英文文献中对应单词 Filter bubble(过滤泡),由美国著名互联网活动家 Eli Pariser 提出。Eli Pariser 在其著作 *The Filter Bubble*: *What The Internet Is Hiding From You* 中探讨了信息茧房效应对互联网用户的影响。移动互联网时代,信息茧房已成为传播学领域的一个很有意思并且非常值得探索的议题。信息爆炸时代下,信息茧房着重描述互联网的用户所接收到的信息(新闻消息、商品推荐、思想观念等)在算法干预下变得逐渐单一的现象。这一现象的结果是,一方面让人们享受到互联网的信息推荐带来的方便、快捷和舒适;另一方面也或多或少地限制了人们求知、思考、探索和创新的能力。

随着智能算法对用户喜好和偏好愈加准确的捕捉,推荐系统能够精准地给用户推荐可能喜欢的商品、视频或者新闻。然而,当频繁给用户推荐相似商品或者同质内容之后,推荐系统从一开始的多元性过渡到之后的过分单一,导致用户对于被推荐的高度相似、趋同性的信息感到腻烦,过度曝光效应就发生了。实践经验表明,短视频类的推荐系统,从短期看,推荐系统的单调和趋同性能够提高用户的使用时长;但从长期看,这种推荐方式将降低用户的活跃性以及用户的留存率。

为了缓解或消除推荐系统的信息茧房效应,最直接的方法是制定规则(Rule)或策略(Policy)干预推荐结果,提高推荐系统的多样性和公平性。Gao 等提出一个反事实交互式推荐系统(Counterfactual Interactive Recommender System,CIRS),对用户满意度(User Satisfaction)、用户内在兴趣(Intrinsic Interest)与过曝光效应之间的关系进行建模。具体来说用户满意度与内在兴趣正相关,与过曝光效应负相关。CIRS 通过因果推理关系模型来增强离线强化学习,首先在历史数据上学习一个因果用户模型,捕捉物品对用户满意度的过度曝光效应,然后使用学习到的因果用户模型帮助规划增强学习策略,在用户满意度和过曝光效应之间寻找一个平衡点[20]。

此外,应注意到在信息茧房问题中,如何对用户的"腻烦程度"进行评测是一个痛点,非常值得思考。因为只有评测出用户对推荐信息的腻烦程度/满意度,才能够正向反馈调整和优化推荐算法。传统的推荐系统研究工作没有办法离线评测信息茧房带来的危害。Gao 等意识到这个问题,通过在快手 App 上收集了一个全曝光的数据,包括 1411 个用户对 3327 个视频的偏好认知,创新性地提出一种模拟机制对不同的策略进行评测。非常有意思,感兴趣的读者可以去阅读原文[19]。

除了上述提及的数据稀疏性、冷启动和信息茧房问题,推荐系统还存在用户隐私保护、模型可解释性、虚假推荐等其他问题和挑战。现有推荐系统的各种算法和研究都是基于 *GroupLens: An Open Architecture for Collaborative Filtering of Netnews* 提出的形式化模型,以用户评分为基础。基于用户评论语料的推荐系统研究,尚未被市场大规模地应用。许多研究提出基于用户评论中的观点抽取和情感分析来进一步优化推荐系统,但在实际系统中尚未成熟应用:一方面,受限于可用的数据集规模太小;另一方面,基于大规模数据挖掘的推荐,其在线推荐的时延和效率能否满足用户需求,也是一个重点关注的问题。未来,随着可用数据集的进一步丰富以及深度学习模型算力的进一步提升,基于用户评论的文本挖掘和情感分析技术将是个性化推荐系统一个非常有潜力的发展方向。

2.2.3 互联网舆情

情感分析不仅在商业领域发挥着重要作用,在互联网舆情监测(Internet Public Opinion Monitoring)领域也起到举足轻重的作用。2005 年,网络舆情治理第一次被写入我国政府工作报告。我国作为互联网大国,截止到 2022 年网民总数已达到 10.51 亿,网站数量超过 500 万,社交网络中的即时通信用户规模达 10.27 亿。微信、微博以及移动客户端("两微一端")等社交媒体工具蓬勃发展,社交媒体平台已经成为互联网舆情感知、引导和管理的主战场。

一方面,由于"两微一端"媒体具有即时性、互动性、开放性以及信息海量性等优势,成为政府信息发布的重要渠道。各地政府充分运用社会媒体工具开展舆论宣传、舆情引导,实现政务、民生、百姓生活等各类信息的实时推送。根据国家网络信息办公室数据显示,我国政务微博账号已经突破 20 万。从地域上看,"两微一端"政务平台也已经覆盖了全国所有的省份,横向上已发展到政府机构的各个部门。

另一方面,社交媒体应用中,"人人都有麦克风,个个都是自媒体",各类信息爆炸式增长、裂变式传播,大大突破了纸媒体时代的传播范围。人们在社交媒体上就政治、经济、社会民生问题等发表评论和表达观点,这些评论信息成为互联网舆情感知的最好信息源。全球化背景下,互联网络舆情监测需要同时把握国内舆情和国际舆情两个维度。随着中国综合实力的逐渐增强,国际媒体对中国新闻事件的关注度也与日俱增。对于中国的新闻或者重大突发事件,各国媒体根据各自立场报道,时常引发全世界网民的讨论。虽然互联网在某种程度上模糊了国家的领土边界,但其治理依然能够划分为国内和国际两个部分。从国家安全的角度看,互联网的国内治理注重内部凝聚力,国际治理则关注外部威胁。

网络舆情的产生和发展是政治、经济、文化和用户心理等多因素作用的结果。同一舆情事件,不同地区、不同国家的网民的评论观点可能不一致。即使是同一新闻事件,随着事件的发生、发展到衰亡过程,新闻报道及舆论观点也可能发生变化甚至是"反转"。例如,美国有线电视新闻网对 2015 年天津滨海新区大爆炸新闻的报道,首次报道时内容强度很大,新闻所持的情感表现为震惊、可怕(Terrified);后续报道瑞海国际公司的失职造成此次重大事故时,内容强度稍弱,情感表现为指责(Accusation)。研究网络新闻报道的情感倾向,对于网络舆情的传播和新闻专题的追踪有着重要意义。

综上,互联网舆情监测和网络空间安全治理,需要基于对网络舆情的准确和科学把握,认识网络舆情的传播规律。作为网络舆情的主要发布者和参与者,用户的观点和态度与舆情事件本身息息相关,间接影响网络舆情的传播。因此,准确识别互联网舆情中网民的情感倾向及其演变机理又是网络舆情治理的重中之重。

这一任务在单语言背景下取得了较好的研究成果。针对微信、微博和移动客户端的中文评论信息,相关研究借助深度学习算法进行热点发现、话题识别与跟踪[20]。JST 模型(Joint Sentiment Topic Model)为首个同时研究文本主题和情感信息的模型[21]。基于预训练模型,对微博评论的情感极性(积极、消极和中立)进行预测,达到 93% 的准确率[22]。2021 年,杨嘉韵等以新型冠状病毒感染为例,提出一种基于主题-情感融合的方法,分析突发公共卫生事件在微博网络中的舆情演化情况[23]。国内的大多数舆情监测系统,例如新浪舆情通等,能够实现中文语境下的信息采集、热点发现、话题识别与跟踪等。

2.2.4　医疗健康领域

近年来,情感分析在医疗健康领域的应用引起了工业界和学术界的极大兴趣。有学者通过收集患者有关疾病、药物不良反应、流行病以及患者情绪的信息,利用情感分析技术进行信息挖掘,以便提供更好的医疗健康服务[24]。情感分析在医疗健康领域的应用属于特定领域的情感任务,有关医生和药物的评论中包含很多医疗领域特定的术语(Terminology),例如副作用(Side Effects)描述、药物名称(Drug Names)等,为面向医疗领域文本的情感分析增加了难度。

本质上说,情感分析是一个领域相关(Domain-specific)的任务,当测试集和训练集属于不同的领域时,基于监督学习的情感分析性能并不理想,所以领域适应(Domain Adaptation)也是情感分析的一个重点研究问题。Jiménez-Zafra 等分析了用西班牙语撰写的关于药物和医生的评论意见,发现药物评论的情感分类难度远大于医生评论的分类难度,通常需要在情感分类任务中加入语言学特征[25]。

研究者认为,患者在社交媒体中发表的相关评论,能够作为监测公共卫生和了解医疗行业服务反馈的信息工具。Crannell 等使用 Twitter 的公共流媒体 API 收集了 2016 年 9月至 2017 年 12 月超过 530 万条与乳腺癌相关的推文。经过数据预处理后,他们使用逻辑回归分类器和卷积神经网络模型从中筛选出与乳腺癌患者体验相关的推文。分析发现,推文中的积极评论大多是关于门诊治疗、提高癌症的防护意识;对于医疗保健的评论大多是负面的,主要集中在对医疗保险是否能够覆盖其疾病花销的担忧。该研究表明,社交媒体为患者提供了一个表达治疗诉求、分享治疗经验的积极渠道[26]。

除了 Twitter、微博等社交媒体,在线医疗社区也是患者分享就医体验的重要渠道。近年来,随着好大夫在线、春雨医生等互联网在线诊疗平台的出现和快速发展,"互联网＋"医疗服务成功将线下医疗问诊服务搬到了线上,凭借互联网开放、便捷、交互和跨界的优点,互联网在线诊疗一定程度上缓解了人们"看病远、看病难"的困境。然而,这些平台大多由第三方商业机构运营,患者和医生无法面对面进行沟通。如何对这些在线诊疗平台进行有效监督和管理,例如,获取医疗服务质量信息、改善医疗服务质量、提高患者满意度等,存在一定挑战。

为了改善在线医疗服务质量和提高患者满意度,国内外研究学者进行了一系列探索。Abiramid 等使用 TF-IDF 算法抽取评论特征,并使用情感词典来计算情感得分,分析在线评论中用户对医院的感受[27]。由丽萍等通过建立语义分类词典,实现评论的框架语义情感分析,并在此基础上构建医疗服务质量评价的主题知识库[28]。Hao 等基于 2006 年至 2014 年间好大夫在线医疗社区的患者评论数据,使用 LDA 抽取出有关疗效和寻医过程等主题,并进行简单的情感分析[29]。在 LDA 模型的基础上,叶艳等提出一种基于 LDA-BiLSTM 模型的在线医疗健康社区服务质量评测方案,选取好大夫在线 2010 年 3 月至 2020 年 1 月高血压患者对医生服务的 139 962 条评论信息[30]。其中,LDA 用于识别评论中与医疗服务质量相关的主题,BiLSTM 对服务质量主题进行情感倾向判别。该模型能够帮助医生/在线医疗管理者了解患者对医疗服务质量不满意的方面,从而采用合理的应对策略提高患者满意度和医疗服务体验。

综上分析,目前情感分析在医疗领域的应用,主要集中在对患者就医体验或者对医院/医生服务质量的评价,将其作为监测公共卫生和医疗服务反馈的技术手段。所采用的算法和模型,与商业领域中对产品和服务评价采用的情感分析模型类似。归根到底,医生问诊也可看作一种社会服务。区别于商业领域的情感分析研究,医疗领域的情感分析技术应用,需要重点关注两个方面的问题。

首先是领域适应的问题。药物和医生的评论文本中包含大量不常用的专业术语,包括疾病名称、药物名称等。例如,"患者逐步肌肉萎缩,愈后效果不理想"中的"肌肉萎缩"是一种临床症状。情感分析技术需要识别出评论中的医疗专业术语。对于领域适应问题,可以采用的解决方案有:(1)使用医疗领域特定的健康医疗专业词典自动抽取医疗术语,例如医疗健康词典 UMLS;(2)基于深度学习算法进行医疗领域的中文命名实体识别,识别出疾病名、症状、药物名称等。应看到,医疗领域的中文命名实体识别相比于英文命名实体识别更加困难,主要原因在于中文分词较英文困难,以及中文医疗领域标注语料的不足。

其次是医疗领域大规模标注数据的不足。虽然能够通过大数据爬取技术从互联网上爬取医疗领域的相关文本,但这些数据大多是未标注数据。标记高质量的医疗数据,往往需要具有医疗领域知识的专家协助,人工成本较高。最近研究表明,基于预训练语言模型,利用大规模未标记的语料库可以通过自监督学习的方法缓解这一问题。例如,Cai 等提出一个实体知识增强(Entity-level Knowledge-enhanced)的预训练模型 EMBERT 进行中文医学文本的挖掘[31]。

2.3 单语情感分析的实现步骤

现有单语情感分析研究所采用的方法,主要包括基于规则和情感词典的方法、基于机器学习和基于深度学习的方法。

其中,基于规则和情感词典的方法是早期情感分析研究所采用的方法,主要思路是根据特定情感词典所收录的词语对文本中的单词进行匹配,检索出所有可能包含情感倾向的词语,基于匹配词语的统计结果实现对文本情感极性的判断。基于规则和情感词典的方法是一种无监督学习的方法,不需要大量的标注语料数据。但是,这种方法仅考虑了单词的情感极性而无法兼顾文本上下文的结构特征,容易受到文本句子结构和句法的影响;而且该方法一般是粗粒度的,仅对整篇文档简单地使用一种情感极性来定性,不能聚焦文本中核心的情感信息,并且容易忽略文本内部深层次的语义关系。因此,基于规则和情感词典的方法现在使用得较少。

本节主要以基于机器学习和基于深度学习的方法为例,阐述单语情感分析的实现步骤。图 2-1 描述了基于机器学习或深度学习的单语言情感分析的一般实现步骤。

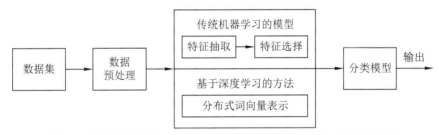

图 2-1 基于机器学习或深度学习的单语言情感分析的一般实现步骤

对于给定的数据集,首先进行数据预处理,包括分词、去除标点符号、词干还原等操作。得到预处理的数据集后,基于机器学习和深度学习的情感分析实现步骤有所区别。

传统基于机器学习的情感分析实现,需要经过特征抽取和特征选择过程,获取对应的与情感相关的特征表示或语义表示,然后再利用朴素贝叶斯(Naïve Bayes)、支持向量机(Support Vector Machine)等机器学习算法进行分类模型的训练和测试。对于基于机器学习的方法,特征的抽取和选择非常重要,并不是所有的特征都对情感分析有利。常用的特征项构造算法有 One-hot 模型、TF-IDF 模型,第 3 章将详细讲解 One-hot 模型和 TF-IDF 模型对特征的抽取原理。

基于深度学习的情感分析实现,首先利用 Word2vec、GloVe 等分布式词向量模型将输入文本数据向量化表示,然后基于深度学习的分类模型将特征表示和分类算法集中在一个统一的模型中实现。例如通过卷积神经网络、循环神经网络等学习文本的语义向量表示后,再利用一个 softmax 层对当前文本进行情感分析预测。Word2vec 等分布式词向量模型将在第 3 章详细讲解,卷积神经网络等深度学习模型将在第 4 章详细讲解。

2.4　本章小结

本章主要阐述了单语言情感分析的研究背景、应用场景以及一般的实现步骤。情感分析任务一开始主要在英语等单个语言下开展,研究的问题包括情感分类、情绪原因发现以及情感信息抽取。其中情感分类研究起步最早、也相对比较简单;而情绪原因发现和情感信息抽取需要挖掘更深层次的情感信息,任务难度也相对较大。

情感分析起源于计算机科学领域,随着情感分析任务性能的逐步提升,近年来被应用到各个不同的学科领域中,与其他学科结合碰撞出新的火花。本章选取了情感分析应用的 4 个常用领域(商业智能、推荐系统、互联网舆情和医疗健康领域),讲解情感分析在这些领域的应用思路和方法。大道至简,情感分析应用到不同的领域存在着共性的地方,能够为情感分析在其他领域的应用提供借鉴。

单语言情感分析的方法主要包括基于规则和情感词典方法、基于机器学习的方法和基于深度学习的方法。本章总结了传统机器学习方法以及深度学习方法开展情感分析的一般实现步骤。其中涉及的特征项构造、特征抽取、分布式词向量表示以及常用的机器学习和深度学习算法将在接下来的 3 个章节中具体讲解。

2.5　参考文献

[1]　Wang W,Wang H,Song Y. Ranking Product Aspects through Sentiment Analysis of Online Reviews[J]. J. Exp. Theo. AI,2017,29(2):227-246.

[2]　Rajesh B,Raktim K D,Sandip R,et al. Sentiment Analysis on Online Product Reviews[C]. In Information and Communication Technology for Sustainable Development:Proceedings of ICT4SD 2018. Singapore:Springer,2020:559-569.

[3]　Orf D. Google Assistant is a mega AI Bot that wants to be absolutely Everywhere[J/OL]. https://gizmodo.com/google-assistant-is-a-mega-chatbot-that-wants-to-be-abs-1777351140.

[4]　Rognone L,Hyde S,Zhang S S. News Sentiment in the Cryptocurrency Market:An empirical Comparison with Forex[J]. International Review of Financial Analysis,2020,69:101462.

[5]　Jing T W,Murugesan R K. A Theoretical Framework to Build Trust and Prevent Fake News in Social Media using Blockchain[C]. In Recent Trends in Data Science and Soft Computing:Proceedings of the 3rd International Conference of Reliable Information and Communication Technology (IRICT 2018),Switzerland:SpringerCham,2019:955-962.

[6]　Chong E,Han C,Park F C. Deep Learning Networks for Stock Market Analysis and Prediction:Methodology,Data Representations,and Case Studies[J]. Expert Systems with Applications,2017,83:187-205.

[7]　Hajek P. Combining Bag-of-words and Sentiment Features of Annual Reports to Predict Abnormal Stock Returns[J]. Neural Computing and Applications,2018,29(7):343-358.

[8]　Vargas M R,Dos Anjos C E M,Bichara G L G,et al. Deep Learning for Stock Market Prediction Using Technical Indicators and Financial News Articles[C]. In Proceeding of International Joint Conference on Neural Networks. Brazil:IEEE,2018:1-8.

[9] 岑咏华，谭志浩，吴承尧. 财经媒介信息对股票市场的影响研究：基于情感分析的实证[J]. 数据分析与知识发现，2019，3(9)：98-114.

[10] Zhao W T，Wu F，Fu Z Q，et al. Sentiment Analysis on Weibo Platform for Stock Prediction[C]. In Proceedings of the 6th International Conference on Artificial Intelligence and Security (ICAIS). Singapore：Springer，2020：323-333.

[11] 孔翔宇，毕秀春，张曙光. 财经新闻与股市预测——基于数据挖掘技术的实证分析，财经新闻与股市预测[J]. 数理统计与管理，2016，35(2)：215-224.

[12] Oncharoen P，Vateekul P. Deep Learning for Stock Market Prediction Using Event Embedding and Technical Indicators[C]. Proceeding of International Conference on Advanced Informatics：Concept Theory and Applications. Krabi：IEEE，2018：19-24.

[13] 张梦吉，杜婉钰，郑楠，引入新闻短文本的个股走势预测模型[J]. 数据分析与知识发现，2019，3(5)：11-17.

[14] Zafarani R，Abbasi M A，Liu H. Social Media Mining：An Introduction[M]. United States：Cambridge University Press，2014.

[15] Li H，Cui J，Shen B，et al. An Intelligent Movie Recommendation System through Group-level Sentiment Analysis in Microblogs[J]. Neurocomputing，2016，210：164-173.

[16] Shen R P，Zhang H R，Yu H，et al. Sentiment based Matrix Factorization with Reliability for Recommendation[J]. Expert Systems with Application，2019，135(NOV.)：249-258.

[17] Santana I，Domingues M A. A Systematic Review on Context-Aware Recommender Systems using Deep Learning and Embeddings[J]. arXiv preprint arXiv：2007.04782，2020.

[18] Vartak M，Thiagarajan A，Miranda C，et al. A Meta-learning Perspective on Cold-start Recommendations for Items[J]. Advances in neural information processing systems，2017，30.

[19] Gao C，Lei W，Chen J，et al. CIRS：Bursting Filter Bubbles by Counterfactual Interactive Recommender System[J]. arXiv preprint arXiv：2204.01266，2022.

[20] 王曰芬，王一山，杨洁. 基于社区发现和关键节点识别的网络舆情主题发现与实证分析[J]. 图书与情报，2020(05)：48-58.

[21] He Y，Lin C. Joint Sentiment/Topic Model for Sentiment Analysis[C]. In Proceedings of the 18th ACM Conference on Information and Knowledge Management. New York：Association for Computing Machinery，2009：375-384.

[22] 沈彬，严馨，周丽华，等. 基于 ERNIE 和双重注意力机制的微博情感分析[J]. 云南大学学报，2022，44(3)：1-10.

[23] 杨嘉韵，张慧明. 基于主题-情感融合分析的突发公共卫生事件网络舆情演化研究[J]. 情报探索，2021，(08)：45-53.

[24] Ramírez-Tinoco F J，Alor-Hernández G，Sánchez-Cervantes J L，et al. Use of Sentiment Analysis Techniques in Healthcare Domain[J]. Current Trends in Semantic Web Technologies：Theory and Practice，2019，815：189-212.

[25] Jiménez-Zafra S M，Martín-Valdivia M T，Molina-González M D，et al. How do we talk about Doctors and Drugs? Sentiment Analysis in Forums expressing Opinions for Medical Domain[J]. Artificial Intelligence in Medicine，2019，93(JAN)：50-57.

[26] Clark E M，James T，Jones C A，et al. A Sentiment Analysis of Breast Cancer Treatment Experiences and Healthcare Perceptions Across Twitter[J]. arXiv preprint arXiv：1805.09959，2018：1-17.

［27］ Abirami A M，Askarunisa A. Sentiment Analysis Model to Emphasize the Impact of Online Reviews in Healthcare Industry［J］. Online Information Review，2017，41(4)：471-486.

［28］ 由丽萍，王世钰. 基于框架语义的在线医生服务评价主题识别［J］.情报理论与实践,2019,42(9)：166-170.

［29］ HAO H J，ZHANG K P. The Voice of Chinese Health Consumers：A Text Mining Approach to Web-based Physician Reviews［J］. Journal of Medical Internet Research，2016，18(5)：e108.

［30］ 叶艳，吴鹏，周知，等. 基于 LDA-BiLSTM 模型的在线医疗服务质量识别研究［J］. 情报理论与实践，2022，45(8)：178-183.

［31］ Cai Z，Zhang T，Wang C，et al. EMBERT：A Pre-trained Language Model for Chinese Medical Text Mining［C］. In Web and Big Data. Switzerland：Springer，Cham，2021.

第3章

情感分析的技术基础——文本表示

3.1 传统向量空间模型

3.1.1 基本概念

向量空间模型(Vector Space Model,VSM)在 20 世纪 60 年代末期由 Gerard Salton 等在信息检索领域提出[1],最早使用在著名的 Smart 信息检索系统中,现已逐渐成为自然语言处理中常用的文本表示模型。VSM 模型涉及三个基本概念,包括文档(Document)、特征项(Feature Term)和特征项权重(Term Weight),下面分别介绍。

文档通常指文章中具有一定规模的片段,如句子、句群、段落、段落组或者整篇文章。特征项是 VSM 中最小的、不可分的语言单元,可以是字、词、词组或者短语等。在 VSM 模型中,一个文档的内容被看作由特征项组成的集合,表示为 $D = (t_1, t_2, \cdots, t_n)$,其中 t_i 是特征项,$1 \leqslant i \leqslant n$。

特征项权重是指文档中每个特征的权重值。对于包含 n 个特征项的文档 $D = (t_1, t_2, \cdots, t_n)$,每个特征项 t_i 都基于一定原则被赋予一个权重 w_i,表示不同特征项在文档中不同的重要程度。所以,一个文档可用特征项及其对应的权重表示为 $D = (t_1, w_1; t_2, w_2; \cdots; t_n, w_n)$,简记为 $(w_1, w_2, \cdots, w_n)$。

向量空间模型假设文档符合以下两条约定:(1)各特征项 t_i 互异,即特征项没有重复;(2)各特征项 t_i 无前后顺序,即不考虑文档内部结构。基于以上概念,可以将一个文档表示为在由 $t_1, t_2, \cdots, t_n$ 组成的 n 维空间中的一个向量,特征项的权重即空间向量对应的坐标值。因此,可将 $D = (t_1, t_2, \cdots, t_n)$ 称为文本 D 的向量表示或空间向量模型。

3.1.2 One-hot 模型

One-hot 编码模型是一种简单直观的特征提取向量化表示方法。One-hot 在文本向量化上属于词袋模型,即将所有词语装进一个袋子里,每个词语都是互相独立的,词语之间不考虑语序和语法关系。

假设某种语言的词汇总数为 V,每个单词用一个 V 维的向量表示,每个词语大多数维度都是 0,只有某一个位置是 1,这个位置可以表示这个词。例如,对于["我","爱","中国"]构成的词汇表,"我"编码为 100,"爱"编码为 010,"中国"编码为 001。

这种方法简单直观,但也存在很大的问题。使用这种简单的词袋模型会丢失语句的词序和语法信息,词语之间的相互关系无法得到体现;同时当词表很大时,词向量是维度很大的稀疏矩阵,在语料规模大的情况下,几乎是不可用的。

3.1.3　TF-IDF 模型

TF-IDF(Term Frequency-inverse Document Frequency,词频-逆向文件频率)是一种经典的基于 VSM 模型的特征项权重计算方法,用于评估一个单词对某个文档的重要性程度,即可以判定一个词是否有资格成为指定文档的特征项。TF-IDF 方法可以过滤常见词带来的影响,保留重要的词。TF-IDF 的核心思想可以简述为一个词语在一篇文档中出现的次数越多,同时在所有文档中出现的次数越少,越能够代表该文档。

TF(Term Frequency)代表的是词频,即一个词在指定文档中出现的频率,记作 $\mathrm{tf}_{i,j}$,表示该单词 i 在 d_j 文档中出现的频率,计算公式为

$$\mathrm{tf}_{i,j} = \frac{n_{i,j}}{\sum_k n_{k,j}} \tag{3-1}$$

其中,$n_{i,j}$ 表示单词 i 在文档 d_j 中出现的次数,$\sum_k n_{k,j}$ 表示文档 d_j 中单词的总数。

DF(Document Frequency)代表文档频率,即包含单词 i 的文档占整个文档集的比例。IDF(Inverse Document Frequency)代表的是逆文本频率,记作 idf_i。计算公式为

$$\mathrm{idf}_i = \lg \frac{M}{M_{df_i}} \tag{3-2}$$

其中,M 表示文档集文档的总数;M_{df_i} 表示文档集中包含单词 i 的文档数量。如果一个单词 i 越常见,则公式(3-2)中分母越大,idf 值越小,则意味着该词的重要性越低。

如果一个词在指定文档中出现频率很高,且在其他文档中并不常见,我们就可以认为这个词对于指定文档很重要,重要程度用 TF-IDF$_{i,j}$ 表示为

$$\mathrm{TF\text{-}IDF}_{i,j} = \mathrm{tf}_{i,j} \times \mathrm{idf}_i \tag{3-3}$$

TF-IDF$_{i,j}$ 值越高,则意味着单词 i 对文档 d_j 的重要性越高;TF-IDF$_{i,j}$ 值越低,则意味着单词 i 对文档 d_j 重要性越低。例如单词"我",即使在文档 d_j 出现频率高,但因为此词在其他文档中也尤为常见,其 idf 值可能趋近于 0,对应的 TF-IDF$_{i,j}$ 值也不可能很高,说明"我"对文档 d_j 重要性并不高。

假设现有一个包含 m 个文档的文档数据集 D,数据集中的单词集合为 w,集合中单词的个数为 v。这里可以通过构建单词-文本矩阵,来计算每一个单词对每一个文档的重要程度,矩阵具体构建流程如算法 2.1 所示。

算法 2.1　TF-IDF 矩阵构建算法

输入:包含 m 个文档的文档数据集 D、数据集中的单词集合 w、单词个数 v
输出:TF-IDF 矩阵 $\boldsymbol{T}$
1. 初始化 TF-IDF 矩阵 $\boldsymbol{T}$,$\boldsymbol{T} \in \mathbb{R}^{v \times m}$
2. **for** w 中所有的单词 w_i **do**
3. 　　　　$\mathrm{idf}_i \leftarrow \lg\left(\dfrac{m}{D \text{ 中含有 } w_i \text{ 的文本数量}}\right)$
4. **end for**

---

5. **for** D 中所有的文本 d_j **do**

6.　　　　**for** w 中所有的单词 w_i **do**

7.　　　　　　**if** 文本 d_j 中存在单词 w_i **then**

8.　　　　　　　　$\text{tf}_{i,j} \leftarrow \dfrac{w_i\ \text{在文档} d_j\ \text{中出现的次数}}{\text{文档} d_j\ \text{总单词数}}$

9.　　　　　　　　$T_{i,j} \leftarrow \text{tf}_{i,j} \times \text{idf}_i$

10.　　　　　　　**end if**

11.　　　　**end for**

12. **end for**

3.2　文本主题模型

3.2.1　基本概念

传统的向量空间模型将文本表示为特征词项和对应权重的向量,特征词项之间是相互独立的。这种表示方法不能表示单词与单词之间的语义关系,无法深入挖掘文本潜在的语义性。主题模型是一种能够有效表示文本潜在语义主题的无监督学习方法。相比于One-hot 编码和 TF-IDF 等传统向量空间模型,主题模型能够挖掘出文本语料中的潜在主题,在较高概念层次满足人们对大量文本进行语义表达的需求。

主题模型能够发现文本语料中潜在的"主题"或者"概念"结构,一般表示为文本、主题和词项三个层次的概率生成模型。1990 年,潜在语义检索(Latent Semantic Indexing,LSI)模型,也被称为潜在语义分析(Latent Semantic Analysis,LSA)模型,首次提出潜在语义空间的思想,为概率主题模型的出现奠定了基础[2]。LSI 模型认为:文本中共同出现的单词术语可以用于揭示文本隐藏的主题结构而无需其他背景知识。

在 LSI 模型的基础上,1999 年 Hoffmann 提出概率隐语义分析(Probabilistic Latent Semantic Analysis,PLSA)模型[3]。PLSA 是一种基于概率统计的主题生成模型,该模型通过文档-主题和主题-词项两层概率分布来描述文本的生成过程,并使用期望最大化(Expectation Maximization,EM)算法学习模型的参数。

2003 年,Blei 分析 PLSA 模型,发现该模型存在两个主要问题:(1)模型参数随文本语料规模增长而线性增长,容易导致过拟合问题;(2)PLSA 不能用于生成新的文本。因此,在 PLSA 基础上进一步提出隐含狄利克雷分布(Latent Dirichlet Allocation,LDA)模型[4]。LDA 模型成为主流的主题模型,也是后来大多数主题模型的基础。LDA 在 PLSA 模型的基础上增加了一层 Dirichlet 共轭先验分布,在文本生成过程中定义了观测随机变量和隐藏随机变量的联合概率分布。

令 $D = \{d_1, d_2, \cdots, d_M\}$ 为给定 M 个文档构成的文本集合,其中包含的词汇表集合为 W,单词个数为 V。假设 D 中有 K 个潜在主题,主题集合用 Z 表示,文本主题模型要解决的问题是如何将文本表示为文档-主题和主题-词项两层概率分布的形式。

3.2.2　PLSA 模型

概率隐语义分析（Probabilistic Latent Semantic Analysis，PLSA）模型，最先被 Hofmann 等提出[3]，是一种基于极大似然估计的主题模型。PLSA 模型假设文档生成的过程往往是先选择相对应的主题，再从主题对应的词集中选择单词，即文本层与词语层中有一个隐藏的主题层。

假设由 M 个文本构成的文本集合 $D=\{d_1,d_2,\cdots,d_M\}$，文本集合中有 K 个潜在主题，主题集合用 Z 表示，包含的词汇集合为 W，集合中单词的个数为 V。文本集合中任一文本由 N 个词组成。基于 PLSA 模型的文本生成流程如图 3-1 所示。

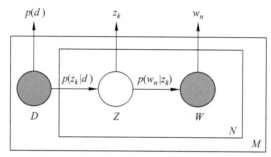

图 3-1　PLSA 概率图模型

其中，d 代表从文本集合中随机抽取的一个文本，$p(d)$ 代表抽取到文本 d 的概率；对于文本集中隐藏的主题集合 Z，$p(z_k|d)$ 代表文本 d 中主题 z_k 所占的比重；$p(w_n|z_k)$ 表示在主题 z_k 中选择词语 w_n 的概率。简单地，文本 d 生成过程可以概括为以下几个步骤。

① 以 $p(d)$ 的概率，从集合中抽取一个文本 d；

② 以 $p(z_k|d)$ 的概率，从主题集合 Z 中选择一个主题 z_k；

③ 以 $p(w_n|z_k)$ 的概率，从主题 z_k 中选择一个词 w_n；

④ 重复以上两个步骤，直到获取 N 个词，组成一个文本。

依据文本的生成逻辑，并结合单词与文本独立的假设，一个文本集存在的概率可以用 $P(D,W)$ 表示为

$$P(D,W)=\prod_{(w,d)}P(w,d)^{n(w,d)} \tag{3-4}$$

其中，$n(w,d)$ 表示单词-文本对 (w,d) 出现的次数，一般可以通过统计文档中的单词数得到；$P(w,d)$ 表示单词-文本对 (w,d) 的生成概率，即一篇文档 d 与其中的词汇 w 及文档潜在主题集合 Z 之间的关系，其计算公式为

$$P(w,d)=P(d)\sum_{k=1}^{K}P(w|z_k)P(z_k|d) \tag{3-5}$$

其中，w 和 d 是观测量；z_k 是无法直接观测的、需要推断的隐变量；$P(w|z_k)$ 及 $P(z_k|d)$ 是未知的、需要学习的参数。

因此，PLSA 模型的目的就是在给定生成模型及各文本的词项统计基础上，计算出各文本中潜在主题的比重分布以及每个主题中的词项分布，使此文本集的出现概率最大。

这是一个含隐变量利用极大似然估计的参数求解过程。表 3-1 总结了 PLSA 模型的主要符号及其含义。

表 3-1　PLSA 模型的主要符号及其含义

符　号	含　　义	符　号	含　　义
M	文本集合中文本的数量	K	主题集合中主题的数量
N	单个文本中单词的数量	(w,d)	单词-文本对
W	文本集合中包含的词汇集合	$n(w,d)$	文本 d 中单词 w 出现的频数
V	词汇集合中单词的数量	$n(d)$	文本 d 中包含的单词数量
Z	文本集合中包含的主题集合	$Q(Z)$	主题集合 Z 的分布函数

对于给定的观测数据，整个文本集 D 的联合分布的似然函数 $L(D,W)$ 可以表示为

$$
\begin{aligned}
L(D,W) &= \sum_{j=1}^{M}\sum_{i=1}^{V} n(w_i,d_j)\log P(w_i,d_j) \\
&= \sum_{j=1}^{M}\sum_{i=1}^{V} n(w_i,d_j)\log\left(P(d_j)\sum_{k=1}^{K}P(w_i|z_k)P(z_k|d_j)\right) \\
&= \sum_{j=1}^{M}\sum_{i=1}^{V} n(w_i,d_j)\log\sum_{k=1}^{K}P(w_i|z_k)P(z_k|d_j) + \sum_{j=1}^{M}\sum_{i=1}^{V} n(w_i,d_j)\log P(d_j)
\end{aligned}
$$
(3-6)

由于其中包含隐变量 z_k，且参数数量过大，难以用求导的方式对其直接求解，故通常选择期望最大化（Expectation Maximization，EM）算法对其模型进行求解。

在求解过程中，首先应对似然函数表达式进行简化，令

$$
L_1 = \sum_{j=1}^{M}\sum_{i=1}^{V} n(w_i,d_j)\log\sum_{k=1}^{K}P(w_i|z_k)P(z_k|d_j)
$$
(3-7)

$$
L_2 = \sum_{j=1}^{M}\sum_{i=1}^{V} n(w_i,d_j)\log P(d_j)
$$
(3-8)

由于 $n(w_i,d_j)$ 及 $P(d_j)$ 是已知数据且与隐变量无关，故只需要考虑 L_1。一般利用詹森不等式对 L_1 进行简化，其中假定主题集合 Z 的分布函数为 $Q(Z)$，如不等式（3-9）所示。

$$
\begin{aligned}
L_1 &= \sum_{j=1}^{M}\sum_{i=1}^{V} n(w_i,d_j)\log\sum_{k=1}^{K}P(w_i|z_k)P(z_k|d_j) \\
&= \sum_{j=1}^{M}\sum_{i=1}^{V} n(w_i,d_j)\log\left(\sum_{k=1}^{K}Q(Z)\frac{P(w_i|z_k)P(z_k|d_j)}{Q(Z)}\right) \\
&\geqslant \sum_{j=1}^{M}\sum_{i=1}^{V} n(w_i,d_j)E\left(\log\frac{P(w_i|z_k)P(z_k|d_j)}{Q(Z)}\right) \\
&= \sum_{j=1}^{M}\sum_{i=1}^{V} n(w_i,d_j)\sum_{Z}Q(Z)\log\frac{P(w_i|z_k)P(z_k|d_j)}{Q(Z)}
\end{aligned}
$$
(3-9)

因此，EM 算法可以概括为以下 4 个步骤。

① 初始化参数 $P(z_k|d_j)^{(0)}$ 和 $P(w_i|z_k)^{(0)}$。

② E-步：确定主题集合 Z 的分布函数 $Q(Z)$。

由于主题 Z 与词项和文本都有联系，故可以将 $Q(Z)$ 表示为 $P(z_k|w_i,d_j)$，计算公式为

$$
\begin{aligned}
P(z_k|w_i,d_j) &= \frac{P(z_k)P(w_i,d_j|z_k)}{\sum\limits_{k=1}^{K}P(z_k)P(w_i,d_j|z_k)} \\
&= \frac{P(w_i|z_k)\cdot P(z_k|d_j)}{\sum\limits_{k=1}^{K}P(w_i|z_k)\cdot P(z_k|d_j)}
\end{aligned}
\tag{3-10}
$$

将当前参数 $P(z_k|d_j)^{(t)}$ 和 $P(w_i|z_k)^{(t)}$ 代入公式(3-10)中，得到主题集合 Z 的分布函数 $P(z_k|w_i,d_j)$。

③ M-步：是一个不断迭代优化的过程。基于不等式(3-9)的下界进行最大似然估计，得到 $P(z_k|d_j)^{(t+1)}$ 和 $P(w_i|z_k)^{(t+1)}$。

基于不等式(3-9)及公式(3-10)，可以获得如下不等式。

$$
\begin{aligned}
L_1 &= \sum_{j=1}^{M}\sum_{i=1}^{V}n(w_i,d_j)\log\sum_{k=1}^{K}P(w_i|z_k)P(z_k|d_j) \\
&\geqslant \sum_{j=1}^{M}\sum_{i=1}^{V}n(w_i,d_j)\sum_{k=1}^{K}P(z_k|w_i,d_j)\log\frac{P(w_i|z_k)P(z_k|d_j)}{P(z_k|w_i,d_j)} \\
&\geqslant \sum_{j=1}^{M}\sum_{i=1}^{V}n(w_i,d_j)\sum_{k=1}^{K}P(z_k|w_i,d_j)\log(P(z_k|d_j)P(w_i|z_k))
\end{aligned}
\tag{3-11}
$$

这样就可以把在保证 L_1 值最大情况下求参数的问题，转化为保证 L_1 下界最大情况下求参数的问题，令 L_1 下界为 L 可表示为

$$
L = \sum_{j=1}^{M}\sum_{i=1}^{V}n(w_i,d_j)\sum_{k=1}^{K}P(z_k|w_i,d_j)\log(P(z_k|d_j)P(w_i|z_k))
\tag{3-12}
$$

由于 M-步是一个不断迭代优化的过程，故在每一次新的优化过程中，都假定 $P(z_k|w_i,d_j)$ 是已知的，是初始化参数得到的。因此，这里可以构建如下约束优化目标。

$$
\begin{aligned}
&L = \sum_{j=1}^{M}\sum_{i=1}^{V}n(w_i,d_j)\sum_{k=1}^{K}P(z_k|w_i,d_j)\log(P(z_k|d_j)P(w_i|z_k)) \\
&\text{s.t. } \sum_{k=1}^{K}P(z_k|d_j)=1,\quad \sum_{i=1}^{V}P(w_i|z_k)=1
\end{aligned}
\tag{3-13}
$$

通过拉格朗日乘子法，即可求出目标函数的极值点 $P(z_k|d_j)^{(t+1)}$ 和 $P(w_i|z_k)^{(t+1)}$ 为

$$
P(z_k|d_j)^{(t+1)} = \frac{\sum\limits_{i=1}^{V}n(w_i,d_j)P(z_k|w_i,d_j)}{n(d_j)}
\tag{3-14}
$$

$$
P(w_i|z_k)^{(t+1)} = \frac{\sum\limits_{j=1}^{M}n(w_i,d_j)P(z_k|w_i,d_j)}{\sum\limits_{i=1}^{V}\sum\limits_{j=1}^{M}n(w_i,d_j)P(z_k|w_i,d_j)}
\tag{3-15}
$$

其中，$n(d_j)$ 表示文本 d_j 中包含的单词总数。

④ 重复执行 E-步和 M-步，直至参数值收敛成功。

综上所述，对于一个有 M 篇文本、词集合容量为 V 的训练集，K 个主题的 PLSA 模型需要学习的参数数量为 $KM+KV$。随着训练集中文本数量的增加，模型中参数的数量也呈线性增加，模型求解的结果也会被大大影响。

3.2.3　LDA 模型

隐含狄利克雷分布（Latent Dirichlet Allocation，LDA）模型，最先被 David M.Blei 等于 2003 年提出[4]。LDA 是一个无监督的贝叶斯概率生成模型，通过模拟文本生成的过程，来挖掘文本中的潜在主题。它假设一个文本可以有多个主题，且每个主题可视为相应的词分布。

LDA 模型的文本生成逻辑与 PLSA 模型类似。本质上说，LDA 模型是在 PLSA 模型的基础上，将狄利克雷分布引入到了文档-主题分布和主题-词项分布中，模型的学习和推断算法从最大似然估计转化为贝叶斯估计。区别于 PLSA 模型，LDA 模型的文档-主题分布和主题-词项分布参数被视为随机变量，而不是确定型变量，故 LDA 模型可以被认为是在 PLSA 基础上，一种更加泛化的文本主题模型。

假设 M 个文本构成的文本集合 $D=\{d_1,d_2,\cdots,d_M\}$，文本集合中有 K 个潜在主题，主题集合用 Z 表示，包含的词汇集合为 W，集合中单词的个数为 V。文本集中任一文本 d_j 由 N 个词组成，可表示为 $d_j=\{w_{j1},w_{j2},\cdots,w_{jN}\}$，则基于 LDA 模型的文本生成过程如图 3-2 所示。

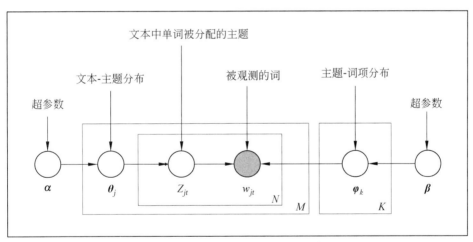

图 3-2　LDA 模型文本生成过程示意图

其中，$\boldsymbol{\varphi}$ 表示文本集合中的主题-词项分布集合，$\boldsymbol{\varphi}_k$ 代表第 k 个主题中词项的分布，且 $\boldsymbol{\varphi}_k$ 服从以 $\boldsymbol{\beta}$（$\boldsymbol{\beta}$ 是一个 V 维向量）为超参数的狄利克雷先验分布，$k=1,2,\cdots,K$。$\boldsymbol{\theta}$ 表示文本集合中的文本-主题分布，$\boldsymbol{\theta}_j$ 代表文本集第 j 个文本中的主题分布，且 $\boldsymbol{\theta}_j$ 服从以 $\boldsymbol{\alpha}$（$\boldsymbol{\alpha}$ 是一个 K 维向量）为超参数的狄利克雷先验分布，$j=1,2,\cdots,M$。简单地，文本生成过程可以简单概括为以下几个步骤。

① 基于参数 $\boldsymbol{\beta}$，对每一个主题 k，采样生成主题-词分布 $\boldsymbol{\varphi}_k\sim\mathrm{Dir}(\boldsymbol{\beta})$；

② 基于参数 $\boldsymbol{\alpha}$，对每一个文本 d_j，采样生成文本-主题分布 $\boldsymbol{\theta}_j \sim \mathrm{Dir}(\boldsymbol{\alpha})$；

③ 从文本 d_j 对应的主题分布 $\boldsymbol{\theta}_j$ 中采样一个潜在主题 Z_{jt}，作为文本 d_j 中第 t 个词的主题标识，$t = 1, 2, \cdots, N$；

④ 从潜在主题 Z_{jt} 对应的词分布 $\boldsymbol{\varphi}_{z_{jt}}$ 中采样对应的词 w_{jt}，其中 $t = 1, 2, \cdots, N$；

⑤ 重复以上两个步骤，直到获取 N 个词，组成一个文本。

依据文本的生成逻辑，并结合单词与文本独立的假设，一个文本集存在的概率可以用 $P(\boldsymbol{W}, \boldsymbol{Z}, \boldsymbol{\theta}, \boldsymbol{\varphi}; \boldsymbol{\alpha}, \boldsymbol{\beta})$ 表示为

$$P(\boldsymbol{W}, \boldsymbol{Z}, \boldsymbol{\theta}, \boldsymbol{\varphi}; \boldsymbol{\alpha}, \boldsymbol{\beta}) = \prod_{j=1}^{M} (\boldsymbol{\theta}_j; \boldsymbol{\alpha}) \prod_{i=1}^{K} (\boldsymbol{\varphi}_i; \boldsymbol{\beta}) \prod_{t=1}^{N} P(w_{jt} | \boldsymbol{\varphi}_{Z_{jt}}) P(Z_{jt} | \boldsymbol{\theta}_j) \quad (3\text{-}16)$$

其中，w_{jt} 是观测量，Z_{jt} 是无法观测的隐变量，$\boldsymbol{\varphi}_k \sim \mathrm{Dir}(\boldsymbol{\beta})$ 及 $\boldsymbol{\theta}_j \sim \mathrm{Dir}(\boldsymbol{\alpha})$ 是需要学习的参数。但是由于需要学习的参数不是确定值，而是服从以 $\boldsymbol{\beta}$、$\boldsymbol{\alpha}$ 为超参数的狄利克雷先验分布，所以无法使用最大似然估计或最大后验概率来直接估计参数值。

但可以通过计算参数的后验分布 $P(\boldsymbol{\theta}_j | \boldsymbol{Z}_j, \boldsymbol{W}_j; \boldsymbol{\alpha}, \boldsymbol{\beta})$、$P(\boldsymbol{\varphi}_k | \boldsymbol{Z}_k, \boldsymbol{W}_k; \boldsymbol{\alpha}, \boldsymbol{\beta})$，并通过分布的统计量对参数性质进行描述。为了得到参数的后验分布，需要对隐变量 Z_{jt} 进行推断，再利用隐变量 Z_{jt} 作为已知条件去估计参数 $\boldsymbol{\varphi}_k \sim \mathrm{Dir}(\boldsymbol{\beta})$ 和 $\boldsymbol{\theta}_j \sim \mathrm{Dir}(\boldsymbol{\alpha})$。

为实现上述参数的近似推断，Griffiths 和 Steyvers 在 2004 年提出一种吉布斯采样 (Gibbs Sampling) 方法[5]。吉布斯采样方法是一种特殊的基于马尔可夫链的分布模拟抽样方法。设目标分布是 $P(\boldsymbol{x})$，吉布斯采样的核心思想是对高维随机变量 $\boldsymbol{x} = \{x_1, \cdots, x_i, \cdots\}$ 的每一维进行轮流采样，当对当前维度 x_i 进行采样时，需固定其他维度上的数据 $\boldsymbol{x}^{(-i)}$ 并将它们作为条件，根据 $\boldsymbol{x}^{(-i)}$ 推断 x_i 维度上的分布，生成得到该维度的样本。计算公式为

$$P(x_i | \boldsymbol{x}^{(-i)}) = \frac{P(x_i, \boldsymbol{x}^{(-i)})}{P(\boldsymbol{x}^{(-i)})} \quad (3\text{-}17)$$

通过不断迭代，直至马尔可夫链收敛至一个稳定状态，则证明所采集到的抽样样本符合总体分布。

将吉布斯采样法运用至 LDA 模型中的参数估计时，主要思路为通过推断给定文本集中每篇文本 $d = \{w_1, w_2, \cdots, w_N\}$ 的每个词项 w 的主题，从而估计相应的文本-主题分布 $\boldsymbol{\theta}_j \sim \mathrm{Dir}(\boldsymbol{\alpha})$ 和主题-词项分布 $\boldsymbol{\varphi}_k \sim \mathrm{Dir}(\boldsymbol{\beta})$。

关于推断文本集中每个词项的主题，吉布斯采样法的具体做法如下。

① 给文本集中每篇文本的每个词项随机分配一个主题；

② 随机抽取文本集中一个词项，舍弃当前抽样词项分配的原主题；

③ 根据文本集中其他词项及其对应的主题，计算抽样词项属于每个主题的概率，选出概率最大的主题作为当前抽样单词的新主题；

④ 通过重复执行上述②、③步，遍历文本集中所有的单词项。经过多次迭代，直至文本-主题分布和主题-词项分布收敛至一个稳定状态，即可获得文本集中每个词项对应的主题。

下面具体解释上述步骤的具体数学推理过程。表 3-2 总结了 LDA 模型的主要符号及其含义。

表 3-2　LDA 模型的主要符号及其含义

符　号	含　　义	符　号	含　　义
M	文本集合中文本的数量	$\boldsymbol{\theta}$	文本-主题分布
N	单个文本中单词的个数	$\boldsymbol{\varphi}$	主题-单词分布
W	文本集中包含的词汇集合	$\boldsymbol{\theta}_j \sim \mathrm{Dir}(\boldsymbol{\alpha})$	文本集中第 j 个文本内的主题分布
V	词汇集合中单词的数量	$\boldsymbol{\varphi}_k \sim \mathrm{Dir}(\boldsymbol{\beta})$	文本集中第 k 个主题下的单词分布
Z	文本集中包含的主题集合	$z^{(i)}$	抽样词项的主题
K	主题集合中主题的数量	$\boldsymbol{Z}^{(-i)}$	除抽样词外,文本集中剩余词项的主题序列
$\boldsymbol{W}$	文本集中的词项序列	$\theta_{j,k}$	在第 j 个文本内取到主题 k 的概率
$\boldsymbol{Z}$	文本集中的主题序列	$n_{j,k,\cdot}$	第 j 个文本中主题 k 出现次数
$\boldsymbol{\alpha}$	控制文本内各主题混合比重的超参数	$\varphi_{k,t}$	第 k 个主题下取到词项 t 的概率
$\boldsymbol{\beta}$	控制主题内各词项混合比重的超参数	$n_{\cdot,k,t}$	第 k 个主题下取到词项 t 的频数

假设当前抽样词项来自文本集合中第 j 个文本中的第 i 个词,并将其记作 t,则当前抽样词项属于每个主题的概率可表示为

$$P(z^{(i)} = k \mid \boldsymbol{Z}^{(-i)}, \boldsymbol{W}; \boldsymbol{\alpha}, \boldsymbol{\beta}) = \frac{P(\boldsymbol{W}, \boldsymbol{Z}; \boldsymbol{\alpha}, \boldsymbol{\beta})}{P(\boldsymbol{Z}^{(-i)}, \boldsymbol{W}; \boldsymbol{\alpha}, \boldsymbol{\beta})} \tag{3-18}$$

其中,$\boldsymbol{Z}^{(-i)}$ 表示除抽样词项主题外,剩余词项的主题序列;$\boldsymbol{W}$ 为已知的全部词项序列。

公式(3-18)中的分子是文本集词项序列 $\boldsymbol{W}$ 和主题序列 $\boldsymbol{Z}$ 的联合概率分布,可表示为

$$\begin{aligned} P(\boldsymbol{W}, \boldsymbol{Z}; \boldsymbol{\alpha}, \boldsymbol{\beta}) &= P(\boldsymbol{W} \mid \boldsymbol{Z}; \boldsymbol{\alpha}, \boldsymbol{\beta}) P(\boldsymbol{Z}; \boldsymbol{\alpha}, \boldsymbol{\beta}) \\ &= P(\boldsymbol{W} \mid \boldsymbol{Z}; \boldsymbol{\beta}) P(\boldsymbol{Z}; \boldsymbol{\alpha}) \end{aligned} \tag{3-19}$$

上式的两个等式中,由于形成的主题序列 $\boldsymbol{Z}$ 和超参数 $\boldsymbol{\beta}$ 无关,形成的词项序列 $\boldsymbol{W}$ 和超参数 $\boldsymbol{\alpha}$ 无关,因此二者是等价的。其中,$P(\boldsymbol{Z}; \boldsymbol{\alpha})$ 为主题序列的概率,$P(\boldsymbol{W} \mid \boldsymbol{Z}; \boldsymbol{\beta})$ 为在给定主题的条件下词项序列的概率。$P(\boldsymbol{Z}; \boldsymbol{\alpha})$ 的计算公式为

$$\begin{aligned} P(\boldsymbol{Z}; \boldsymbol{\alpha}) &= \int P(\boldsymbol{Z} \mid \boldsymbol{\theta}) P(\boldsymbol{\theta} \mid \boldsymbol{\alpha}) \mathrm{d}\boldsymbol{\theta} \\ &= \prod_{j=1}^{M} \int P(\boldsymbol{Z}_j \mid \boldsymbol{\theta}_j) P(\boldsymbol{\theta}_j \mid \boldsymbol{\alpha}) \mathrm{d}\boldsymbol{\theta}_j \\ &= \prod_{j=1}^{M} \int \left(\prod_{k=1}^{K} \theta_{j,k}^{n_{j,k,\cdot}} \right) \left(\frac{1}{\Delta(\boldsymbol{\alpha})} \prod_{k=1}^{K} \theta_{j,k}^{a_k - 1} \right) \mathrm{d}\boldsymbol{\theta}_j \\ &= \prod_{j=1}^{M} \int \frac{1}{\Delta(\boldsymbol{\alpha})} \prod_{k=1}^{K} \theta_{j,k}^{n_{j,k,\cdot} + a_k - 1} \mathrm{d}\boldsymbol{\theta}_j \\ &= \prod_{j=1}^{M} \frac{\Delta(n_{j,\cdot,\cdot} + \boldsymbol{\alpha})}{\Delta(\boldsymbol{\alpha})} \end{aligned} \tag{3-20}$$

其中,$P(\boldsymbol{\theta}_j \mid \boldsymbol{\alpha})$ 表示文本集中第 j 个文本的文本-主题概率分布密度;$P(\boldsymbol{Z}_j \mid \boldsymbol{\theta}_j)$ 表示基于 $\boldsymbol{\theta}_j$ 的分布取到该主题序列的概率;$\theta_{j,k}$ 表示基于 $\boldsymbol{\theta}_j$ 的分布取到主题 k 的概率;$n_{j,k,\cdot}$ 表示文

本集第 j 个文本中主题 k 出现次数,$n_{j,\cdot,\cdot} = \{n_{j,1,\cdot}, n_{j,2,\cdot}, \cdots, n_{j,K,\cdot}\}$。

同理,$P(\boldsymbol{W}|\boldsymbol{Z};\boldsymbol{\beta})$ 也可利用上述推导过程,表示为

$$
\begin{aligned}
P(\boldsymbol{W}|\boldsymbol{Z};\boldsymbol{\beta}) &= \int P(\boldsymbol{W}|\boldsymbol{Z},\boldsymbol{\varphi})P(\boldsymbol{\varphi}|\boldsymbol{\beta})\mathrm{d}\boldsymbol{\varphi} \\
&= \prod_{k=1}^{K} \int P(\boldsymbol{W}|\boldsymbol{Z},\boldsymbol{\varphi}_k)P(\boldsymbol{\varphi}_k|\boldsymbol{\beta})\mathrm{d}\boldsymbol{\varphi}_k \\
&= \prod_{k=1}^{K} \int \left(\prod_{t=1}^{V} \varphi_{k,t}^{n_{\cdot,k,t}}\right)\left(\frac{1}{\Delta(\boldsymbol{\beta})}\prod_{t=1}^{V}\varphi_{k,t}^{\beta_t-1}\right)\mathrm{d}\boldsymbol{\varphi}_k \\
&= \prod_{k=1}^{K} \int \frac{1}{\Delta(\boldsymbol{\beta})}\prod_{t=1}^{V}\varphi_{k,t}^{n_{\cdot,k,t}+\beta_t-1}\mathrm{d}\boldsymbol{\varphi}_k \\
&= \prod_{k=1}^{K} \frac{\Delta(\boldsymbol{n}_{\cdot,k,\cdot}+\boldsymbol{\beta})}{\Delta(\boldsymbol{\beta})}
\end{aligned}
\tag{3-21}
$$

其中,$P(\boldsymbol{\varphi}_k|\boldsymbol{\beta})$ 表示文本集中第 k 个主题的主题-词项概率分布密度;$P(\boldsymbol{W}|\boldsymbol{Z},\boldsymbol{\varphi}_k)$ 表示基于 $\boldsymbol{\varphi}_k$ 的分布下,给定主题后,取到该词项序列的概率;$\varphi_{k,t}$ 表示在第 k 个主题下取到词项 t 的概率;$n_{\cdot,k,t}$ 表示文档集词序列在第 k 个主题下取到词项 t 的频数,$n_{\cdot,k,\cdot} = \{n_{\cdot,k,1}, n_{\cdot,k,2}, \cdots, n_{\cdot,k,V}\}$,$V$ 是文本集中单词的个数。

综合公式(3-20)和公式(3-21)代入公式(3-19)中,即可得到词项和主题序列的联合概率为

$$
\begin{aligned}
P(\boldsymbol{W},\boldsymbol{Z};\boldsymbol{\alpha},\boldsymbol{\beta}) &= P(\boldsymbol{W}|\boldsymbol{Z};\boldsymbol{\alpha},\boldsymbol{\beta})P(\boldsymbol{Z};\boldsymbol{\alpha},\boldsymbol{\beta}) \\
&= P(\boldsymbol{W}|\boldsymbol{Z};\boldsymbol{\beta})P(\boldsymbol{Z};\boldsymbol{\alpha}) \\
&= \prod_{j=1}^{M} \frac{\Delta(\boldsymbol{n}_{j,\cdot,\cdot}+\boldsymbol{\alpha})}{\Delta(\boldsymbol{\alpha})}\prod_{k=1}^{K}\frac{\Delta(\boldsymbol{n}_{\cdot,k,\cdot}+\boldsymbol{\beta})}{\Delta(\boldsymbol{\beta})}
\end{aligned}
\tag{3-22}
$$

将公式(3-21)代入公式(3-18)中,即可求得:

$$
\begin{aligned}
P(z^i = k|\boldsymbol{Z}^{(-i)},\boldsymbol{W};\boldsymbol{\alpha},\boldsymbol{\beta}) &= \frac{P(\boldsymbol{W},\boldsymbol{Z};\boldsymbol{\alpha},\boldsymbol{\beta})}{P(\boldsymbol{Z}^{(-i)},\boldsymbol{W};\boldsymbol{\alpha},\boldsymbol{\beta})} \\
&\propto \frac{n_{\cdot,k,v}^{(-i)}+\beta_t}{\sum\limits_{t\in W} n_{\cdot,k,t}^{(-i)}+\beta_t}\left(n_{j,k,\cdot}^{(-i)}+\alpha_k\right)
\end{aligned}
\tag{3-23}
$$

$n_{j,k,\cdot}^{(-i)}$ 表示文本 d_j 中除抽样词项 i 外的词项属于主题 k 的频数;$n_{\cdot,k,t}^{(-i)}$ 表示文本集中除抽样词项外,主题 k 下词项 t 出现的频数;$\sum\limits_{t\in W} n_{\cdot,k,t}^{(-i)}$ 表示文本集中除抽样词项外,所有属于主题 k 的词项频数。

在吉布斯采样中,在获得文本集中每个词项的主题后,即可反向推断 $\theta_j \sim \mathrm{Dir}(\boldsymbol{\alpha})$ 和 $\boldsymbol{\varphi}_k \sim \mathrm{Dir}(\boldsymbol{\beta})$。通过上述算法中步骤2和步骤3统计到的数据,可以计算出参数的后验分布 $P(\boldsymbol{\theta}_j|\boldsymbol{Z}_j,\boldsymbol{W}_j;\boldsymbol{\alpha},\boldsymbol{\beta})$、$P(\boldsymbol{\varphi}_k|\boldsymbol{Z}_k,\boldsymbol{W}_k;\boldsymbol{\alpha},\boldsymbol{\beta})$ 为

$$
P(\boldsymbol{\theta}_j|\boldsymbol{Z}_j,\boldsymbol{W}_j;\boldsymbol{\alpha},\boldsymbol{\beta}) = \frac{1}{\Delta(\boldsymbol{n}_{j,\cdot,\cdot}+\boldsymbol{\alpha})}\prod_{k=1}^{K}\theta_{j,k}^{n_{j,k,\cdot}+\alpha_k-1}
$$

$$
P(\boldsymbol{\varphi}_k|\boldsymbol{Z}_k,\boldsymbol{W}_k;\boldsymbol{\alpha},\boldsymbol{\beta}) = \frac{1}{\Delta(\boldsymbol{n}_{\cdot,k,\cdot}+\boldsymbol{\beta})}\prod_{t=1}^{V}\varphi_{k,t}^{n_{\cdot,k,t}+\beta_t-1}
\tag{3-24}
$$

根据贝叶斯定理,已知 $\boldsymbol{\varphi}_k$ 服从以 $\boldsymbol{\beta}$ 为超参的狄利克雷先验分布, $\boldsymbol{\theta}_j$ 服从以 $\boldsymbol{\alpha}$ 为超参的狄利克雷先验分布,所以 $\boldsymbol{\varphi}_k$ 和 $\boldsymbol{\theta}_j$ 的后验分布仍然分别服从以 $\boldsymbol{\beta}$ 和 $\boldsymbol{\alpha}$ 为超参数的狄利克雷分布。根据分布的特点,可以利用期望统计量将参数描述为

$$\theta_{j,k} = \frac{n_{j,k,\cdot} + \alpha_k}{\sum_{k=1}^{K} n_{j,k,\cdot} + \alpha_k}$$

$$\varphi_{k,t} = \frac{n_{\cdot,k,t} + \beta_t}{\sum_{t=1}^{V} n_{\cdot,k,t} + \beta_t} \tag{3-25}$$

3.2.4　主题模型示例

假设现有一个包括 5 篇文档的微型文本语料库,其中的内容如表 3-3 所示。

表 3-3　微型文本语料库

文　档	内　容
doc1	Sugar is bad to consume. My sister likes to have sugar,but not my father.
doc2	My father spends a lot of time driving my sister around to dance practice.
doc3	Doctors suggest that driving may cause increased stress and blood pressure.
doc4	Sometimes I feel pressure to perform well at school,but my father never seems to drive my sister to do better.
doc5	Health experts say that Sugar is not good for your lifestyle.

LDA 主题模型实现代码如下所示。

```
doc1 = "Sugar is bad to consume. My sister likes to have sugar, but not my father."
doc2 = "My father spends a lot of time driving my sister around to dance practice."
doc3 = "Doctors suggest that driving may cause increased stress and blood pressure."
doc4 = "Sometimes I feel pressure to perform well at school, but my father never seems to drive my sister to do better."
doc5 = "Health experts say that Sugar is not good for your lifestyle."

#整合文档数据
doc_complete =[doc1, doc2, doc3, doc4, doc5]

from nltk.corpus import stopwords
from nltk.stem.wordnet import WordNetLemmatizer
import string

stop = set(stopwords.words('english'))
exclude = set(string.punctuation)
```

```
lemma = WordNetLemmatizer()

def clean(doc):
    stop_free = " ".join([i for i in doc.lower().split() if i not in stop])
    punc_free = ''.join(ch for ch in stop_free if ch not in exclude)
    normalized = " ".join(lemma.lemmatize(word) for word in punc_free.split())
    return normalized
doc_clean = [clean(doc).split() for doc in doc_complete]

import gensim
from gensim import corpora
#创建语料的词语词典,每个单独的词语都会被赋予一个索引
dictionary = corpora.Dictionary(doc_clean)
#使用上面的词典,将转换文档列表(语料)变成 DT 矩阵
doc_term_matrix = [dictionary.doc2bow(doc) for doc in doc_clean]
#使用 gensim 来创建 LDA 模型对象
Lda = gensim.models.ldamodel.LdaModel
#在 DT 矩阵上运行和训练 LDA 模型
ldamodel = Lda(doc_term_matrix, num_topics=3, id2word=dictionary, passes=50)
#输出结果
print(ldamodel.print_topics(num_topics=3, num_words=3))
```

主题类别的数量可以自拟,本节假定的主题类别数量为 3,且要求每个主题展示 3 个相关度最高的特征词,故得到以下结果。

```
[(0, '0.135* "sugar" + 0.054* "like" + 0.054* "consume"'),
(1, '0.071* "pressure" + 0.041* "better" + 0.041* "sometimes"'),
  (2, '0.065* "father" + 0.065* "sister" + 0.065* "driving"')].
```

通过获得的特征词,即可对微型文本语料库进行主题分类。本文根据展示的结果将微型文本语料库分为 3 类,分别是美食、学习和家庭。但是也应看到,即使利用相同的数据,每次运行 LDA 代码获得的结果都不尽相同,且确切的主题名称是通过人工拟定,主观性强,故没有标准答案,合理即可。

3.3   词向量分布式表示模型

基于机器学习和深度学习的自然语言处理任务中,一个关键问题是获得自然语言文本到机器可计算表达式的转换,即将文本转换为数值张量,又称为向量化。词向量(Word Embedding)旨在将单词用向量形式表示,便于更好地完成文本表示、词语相似度计算等任务。词向量表示可分为离散式词向量表示与分布式词向量表示两种方式。

传统向量空间模型中的 One-hot 模型和 TF-IDF 模型都属于离散式词向量表示,其优点是形式清晰、计算简便,但其维度随词表变化而变化,无统一格式,且当词表总数较大时,会使向量空间过大,词向量分布过于稀疏。

分布式词向量表示首次提出于向量空间模型中[6]。分布式词向量旨在将单词映射至向量空间中,生成定长的、连续的、稠密的向量表示。分布式词向量表示有效解决了离散式词向量表示中词向量空间过大、过稀疏的问题,并将单词语义信息和上下文信息引入词向量生成过程中。经典的分布式词向量表示模型包括 Word2vec[7] 和 GloVe[8] 等。下面分别谈谈 Word2vec 和 GloVe 的原理及其应用。

3.3.1 Word2vec 模型

Word2vec 是 Mikolov 等提出的分布式词向量表示模型,主要包含 CBOW 和 Skip-Gram 两个模型。

CBOW 模型基于已知的上下文,预测当前词出现概率,生成词向量表示。Skip-Gram 模型与 CBOW 模型相反,基于当前已知词信息,预测其上下文中单词出现概率,生成词向量表示[7]。

CBOW 模型与 Skip-Gram 模型都采用滑动窗口的机制,即仅关注局部邻近的信息,只将当前词窗口范围内的词作为上下文。如图 3-3 所示,在“the cat sat on the chair”这句话中,设定窗口大小为 2,则在 CBOW 模型中,“the”“cat”和“on”“the”为已知的上下文信息,用来预测生成“sat”这个中心词的条件概率;而在 Skip-Gram 模型中,“sat”是已知当前词信息,“the”“cat”和“on”“the”即为被预测的上下文信息。

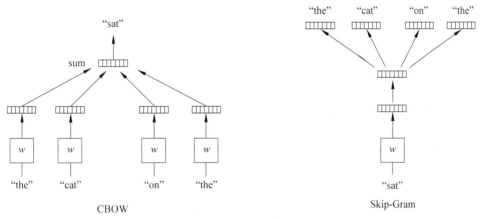

图 3-3　CBOW 模型(左)和 Skip-Gram 模型(右)

两种模型的结构与传统神经网络的词向量语言模型类似,均包含输入层、隐藏层和输出层,下面简单介绍一下 CBOW 模型和 Skip-Gram 模型的训练过程。

1. CBOW 模型

输入:已知上下文序列 $\{x_1, x_2, \cdots, x_C\}$,$x_i \in \mathbb{R}^V$ 是单词的 One-hot 编码,V 代表词汇表中单词的数量。

输出:中心词属于词汇表中每个词的概率 $y = \{y_1, y_2, \cdots, y_V\}$。

① 通过初始化映射矩阵 $W \in \mathbb{R}^{V \times N}$,将输入单词的 One-hot 编码映射为定长 N 维词向量。

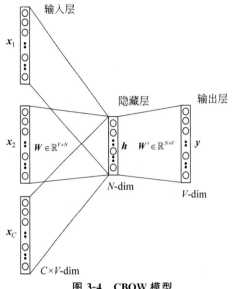

图 3-4   CBOW 模型

② 序列中 C 个已知上下文词向量经过隐藏层的加权处理后得到一个新向量 $h \in \mathbb{R}^N$。

$$h = \frac{1}{C}(x_1 + x_2 + \cdots + x_c)W \tag{3-26}$$

③ 新向量 h 再经过一个权值矩阵 $W' \in \mathbb{R}^{N \times V}$,得到被预测单词的向量表示 $u \in \mathbb{R}^V$ 为

$$u = hW' \tag{3-27}$$

其中,$u = \{u_1, u_2, \cdots, u_V\}$,$u_j$ 代表词汇表 V 中第 j 个词的得分。

④ 将向量 u 输入一个 softmax 层,输出词汇表中每个词出现的概率 $y = \{y_1, y_2, \cdots, y_V\}$。

⑤ 根据已知的训练集样本,不断优化网络调整参数,假设 $w_{I1}, w_{I2}, \cdots, w_{IC}$ 是输入的上下文单词,w_O 是观测到的中心词,则网络的优化目标为

$$\max_{w, w'} P(w_O | w_{I1}, w_{I2}, \cdots, w_{IC}) \tag{3-28}$$

利用 log 函数将最大值优化问题转化为最小值优化问题,则可利用梯度下降法求解参数:

$$\min_{w, w'} E = \min(-\log p(w_O | w_{I1}, w_{I2}, \cdots, w_{IC})) \tag{3-29}$$

经过不断迭代,即可获得最优的映射矩阵 W 和 W',最终获得词向量。

2. Skip-Gram 模型

输入:已知中心词 x,$x \in \mathbb{R}^V$ 是单词的 One-hot 编码,V 代表词汇表中单词的数量。

输出:C 个上下文词分别属于词汇表中每个词的概率为 $y_1, y_2, \cdots, y_C$,其中,$y = \{y_1, y_2, \cdots, y_V\}$

① 通过初始化映射矩阵 $W \in \mathbb{R}^{V \times N}$,将输入单词 x 的 One-hot 编码映射为定长 N 维词向量。

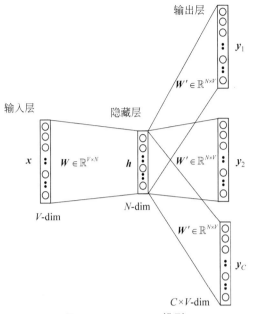

输出层

输入层   隐藏层

$$\text{图 3-5 Skip-Gram 模型}$$

② Skip-Gram 模型中的隐藏层没有实际意义,将获得的定长 N 维词向量平行映射给新向量 $\boldsymbol{h} \in \mathbb{R}^N$。

③ 新向量 $\boldsymbol{h} \in \mathbb{R}^N$ 再经过一个共享权值矩阵 $\boldsymbol{W}' \in \mathbb{R}^{N \times V}$,得到被预测上下文单词的向量表示 $\boldsymbol{U} = \{\boldsymbol{u}_1, \boldsymbol{u}_2, \cdots, \boldsymbol{u}_c\}$,且每个上下文词向量分布都相同。

④ 通过连接一个 softmax 层输出得到 C 个上下文词分别属于词汇表中每个词的概率 $\boldsymbol{y}_1, \boldsymbol{y}_2, \cdots, \boldsymbol{y}_c$,且 $\boldsymbol{y}_1 = \boldsymbol{y}_2 = \cdots = \boldsymbol{y}_c$,但并不意味着网络预测的上下文词都相同,因为不是每个预测词都为概率最高的词。

⑤ 根据已知的训练集样本,不断优化网络调整参数,假设 w_I 是已知中心词,w_{O1},$w_{O2}, \cdots, w_{OC}$ 是观测到的上下文单词,则网络的优化目标为

$$\min_{\boldsymbol{w}, \boldsymbol{w}'} E = \min(-\log p(w_{O1}, w_{O2}, \cdots, w_{OC} | w_I)) \qquad (3\text{-}30)$$

利用梯度下降法不断迭代,即可获得最优的映射矩阵 $\boldsymbol{W}$ 和 $\boldsymbol{W}'$,最终获得词向量。

但由于语料库中的单词数量巨大,为了避免要计算所有词的 softmax 概率,Word2vec 采用了两种提高训练效率的方法进行代替,分别是层序 softmax 和负采样。

(1) 层序 softmax。

通过层序 softmax,将之前 softmax 层的大量计算转化为构建一棵二叉霍夫曼树,如图 3-6 所示。霍夫曼树根节点的词向量代表投影后的词向量,非叶子节点都是一个逻辑回归二分类器,每个回归分类器的参数都不同,而所有叶子节点等同于之前 softmax 输出层的神经元,叶子节点的个数就是词汇表的大小。在霍夫曼树中,隐藏层到输出层的 softmax 是沿着霍夫曼树一步步向下完成的。

如图 3-6 所示,加粗显示的路径表示沿着霍夫尔曼树从根节点一直走到叶子节点的单词 w_2。其中根节点表示学习得到的词向量 $\boldsymbol{h}(w_2)$,从根节点开始,每经过中间节点,

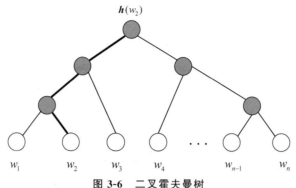

图 3-6   二叉霍夫曼树

做二分类任务。词向量对应词语的词频越高,则路径越短。

相较于之前的方法,层序 softmax 的优点主要有两点:第一,由于是二叉树,计算量由原来的 V 减少为 $\log_2 V$;第二,由于使用霍夫曼树,高频的词靠近树根,更容易被找到。

（2）负采样。

负采样的核心思想是将之前的多元分类转化为二元逻辑回归,且从负例(与训练集样本对不符的单词)随机采样,且仅使用这些负例和正例来更新映射矩阵对应的参数。即大部分单词的输出概率都为 0,在每一轮更新中只使用到被选负例的输出概率。

相较于之前的方法,负采样的优点主要有两点:第一,由于只挑选个别负例纳入参数更新的过程中,计算量大大减少;第二,解决了层序 softmax 中生僻词计算过程复杂的问题。

3.3.2 GloVe 模型

2014 年,Pennington 和 Manning 等提出了一种名为 GloVe 的无监督学习算法,基于单词上下文矩阵,将单词映射至向量空间中生成词向量[8]。相较于 Word2vec,GloVe 更加关注词语的共现场景。GloVe 是一个基于统计的模型,它对语料库中的全局信息进行统计,生成一个词的全局共现矩阵,通过对这个矩阵进行降维,来获得对应词的词向量表示。下面简单介绍一下 GloVe 模型的具体做法。

① 首先,构建每个词的全局共现矩阵 X。

共现矩阵就是计算每个词在语料库中出现的频率,令 X_{ij} 为单词 j 出现在单词 i 上下文中的频次,则 $X_i = \sum_k X_{ik}$ 为任意单词出现在单词 i 上下文中的频次总和。

② 从共现频率中抽取语义信息,学习得到每个词的低维表示。

GloVe 模型重点关注词语共现频率的比值,通过设置探测词(Probe Word)并计算不同单词与探测词的共现频率来确定单词之间的关系,进而抽取语义信息。

定义 P_{ij} 表示单词 j 出现在单词 i 上下文中的概率,计算公式为

$$P_{ij} = P(j|i) = X_{ij}/X_i \tag{3-31}$$

接着使用探测词 k 来判断单词 i、j 与探测词 k 之间的相关性,计算公式为

$$F(\boldsymbol{w}_i, \boldsymbol{w}_j, \widetilde{\boldsymbol{w}}_k) = \frac{P_{ik}}{P_{jk}} \tag{3-32}$$

其中，$w \in \mathbb{R}^N$ 为目标词向量，$\widetilde{w} \in \mathbb{R}^N$ 为单独的上下文词向量，P_{ik}/P_{jk} 由语料决定。F 表示对语料向量空间中的信息进行编码，可通过设定参数来调整编码方式。若 $F(\boldsymbol{w}_i, \boldsymbol{w}_j, \widetilde{\boldsymbol{w}}_k)$ 大于 1，则表明探测词 k 与单词 i 的相关性更强；若 $F(\boldsymbol{w}_i, \boldsymbol{w}_j, \widetilde{\boldsymbol{w}}_k)$ 小于 1，则表明探测词 k 与单词 j 的相关性更强。

基于向量空间天然的线性结构，可以限制函数 F 只依赖于两个目标词的向量差，并通过计算点积来确保其线性结构，防止维度混乱，定义为

$$F((\boldsymbol{w}_i - \boldsymbol{w}_j)^\mathsf{T} \widetilde{\boldsymbol{w}}_k) = \frac{P_{ik}}{P_{jk}} \tag{3-33}$$

同时，由于词共现矩阵是对称结构，即改变单词和上下文词位置得到的值是一样的。所以模型也应该满足这种变换不变性，故将模型变换和定义为

$$F((\boldsymbol{w}_i - \boldsymbol{w}_j)^\mathsf{T} \widetilde{\boldsymbol{w}}_k) = \frac{F(\boldsymbol{w}_i^\mathsf{T} \widetilde{\boldsymbol{w}}_k)}{F(\boldsymbol{w}_j^\mathsf{T} \widetilde{\boldsymbol{w}}_k)} \tag{3-34}$$

其中，

$$\boldsymbol{w}_i^\mathsf{T} \widetilde{\boldsymbol{w}}_k = \log(P_{ik}) = \log(X_{ik}) - \log(X_i) \tag{3-35}$$

$$F(\boldsymbol{w}_i^\mathsf{T} \widetilde{\boldsymbol{w}}_k) = P_{ik} = \frac{X_{ik}}{X_i} \tag{3-36}$$

此外，为确保模型结果的对称性，将 $\log(X_i)$ 吸收至 $\boldsymbol{w}_i$ 的偏置 $\boldsymbol{b}_i$ 中，并给 $\widetilde{\boldsymbol{w}}_k$ 增加一个偏置值 $\widetilde{\boldsymbol{b}}_j$，得到等式为

$$\boldsymbol{w}_i^\mathsf{T} \widetilde{\boldsymbol{w}}_k + \boldsymbol{b}_i + \widetilde{\boldsymbol{b}}_k = \log(X_{ik}) \tag{3-37}$$

最终，为了解决噪声问题，采用加权最小二乘回归模型作为目标函数的表达形式，定义为

$$J = \sum_{i,j=1}^{V} f(X_{ij})(\boldsymbol{w}_i^\mathsf{T} \widetilde{\boldsymbol{w}}_j + \boldsymbol{b}_i + \widetilde{\boldsymbol{b}}_j - \log X_{ij})^2 \tag{3-38}$$

其中，V 是词汇表的大小，X_{ij} 为词语共同出现的次数，$\boldsymbol{b}_i + \widetilde{\boldsymbol{b}}_j$ 是偏置向量，$f(X_{ij})$ 为加权函数以减少低频噪声数据影响，可选择多种加权函数。最终通过最小化目标函数 J，即可获得目标词向量 w。

GloVe 模型与 Word2vec 模型的区别在于：Word2vec 是基于浅层神经网络的训练模型，而 GloVe 是基于概率模型的表达学习模型；Word2vec 使用滑动窗口的机制，仅仅关注窗口大小的上下文信息，而 GloVe 的优势在于利用全局的词共现信息；Word2vec 的损失函数使用的是交叉熵损失函数，其权重是固定的，而 GloVe 的损失函数使用的是最小平方损失函数，权重可以做变换。

总体来说，GloVe 可以看作是一个更换了损失函数的全局 Word2vec。实验表明，在大规模语料或者需要高并行化的场景下，GloVe 的表现优于 Word2vec。

3.3.3 词向量模型示例

本词向量模型示例采用与主题模型示例中相同的语料库，如表 3-3 所示。

本示例选择 Word2vec 中 CBOW 模型来获取相应的词向量表示，代码如下所示。

```python
import gensim
from gensim.models import Word2vec
from gensim.models.Word2vec import LineSentence
from nltk.corpus import stopwords
from nltk.tokenize import word_tokenize

#进行数据清洗
#raw_data.txt 为整合的微型文本语料库
with open('./raw_data.txt', 'r') as f:
    for line in f.readlines():
        w =word_tokenize(line)
        stop_words =set(stopwords.words('english'))
        line =[word for word in w if word.lower() not in stop_words]
        a =' '.join(line)
        print(a)
        with open('./data2.txt', 'a') as file:
            file.write(a+ "\n")
#引入 Word2vec 模型
model =Word2vec(
    LineSentence(open('./data2.txt', 'r')),
    sg=0,
    vector_size=10,
    window=3,
    min_count=1,
    workers=8
)


#词向量保存
model.wv.save_Word2vec_format('data.vector', binary=False)

#模型保存
model.save('test.model')



#1 通过模型加载词向量(pressure)
model =gensim.models.Word2vec.load('test.model')

dic =model.wv.index_to_key
print(dic)
print(len(dic))

print(model.wv['pressure'])
print(model.wv.most_similar('pressure', topn=1))

#2 通过词向量加载
```

```
vector =gensim.models.KeyedVectors.load_Word2vec_format('data.vector')
print(vector['father'])
print(model.wv.most_similar('father', topn=1))
```

其中,生成的词向量维数设置为 300 维,获得的所求词向量及与之最相似词向量对应的单词结果如表 3-4 所示。

表 3-4 词向量对应表示结果

单 词	词向量表示	最相似词向量表示的单词及相似度
'pressure'	$\begin{bmatrix} -0.07511582 & -0.00930042 & 0.09538119 \\ -0.07319167 & -0.02333769 & -0.01937741 \\ & \vdots & \\ 0.08077437 & -0.05930896 & 0.00045162 \\ -0.04753734 & & \end{bmatrix}$	('lifestyle', 0.767)
'father'	$\begin{bmatrix} 0.07386154 & -0.01529688 & -0.04536375 \\ 0.06553829 & -0.04859225 & -0.01814533 \\ & \vdots & \\ 0.02887572 & 0.00998686 & -0.08298415 \\ -0.09450077 & & \end{bmatrix}$	('sister', 0.546)

3.4 本章小结

本章主要讲解文本表示的相关方法和模型,包括传统的向量空间模型、特征项的构造、主题模型以及词向量分布式表示模型。文本表示是情感分析的技术基础,也是能够使用计算机处理自然语言的基础。

向量空间模型最早由 Salton 等于 1971 年提出,是早期自然语言处理常用的文本表示模型。词向量是对自然语言中"词"这一基本单位的抽象表示。有了词的抽象表示,就能够得到句子和文档等更高一级的向量表示。向量空间模型涉及文档、特征项以及特征项权重 3 个基本概念。本章节以 One-hot 模型和 TF-IDF 模型为例,讲解了特征项和特征权重的构造。可以看到,向量空间模型将一个文本表示为词项对应的权重向量,并假设各特征项之间是相互独立的。这种方法无法深层次地表示文本特征之间的语义关系。

区别于向量空间模型,主题模型从文本语料中挖掘其潜在的主题,在文本挖掘诸多任务上都有着广泛的应用。本章节选取了 PLSA 和 LDA 两个较为经典的主题模型进行详细讲解,并给出了具体的实现算法和模型示例。特别地,PLSA 和 LDA 是一种无监督的文本和主题建模方法,文档中的主题数是一个较难确定的问题。在 LDA 模型之后,大量基于 LDA 的扩展模型被提出,用于建模文档、主题、时序信息和文档情感等信息。感兴趣的读者可以自行阅读相关文献。

词向量的分布式表示模型,将单词的语义信息和上下文信息引入词向量生成过程中,有效地解决了 One-hot 等离散式词向量表示中的过稀疏问题。本章节选取了 Word2vec

和 GloVe 模型这两个经典的词向量分布式表示模型进行讲解,并给出了具体的模型示例。Word2vec 和 GloVe 模型都属于静态的词向量分布式表示模型,不能根据语境调整词向量的表示。因此,近年来以 BERT 为代表的动态词向量分布式表示被提出,将在后续的章节中讲解。感兴趣的读者也可自行阅读相关文献。

3.5　参考文献

［1］ Salton G. The SMART Retrieval System—Experiments in Automatic Document Processing［M］. Englewood Cliffs, N.J: Prentice-Hall, Inc.1971.

［2］ Deerwester S, Dumais S T, Furnas G W, et al. Indexing by Latent Semantic Analysis［J］. Journal of the Association for Information Science and Technology, 1990, 41(6): 391-407.

［3］ Hofmann T. Probabilistic Latent Semantic Indexing［C］. In Proceedings of the 22nd Annual International ACM SIGIR Conference on Research and Development in Information Retrieval. New York: Association for Computing Machinery, 1999: 50-57.

［4］ Blei D M, Ng A Y, Jordan M I. Latent Dirichlet Allocation［J］. Journal of Machine Learning Research, 2003, 3(Jan): 993-1022.

［5］ Griffiths T L, Steyvers M. Finding Scientific Topics［J］. Proceedings of the Natinal Academy of Sciences, 2004, 101(Suppl 1): 5228-5235.

［6］ Bengio Y, Réjean Ducharme, Vincent P, et al. A Neural Probabilistic Language Model［J］. Journal of Machine Learning Research, 2003, 3: 1137-1155.

［7］ Mikolov T, Chen K, Corrado G, et al. Efficient Estimation of Word Representations in Vector Space［J］. arXiv preprint arXiv:1301.3781, 2013.

［8］ Pennington J, Socher R, Manning C D. GloVe: Global Vectors for Word Representation［C］. Proceedings of the 2014 Conference on Empirical Methods in Natural Language Processing (EMNLP). Stroudsburg,PA: Association for Computational Linguistics, 2014: 1532-1543.

第 4 章

情感分析的技术基础——学习模型

4.1 传统机器学习模型

4.1.1 朴素贝叶斯法

朴素贝叶斯(Naïve Bayesian, NB)分类法是基于贝叶斯定理与特征条件独立假设的一种分类方法[1]。基于朴素贝叶斯的文本分类,其基本思想是利用特征项和分类的联合概率来估计给定文档的分类概率。

在详细介绍朴素贝叶斯分类法之前,先简单介绍基于贝叶斯定理的相关概率论概念,包括条件概率、联合概率以及全概率公式。

(1) 条件概率与联合概率。

$$P(A|B) = \frac{P(AB)}{P(B)} \tag{4-1}$$

$P(A|B)$代表在事件 B 已发生的条件下事件 A 发生的概率,将 $P(A|B)$称为条件概率;$P(AB)$表示事件 A 与事件 B 同时发生的概率,将 $P(AB)$称为联合概率。基于贝叶斯定理,$P(A|B)$可以表示为

$$P(A|B) = \frac{P(A)P(B|A)}{P(B)} \tag{4-2}$$

(2) 全概率公式。

当事件 B 的概率 $P(B)$直接求解有困难时,可使用全概率公式间接求解 $P(B)$的值。全概率公式的前提是存在事件 $A_1, A_2, \cdots, A_n$ 构成一个完备事件组,且 $P(A_i) > 0 (i = 1, 2, \cdots, n)$,则对任意一个事件 B,$P(B)$可表示为

$$P(B) = \sum_{i=1}^{n} P(B|A_i)P(A_i) \tag{4-3}$$

设样本数据集中,每个样本用一个 n 维向量 $\boldsymbol{D} = (t_1, t_2, \cdots, t_n)$表示,其中 n 为特征项的数量,且所有样本可分为 m 类,$C = \{c_1, c_2, \cdots, c_m\}$。因此,一个样本 $\boldsymbol{D}$ 属于 c_i 类的概率表示为

$$P(c_i|\boldsymbol{D}) = \frac{P(\boldsymbol{D}, c_i)}{P(\boldsymbol{D})} \tag{4-4}$$

结合条件概率公式(4-2),一个样本 $\boldsymbol{D}$ 属于 c_i 类的概率可进一步表示为

$$P(c_i|\boldsymbol{D}) = \frac{P(c_i)P(\boldsymbol{D}|c_i)}{P(\boldsymbol{D})} \tag{4-5}$$

在朴素贝叶斯分类法中,引入一个前提假设:一个特征项对于给定类别的影响独立于其他特征项,即每个特征项独立地对分类结果产生影响。因此,结合全概率公式(4-3)和条件概率公式(4-5),一个样本 $\boldsymbol{D}$ 属于 c_i 类的概率 $P(c_i|\boldsymbol{D})$ 为

$$P(c_i|\boldsymbol{D})=\frac{P(c_i)\prod_{j=1}^{n}P(t_j|c_i)}{\sum_{i=1}^{m}P(c_i)\prod_{j=1}^{n}P(t_j|c_i)} \tag{4-6}$$

通过计算样本 $\boldsymbol{D}$ 属于各个类别 c_i 的概率,将取到最大概率值的类别 c_i 作为样本 $\boldsymbol{D}$ 的分类,以上就是朴素贝叶斯分类法的基本思想。

在公式(4-5)中,考虑到对于任意一个类别,样本 $\boldsymbol{D}$ 发生的概率 $P(\boldsymbol{D})$ 都相同。故结合公式(4-5)和公式(4-6),朴素贝叶斯分类算法可简化表示为

$$C(\boldsymbol{D})=\underset{c_i\in C}{\arg\max}\,P(c_i)\prod_{j=1}^{n}P(t_j|c_i) \tag{4-7}$$

在不同的分类任务中,样本数据集的特征项表示有不同的权值计算方法,例如 One-hot 向量表示、TF-IDF 向量表示等。故将朴素贝叶斯分类方法应用到不同的特征项权值时,在具体计算公式上有所微调。

下面谈谈在文本分类中,对应于两种不同权值计算方法的朴素贝叶斯分类模型:多变量伯努利(Multi-variate Bernoulli)分布模型和多项式(Multinomial)分布模型。

(1) 多变量伯努利分布模型。

多变量伯努利分布,是指样本数据集的特征项服从伯努利分布,即模型只考虑特征项是否在文档中出现。用布尔权值 0 和 1 表示文档的特征项权值。

现假设有一个文档集合,文档已被分为 m 类,$C=\{c_1,c_2,\cdots,c_m\}$。每个文档用一个 n 维向量表示,对应于每个文档的 n 个特征项 $\boldsymbol{D}=(t_1,t_2,\cdots,t_n)$,其特征项权重为$(w_1,w_2,\cdots,w_n)$。其中,$w_j=1$ 表示特征项 t_j 在该文档中出现,$w_j=0$ 则表示特征项 t_j 没有在该文档出现。对于给定文档 $\boldsymbol{D}$,在该模型中定义为

$$P(\boldsymbol{D}|c_i)=\prod_{j=1}^{n}(w_jP(t_j|c_i)+(1-w_j)(1-P(t_j|c_i))) \tag{4-8}$$

结合公式(4-7)和(4-8),文档 $\boldsymbol{D}$ 的分类结果为

$$C(\boldsymbol{D})=\underset{c_i\in C}{\arg\max}\,P(c_i)\prod_{j=1}^{n}(w_jP(t_j|c_i)+(1-w_j)(1-P(t_j|c_i))) \tag{4-9}$$

其中,

$$P(t_j|c_i)=\frac{1+N(t_j|c_i)}{2+|\boldsymbol{D}_{c_i}|} \tag{4-10}$$

$P(t_j|c_i)$ 是对 c_i 类文档中特征 t_j 出现的条件概率的拉普拉斯估计,$N(t_j|c_i)$ 是 c_i 类文档中特征 t_j 出现的文档数,$|\boldsymbol{D}_{c_i}|$ 为文档集中 c_i 类文档所包含的文档的数目。使用拉普拉斯估计的目的是避免在 c_i 类文档中特征 t_j 出现次数为 0 的情况,并保证每一类中每个特征发生的概率非零。

(2) 多项分布模型。

多项分布模型是多变量伯努利分布模型的改进,用特征项在文档中出现的频次信息

代替 01 布尔权值。在多项分布模型中,给定文档 D 属于 c_i 类文档的概率为

$$C(D) = \underset{c_i \in C}{\arg\max} P(c_i) \prod_{j=1}^{n} P(t_j | c_i)^{\mathrm{TF}(t_j \cdot D)} \tag{4-11}$$

其中,n 为文档表示中不同特征项的个数,$\mathrm{TF}(t_j, D)$ 是给定文档 D 中特征 t_j 出现的频度,$p(t_j | c_i)$ 对 c_i 类文档中特征 t_j 出现的条件概率的拉普拉斯估计,计算公式为

$$P(t_j | c_i) = \frac{1 + \mathrm{TF}(t_j, c_i)}{n + \sum_j \mathrm{TF}(t_j, c_i)} \tag{4-12}$$

其中,$\mathrm{TF}(t_j, c_i)$ 是 c_i 类文档中特征 t_j 出现的频度。

4.1.2　k-最近邻法

k-最近邻法(k-Nearest Neighbor,KNN)是一种有监督学习的分类和回归方法[2],基本思想是根据待分类样本的 K 个最近邻样本来预测样本的类别。

给定问题的训练样本集为 $\{(x_1, y_1), (x_2, y_2), \cdots, (x_l, y_l)\}$,其中,$y_i$ 代表样本 x_i 的类别,$x_i \in \mathbb{R}^d (i = 1, 2, \cdots, l)$ 表示样本训练集内的样本都由 d 个特征属性构成。样本已被分为 m 类,$C = (c_1, c_2, \cdots, c_m)$。分类时,对新的实例 x,根据其 K 个最近邻的训练实例类别,通过多数表决等方式预测 x 的归属类别 y。

算法 4-1　KNN 算法流程

输入: 已知样本训练集 $\{(x_1, y_1), (x_2, y_2), \cdots, (x_l, y_l)\}$,类别数 m,新实例 x。
输出: 新实例 x 的类别。
① 决定最近邻样本的数量 K;
② 计算新实例 x 与训练数据集 $\{(x_1, y_1), (x_2, y_2), \cdots, (x_l, y_l)\}$ 中所有实例的距离,根据实例的类型选择不同的距离计算方式;
③ 为 x 选择距离最近的 K 个已知实例;
④ 基于分类的决策规则,根据 K 个最近邻判断 x 的所属类别

从以上流程看出,KNN 算法主要考虑 3 个因素,分别是 K 值的选择、距离的度量以及分类的决策规则。下面分别讨论。

(1) K 值的选择。

K 值表示在做分类决策时所依据的已知样本的数量。K 值的选择是 KNN 算法的关键,对分类结果有很大影响。一般取较小 K 值,通过交叉验证法选取最优的 K 值:比较不同 K 值对应的交叉验证平均误差,选择平均误差最小对应的 K 值。

(2) 距离的度量。

距离函数用来度量不同样本间的相似程度,常用的距离度量有欧式距离和曼哈顿距离。在向量空间模型中,样本以向量的形式表示,可以采用计算两个向量的夹角余弦值作为样本的相似度。

(3) 分类的决策规则。

根据 K 个最近邻判断 x 的所属类别。一般有两种决策规则:①只考虑 K 个实例的类别占比,使用少数服从多数原则;②同时考虑 K 个最近邻所占的权重,根据 x 的 K 个最近邻,依次计算每类的权重 P,计算公式为

$$P(\boldsymbol{x}, c_j) = \sum_{i=1}^{K} \mathrm{Sim}(\boldsymbol{x}, \boldsymbol{x}_i) y(\boldsymbol{x}_i, c_j), \quad j = 1, \cdots, m \qquad (4\text{-}13)$$

其中，$y(\boldsymbol{x}_i, c_j)$ 取值 0 或 1，取 1 表示样本 $\boldsymbol{x}_i$ 属于分类 c_j，取 0 表示不属于；$\mathrm{Sim}(\boldsymbol{x}, \boldsymbol{x}_i)$ 表示待分类样本 $\boldsymbol{x}$ 与已知样本 $\boldsymbol{x}_i$ 的相似度，可以用欧式距离等度量样本间的相似度。将待分类样本 $\boldsymbol{x}$ 归属为权重最大的类别，公式为

$$C(\boldsymbol{x}) = \underset{j}{\mathrm{argmax}}\, P(\boldsymbol{x}, c_j) \qquad (4\text{-}14)$$

4.1.3　决策树法

决策树(Decision Trees，DT)是机器学习领域的一种基本分类方法[3]，自 1966 年提出后，在决策支持和信息分析等方面得到广泛应用。

决策树是一棵树，是由根节点、叶子节点、内部分节点构成的一种树型分类结构。树的根节点是整个样本的数据集合空间，每个分节点是对一个单一属性或特征项的测试，该测试将数据集合空间分割成两块或更多块。每个叶子节点对应一种决策分类结果。

决策树的构建流程，一般先通过训练数据集生成决策树，然后通过测试数据集对决策树进行修剪。为了更好地理解决策树，下面将通过一个贷款申请样本示例介绍相关概念与算法流程。表 4-1 是一组贷款申请样本数据。申请人的贷款批准与否取决于 4 个方面的属性：年龄、工作情况、房屋情况和信贷情况。在决策树中，将这 4 个属性看作是根节点或者内部节点；叶节点则表示贷款的两种申请结果：贷款成功或者贷款失败。图 4-1 展示的是对应决策树的结构示意图。

表 4-1　贷款申请样本数据表

ID	年　　龄	有工作	有自己的房子	信贷情况	申请结果
1	青年	否	否	一般	否
2	青年	否	否	好	否
3	青年	是	否	好	是
4	青年	是	是	一般	是
5	青年	否	否	一般	否
6	中年	否	否	一般	否
7	中年	否	否	好	否
8	中年	是	是	好	是
9	中年	否	是	非常好	是
10	中年	否	是	非常好	是
11	老年	否	是	非常好	是
12	老年	否	是	好	是
13	老年	是	否	好	否

续表

ID	年　　龄	有工作	有自己的房子	信贷情况	申请结果
14	老年	是	否	非常好	是
15	老年	否	否	一般	否

在图 4-1 中，贷款申请人的年龄、工作情况、房屋情况和信贷情况属性，在决策树中可被看作根节点或内部分节点；贷款申请的结果，即贷款成功与否被视作叶节点。

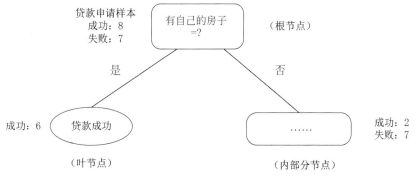

图 4-1　贷款申请人数据的决策树结构示意图

决策树通常是自上而下生成的，一般通过递归分割的过程构建决策树，其终目的是对数据集进行最佳分割，并预测新实例的分类结果。从根到叶子节点都有一条路径，这条路径就是一条"规则"。决策树可以是二叉的也可以是多叉的。

决策树的构建过程，就是衡量不同属性对于分类决策结果重要程度的过程。其流程的实质在于确定属性间的拓扑结构，即根节点的属性选择以及内部分节点的顺序排布。通常采用信息增益和基尼指数作为衡量指标，度量不同特征属性带来的信息量，并以此为根据确定决策树的结构。

1. 信息增益

信息增益（Information Gain，IG）用于描述某个属性区分数据样本的能力。在文本分类算法中，信息增益用来衡量某个特征项为整个分类所能提供的信息量，经常被用于文本的特征项提取和选择。具体计算上，信息增益表示为信息熵的差：对于某一个特征，分别计算该特征在特征库中存在和不存在情况下的信息量，二者的差值作为该特征对于系统的信息增益。下面先谈谈信息熵的定义和计算，再给出信息增益的计算公式。

1948 年，Shannon 将熵从热力学引入到信息论中，提出了信息熵的概念，对信息进行量化和度量[4]。信息的基本作用是消除人们对事物的不确定性。信息熵是对信息的一种量化，一个事件的信息量越大，或者说一个事件的不确定性越大，则信息熵的值越大。

假设一个样本数据集合 X 中，存在 k 个分类，且每个分类的占比为 $P(x_i)$，则 X 的

信息熵可定义为

$$H(X) = -\sum_{i=1}^{k} P(x_i) \log_2 P(x_i) \tag{4-15}$$

在考虑特征属性 Y 的条件下,样本数据集合 X 的熵的期望表示为 $H(X|Y)$,将其称为条件熵,计算公式为

$$H(X|Y) = \sum_{j=1}^{n} P(y_j) H(X|Y=y_j) \tag{4-16}$$

信息增益可以简单理解为某特征属性 Y 为整个分类所能提供的信息量,具体表现为特征 Y 在特征库中存在和不存在情况下的信息熵的差,记为 $\text{Gain}(Y)$,如公式(4-17)所示。

$$\text{Gain}(Y) = H(X) - H(X|Y) \tag{4-17}$$

下面以表 4-1 的数据为例,计算年龄、工作情况、房屋情况和信贷情况 4 个属性对于申请人贷款分类结果的信息增益。

根据表 4-1 所给数据可知,根节点处包含 X 中所有样例,只存在 2 个决策分类结果,即贷款成功或贷款失败,$k=2$,且贷款成功比例为 $P(x_1) = \dfrac{8}{15}$,贷款失败比例为 $P(x_2) = \dfrac{7}{15}$,根据公式(4-15)即可算出根结点处的信息熵为

$$H(X) = -\sum_{i=1}^{k} P(x_i) \log_2 P(x_i) = \left(-\frac{7}{15} \log_2 \frac{7}{15} - \frac{8}{15} \log_2 \frac{8}{15} \right) = 0.996 \tag{4-18}$$

由公式(4-16)所述,在考虑特征属性 Y 的条件下,样本数据集合 X 的熵的期望表示为 $H(X|Y)$,定义为条件熵。下面以年龄特征属性为例,讲解条件熵的计算过程。

在表 4-1 所示数据中,年龄作为一个特征属性,分别有青年、中年、老年三种取值,$n=3$。在不同取值情况下,有相应的决策结果及其比例。当年龄特征属性取青年时,样本数据有 5 例,贷款成功比例为 $P(x_1|Y=青年) = \dfrac{2}{5}$,贷款不成功比例为 $P(x_2|Y=青年) = \dfrac{3}{5}$。类似地,可计算出在考虑特征属性年龄的情况下,样本数据 X 熵的期望为

$$\begin{aligned}
H(X|年龄) &= \sum_{j=1} P(y_j) H(X|Y=y_j) \\
&= \frac{1}{3} H(X|Y=青年) + \frac{1}{3} H(X|Y=中年) + \frac{1}{3} H(X|Y=老年) \\
&= \frac{1}{3} \left[\left(-\frac{3}{5} \log_2 \frac{3}{5} - \frac{2}{5} \log_2 \frac{2}{5} \right) + \left(-\frac{3}{5} \log_2 \frac{3}{5} - \frac{2}{5} \log_2 \frac{2}{5} \right) + \right. \\
&\quad \left. \left(-\frac{2}{5} \log_2 \frac{2}{5} - \frac{3}{5} \log_2 \frac{3}{5} \right) \right] \\
&= 0.97
\end{aligned} \tag{4-19}$$

基于某特征属性 Y 的信息增益越大,则表明特征属性 Y 对分类重要程度越高,能有效降低事件的不确定性。所以,可以使用穷举不同属性带来的信息增益值,并将最大值对应的特征属性定为根节点的划分属性。

依据上文的计算逻辑,可以依次计算出年龄、工作情况、房屋情况、信贷情况 4 种特征属性所对应的信息增益,分别为 $\text{Gain}(年龄) = 0.026$,$\text{Gain}(工作情况) = 0.109$,$\text{Gain}(房屋

情况)＝0.538,Gain(信贷情况)＝0.356。

显然,特征属性"房屋情况"的信息增益值最大,故将其选择为根节点的划分属性。通过房屋情况,可以将数据分为两个子空间如图 4-2 所示,即两个分支节点,一个为叶节点,一个为内部分节点。在内部分节点中,序号 1,2,3,5,6,7,13,14,15 分别表示表 4-1 中的样本数据 ID。内部分节点还可继续细分。

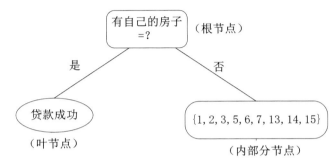

图 4-2　以"房屋情况"为根结点的决策树空间划分

然后,决策树算法再利用其他的特征属性对内部分节点内的数据进行再划分。特征属性的选择与上述根节点的划分属性选择逻辑相同,所以可以将决策树的构建视为一个递归的过程。对每个内部分节点都进行上述操作,直至最终所有节点都是叶节点,可得到对应的决策树如图 4-3 所示。

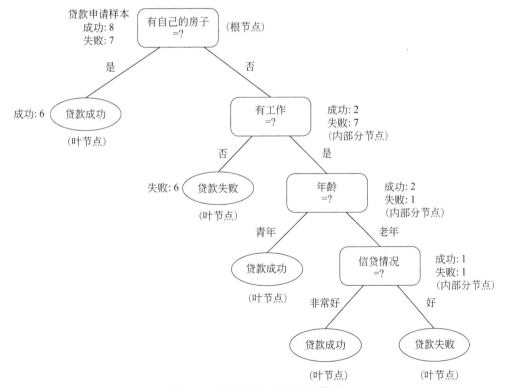

图 4-3　贷款申请人分类的决策树

2. GINI 指数

$$GINI(X) = 1 - \sum_{i=1}^{k} p(x_i)^2 \tag{4-20}$$

GINI(基尼)指数通常用来度量数据的混沌程度,从公式形式上,可以将其简单理解为从数据集 X 中随机抽取两个样本,它们属于不同类别的概率,如公式(4-20)所示。GINI 指数值越高,表示数据越混沌;GINI 指数值越低,表示数据分类纯度越高。

当利用特征属性 Y 划分数据时,可以通过属性 Y 对应的 GINI 指数值来判断属性 Y 的分类能力,记作 $GINI(X,Y)$,如公式(4-21)所示。

$$GINI(X,Y) = \sum_{j=1}^{n} P(y_i) \times GINI(X|Y=y_i) \tag{4-21}$$

GINI 指数值越大,特征属性的分类能力越弱;GINI 指数值越小,特征属性的分类能力越强。基于此,通过穷举出不同特征属性所对应的 GINI 指数值,即可将 GINI 指数值最小的属性定为划分属性。

根据表 4-1 中的数据,通过计算可以得出基于年龄属性的 GINI 指数 $GINI(X,$年龄):

$$
\begin{aligned}
GINI(X,年龄) &= \sum_{j=1}^{n} P(y_i)GINI(X|Y=y_i) \\
&= \frac{1}{3}GINI(X|Y=青年) + \frac{1}{3}GINI(X|Y=中年) + \frac{1}{3}GINI(X|Y=老年) \\
&= \frac{1}{3}\left[1 - \left(\frac{2}{5}\right)^2 - \left(\frac{3}{5}\right)^2\right] + \frac{1}{3}\left[1 - \left(\frac{2}{5}\right)^2 - \left(\frac{3}{5}\right)^2\right] + \\
&\quad \frac{1}{3}\left[1 - \left(\frac{2}{5}\right)^2 - \left(\frac{3}{5}\right)^2\right] \\
&= 0.48
\end{aligned}
\tag{4-22}
$$

类似地,计算得到基于其他特征属性的 GINI 指数:$GINI(X,$工作情况$) = 0.32$,$GINI(X,$房屋情况$) = 0.309$,$GINI(X,$信贷情况$) = 0.337$。

显然,特征属性"房屋情况"的分类能力最强,故将其视作根节点的划分属性。接下来,对于内部分节点的划分,属性的选择逻辑与之相同。待所有节点都为叶节点时,即可得到相对应的决策树。

决策树构造完毕后,由于噪声等因素会影响整个决策的精准度,故需要进行树枝修剪,通过统计学的方法删除不可靠的分支,使得整个决策树的分类速度和分类精度得到提高。

一般来说,树枝剪枝分为预剪枝与后剪枝两种方法。预剪枝方法指的是,在决策树生成过程中,对每个结点在划分前先进行估计,若当前结点的划分不能带来决策树泛化性能的提升,则停止划分并将当前结点标记为叶节点。后剪枝方法指的是,先从训练集生成一棵完整的决策树,然后自底向上地对非叶节点进行考察,若将该节点对应的子树替换为叶节点能带来决策树泛化性能提升,则将该子树替换为叶结点。

4.1.4　支持向量机法

支持向量机(Support Vector Machine，SVM)是 Vapnik 等提出的机器学习算法，主要用于解决二元模式的分类问题[5]。SVM 算法的基本思想是在特征空间构造一个最优决策超平面，使得超平面到两类样本集之间的距离最大，则认为整个平面能够"最好"地分割两个分类中数据点。

给定问题的训练样本集为 $\{(\boldsymbol{x}_1,y_1),(\boldsymbol{x}_2,y_2),\cdots,(\boldsymbol{x}_l,y_l)\}$，其中 $\boldsymbol{x}_i\in\mathbb{R}^n$，$y_i\in\{-1,1\}$，$i=1,\cdots,l$。假设该训练集的正负两类样本可以被一个决策超平面划分。即存在一个超平面，使得

$$\begin{cases}\boldsymbol{w}^\mathrm{T}\cdot\boldsymbol{x}+b=0 & \\ \boldsymbol{w}^\mathrm{T}\cdot\boldsymbol{x}_i+b\geqslant 1 & \text{当 } y_i=+1 \\ \boldsymbol{w}^\mathrm{T}\cdot\boldsymbol{x}_i+b\leqslant-1 & \text{当 } y_i=-1\end{cases} \tag{4-23}$$

可以把上述的不等式合并，得到

$$y_i\times(\boldsymbol{w}^\mathrm{T}\cdot\boldsymbol{x}_i+b)\geqslant 1,\quad i=1,2,\cdots,l \tag{4-24}$$

SVM 有两个核心思想：(1)在向量空间中寻找具有最大类间距的决策超平面；(2)当低维空间中出现无法分类的情况时，通过核函数(Kernel Function)升维，将低维不可分问题转化为高维可分问题。

首先解释具有最大类间距的决策超平面。图 4-4 展示了一个二元分类问题的最优超平面示意图。图中的圆点和三角点分别表示两个类的训练样本。分别过两类样本中离分类线最近的点且平行于分类线的两条直线之间的距离叫做类间界限(Margin)。类间界限也可以简单理解为两个平行正负超平面之间的距离。如图 4-4 所示，两条虚线即为正负超平面，它们之间的距离为类间界限。

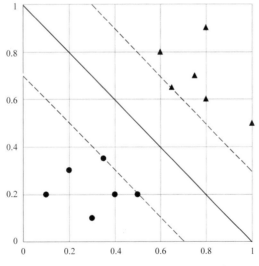

图 4-4　二元分类问题的最优超平面示意图

与正负超平面平行的实线即为决策超平面。类间界限越大，样本局部扰动时对它的

影响越小、产生的分类结果越准确,且对未见示例的泛化能力越强。

因此,SVM算法的目的是在训练集中找到具有最大类间界限的决策超平面,其中的核心问题是找到满足条件的 $\boldsymbol{w}$ 和 b。下面证明:若训练集到决策超平面的最小距离最大,则该决策超平面是最优的。

在正超平面上取一点 $\boldsymbol{x}_m$,在负超平面上取一点 $\boldsymbol{x}_n$,代入公式(4-23)的后2个式子并联立消元后,得到

$$\boldsymbol{w}^{\mathrm{T}} \cdot (\boldsymbol{x}_m - \boldsymbol{x}_n) = 2 \tag{4-25}$$

在决策超平面上取两点 $\boldsymbol{x}_p$、$\boldsymbol{x}_q$,带入公式(4-23)的第1个式子中消元后,得到

$$\boldsymbol{w}^{\mathrm{T}} \cdot (\boldsymbol{x}_p - \boldsymbol{x}_q) = 0 \tag{4-26}$$

由公式(4-25)和(4-26)可知,$\boldsymbol{w}$ 垂直于决策超平面,其类间界限即为 $\boldsymbol{x}_m - \boldsymbol{x}_n$ 这个新向量在 $\boldsymbol{w}$ 上的投影,故最大类间界限可表示为

$$\max_{\boldsymbol{w},b} = \frac{2}{\|\boldsymbol{w}\|} \tag{4-27}$$

故求最大类间界限的问题可转换为求 $\|\boldsymbol{w}\|$ 的最小值问题。$\boldsymbol{w}^{\mathrm{T}} \cdot \boldsymbol{x} + b = 0$ 是最优的,当且仅当 $\boldsymbol{w}$ 和 b 是下面最优问题的解。

$$\min_{\boldsymbol{w},b} \quad \frac{1}{2}\|\boldsymbol{w}\| \tag{4-28}$$
$$\text{s.t.} \quad y_i \times (\boldsymbol{w}^{\mathrm{T}} \cdot \boldsymbol{x}_i + b) \geqslant 1, \quad i = 1, 2, \cdots, l$$

这是个凸二次优化问题,有唯一的极小点。决策超平面很多,但最优决策超平面只有一个,此时 $1/\|\boldsymbol{w}\|$ 最大。

解决此类型的凸二次优化问题,一般采用拉格朗日乘子对偶法求解满足约束的最优解。在原约束问题中,引入非负变量 p_i^2,则此凸二次优化问题可表示为

$$\min_{\boldsymbol{w},b} \quad \frac{1}{2}\|\boldsymbol{w}\| \tag{4-29}$$
$$\text{s.t.} \quad y_i \times (\boldsymbol{w}^{\mathrm{T}} \cdot \boldsymbol{x}_i + b) - 1 - p_i^2 = 0, \quad i = 1, 2, \cdots, l$$

首先,利用拉格朗日乘子法将有约束的优化问题转化为无约束的极值求解问题,其函数表达式为

$$L(\boldsymbol{w}, b, \lambda_i, p_i) = \frac{1}{2}\|\boldsymbol{w}\|^2 - \sum_{i=1}^{l} \lambda_i (y_i \times (\boldsymbol{w}^{\mathrm{T}} \cdot \boldsymbol{x}_i + b) - 1 - p_i^2) \tag{4-30}$$

通过对变量求偏导并令其值为0,可获得以下条件。

$$\begin{cases} \dfrac{\partial L}{\partial \boldsymbol{w}} = \boldsymbol{w} - \sum_{i=1}^{l} \lambda_i y_i \boldsymbol{x}_i = 0 \\[2mm] \dfrac{\partial L}{\partial b} = -\sum_{i=1}^{l} \lambda_i y_i = 0 \\[2mm] \dfrac{\partial L}{\partial \lambda_i} = y_i \times (\boldsymbol{w}^{\mathrm{T}} \cdot \boldsymbol{x}_i + b) - 1 - p_i^2 = 0 \\[2mm] \dfrac{\partial L}{\partial p_i} = 2\lambda_i p_i = 0 \end{cases} \tag{4-31}$$

将(4-31)的后两个等式联立,即可获得等式:

$$\lambda_i(y_i \times (\boldsymbol{w}^{\mathrm{T}} \cdot \boldsymbol{x}_i + b) - 1) = 0 \qquad (4\text{-}32)$$

满足此等式成立只有两种情况：

(1) $\lambda_i = 0$，$y_i \times (\boldsymbol{w}^{\mathrm{T}} \cdot \boldsymbol{x}_i + b) - 1 > 0$，说明样本点不在正负超平面上。

(2) $\lambda_i \neq 0$，$y_i \times (\boldsymbol{w}^{\mathrm{T}} \cdot \boldsymbol{x}_i + b) - 1 = 0$，说明样本点在正负超平面上，且若将 λ_i 看作目标函数的罚系数，要求解目标函数极小值，则 $\lambda_i > 0$。

综上所述，此凸二次优化问题的 KKT(Karush-Kuhn-Tucker)条件为

$$\begin{cases} \dfrac{\partial L}{\partial \boldsymbol{w}} = \boldsymbol{w} - \displaystyle\sum_{i=1}^{l} \lambda_i y_i \boldsymbol{x}_i = 0 \\ \dfrac{\partial L}{\partial b} = - \displaystyle\sum_{i=1}^{l} \lambda_i y_i = 0 \\ \lambda_i(y_i \times (\boldsymbol{w}^{\mathrm{T}} \cdot \boldsymbol{x}_i + b) - 1) = 0 \\ \lambda_i > 0 \end{cases} \qquad (4\text{-}33)$$

同时也可以看出在支持向量机中，决策超平面只是由那些在正负超平面上且刚好和决策平面距离为 $1/\|\boldsymbol{w}\|$ 的数据点决定，它们被称为支持向量，删除其他数据点不会影响算法结果。

其次，为了对优化问题进行更高效的求解，通常将求解原优化问题转化为求解对偶问题。令函数

$$\begin{aligned} Q(\lambda) &= \min_{\boldsymbol{w},b} \max_{\lambda}(L(\boldsymbol{w},b,\lambda_i)) \\ &= \min\left(\frac{1}{2}\|\boldsymbol{w}\|^2 - \sum_{i=1}^{l} \lambda_i \times (y_i \times (\boldsymbol{w}^{\mathrm{T}} \cdot \boldsymbol{x}_i + b) - 1) \right) \\ &\leqslant L(\boldsymbol{w}^*, b^*, \lambda_i) \\ &\leqslant \frac{1}{2}\|\boldsymbol{w}\|^2 \end{aligned} \qquad (4\text{-}34)$$

其中，$\boldsymbol{w}^*$、b^* 为原问题的最优解，通过规划问题的对偶性，将求解原优化问题的下界转化为求解 $Q(\lambda)$ 的上界。同时，对偶问题也满足 KKT 条件，故原优化问题的对偶问题可表示为

$$\begin{aligned} &\max_{\lambda} \quad \min_{\boldsymbol{w},b}(L(\boldsymbol{w},b,\lambda)) \\ &\max_{\lambda} \quad \sum_{i=1}^{l} \lambda_i - \frac{1}{2}\sum_{i=1}^{l}\sum_{j=1}^{l} \lambda_i \lambda_j y_i y_j \langle \boldsymbol{x}_i, \boldsymbol{x}_j \rangle \\ &\text{s.t.} \quad \lambda_i \geqslant 0, \quad i=1,2,\cdots,l \\ &\qquad \sum_{i=1}^{l} \lambda_i y_i = 0 \end{aligned} \qquad (4\text{-}35)$$

其中，第 2 个式是通过对 $L(\boldsymbol{w},b,\lambda)$ 求导后代入值化简得到。

通过求解出 λ_i，再根据 KKT 条件中的 $\boldsymbol{w} - \displaystyle\sum_{i=1}^{l}\lambda_i y_i \boldsymbol{x}_i = 0$，$\lambda_i(y_i \times (\boldsymbol{w}^{\mathrm{T}} \cdot \boldsymbol{x}_i + b) - 1) = 0$，即可求解得出 $\boldsymbol{w}^*$ 和 b^*。

由于在支持向量机中，决策超平面由那些刚好和决策平面距离为 $1/\|\boldsymbol{w}\|$ 的数据点

决定,即由支持向量决定,当遇到非线性问题时,数据集合在低维空间中无法实现分类,因此一般选择将数据从低维空间映射至高维空间,将低维不可分问题转化为高维可分问题,其计算公式为

$$\max_{\lambda} \quad \sum_{i=1}^{l} \lambda_i - \frac{1}{2} \sum_{i=1}^{l} \sum_{j=1}^{l} \lambda_i \lambda_j y_i y_j \langle T(\boldsymbol{x}_i), T(\boldsymbol{x}_j) \rangle$$

$$\text{s.t.} \quad \lambda_i \geqslant 0, \quad i = 1, 2, \cdots, l \tag{4-36}$$

$$\sum_{i=1}^{l} \lambda_i y_i = 0$$

其中,$T(\boldsymbol{x}_i)$ 和 $T(\boldsymbol{x}_j)$ 代表原向量在新高维空间中的向量表示。为了得到 $T(\boldsymbol{x}_i)$ 和 $T(\boldsymbol{x}_j)$,可以使用维度转换函数,但是需要知道映射的具体规则,计算过程非常复杂。故在支持向量机中,引入核函数理论。

所谓的核函数,其实本质上就是一种计算的技巧,无需知道低维到高维映射的具体形式,只需要知道核函数的形式 $K(\boldsymbol{x}_i, \boldsymbol{x}_j)$,就可以获得新高维向量空间中向量的内积 $\langle T(\boldsymbol{x}_i), T(\boldsymbol{x}_j) \rangle$。因此,相对应的对偶问题可以表示为

$$\max_{\lambda} \quad \sum_{i=1}^{l} \lambda_i - \frac{1}{2} \sum_{i=1}^{l} \sum_{j=1}^{l} \lambda_i \lambda_j y_i y_j K(\boldsymbol{x}_i, \boldsymbol{x}_j)$$

$$\text{s.t.} \quad \lambda_i \geqslant 0, \quad i = 1, 2, \cdots, l \tag{4-37}$$

$$\sum_{i=1}^{l} \lambda_i y_i = 0$$

常见的核函数通常包括线性核函数、多项式核函数、径项基核函数等,但由于文本分类中特征项较多,空间维度相对较高,通常情况下都是线性可分的,故一般选用线性核函数(原向量的内积)。

4.1.5 逻辑回归法

逻辑回归(Logistic Regression,LR)是一种有监督学习的分类和回归方法[6]。其主要思想是,以线性模型 $\boldsymbol{w} \cdot \boldsymbol{x} + b$ 表示输入内容,并通过逻辑函数将输入映射为一个概率结果。以概率结果为判断依据,从而实现对输入内容的分类。逻辑回归模型通常分为二项逻辑回归模型和多项逻辑回归模型,下文将以二项逻辑回归模型为例,来详细介绍逻辑回归模型。

假设给定一个训练集 $\{(\boldsymbol{x}_1, y_1), (\boldsymbol{x}_2, y_2), \cdots, (\boldsymbol{x}_l, y_l)\}$,其中 $y_i \in \{0, 1\}$ 代表样本 $\boldsymbol{x}_i$ 的类别,表示这是一个二分类任务;$\boldsymbol{x}_i \in \mathbb{R}^d (i = 1, 2, \cdots, l)$ 表示样本训练集内样本都由 d 个特征属性构成。现有一个新样本实例 $\boldsymbol{x}$,可以通过二项逻辑回归模型实现对其的分类,基本流程如下所示。

首先,通过线性模型可将输入内容 $\boldsymbol{x}$ 转化为实数,以便后续的映射,其计算公式为

$$z(\boldsymbol{x}) = \boldsymbol{w}^{\mathrm{T}} \cdot \boldsymbol{x} + b \tag{4-38}$$

其中,$\boldsymbol{w}$ 是权值向量,代表 d 个特征属性所对应的权重系数,b 是偏置值,$\boldsymbol{w}$ 和 b 都是通过训练集样本学习得到的参数。为了方便,常常会对权值向量和输入向量进行扩充,即 $\boldsymbol{w} =$

$(\boldsymbol{w}^{(1)},\boldsymbol{w}^{(2)},\cdots,\boldsymbol{w}^{(d)},b)$，$\boldsymbol{x}=(\boldsymbol{x}^{(1)},\boldsymbol{x}^{(2)},\cdots,\boldsymbol{x}^{(d)},1)$。相应地，线性模型可简化为

$$z(\boldsymbol{x})=\boldsymbol{w}^{\top}\cdot\boldsymbol{x} \tag{4-39}$$

其次，引用 Sigmoid 函数作为逻辑函数，Sigmoid 函数可以将实数域映射至 $[0,1]$ 范围，且非常近似单位阶跃函数，如公式(4-40)所示。

$$f(z)=\frac{1}{1+\mathrm{e}^{-z}} \tag{4-40}$$

基于以上条件，令新样本实例 $\boldsymbol{x}$ 属于分类 $y=1$，$y=0$ 的概率为

$$P(y=1|\boldsymbol{x},\boldsymbol{w})=\frac{1}{1+\mathrm{e}^{-\boldsymbol{w}^{\top}\cdot\boldsymbol{x}}}$$

$$P(y=0|\boldsymbol{x},\boldsymbol{w})=1-\frac{1}{1+\mathrm{e}^{-\boldsymbol{w}^{\top}\cdot\boldsymbol{x}}} \tag{4-41}$$

这就是二项逻辑回归模型，实质上是一个条件概率分布。对于给定的新样本实例 $\boldsymbol{x}$，通过比较两个概率值的大小，将 $\boldsymbol{x}$ 划分为条件概率值较大的一类。同时，此条件概率分布可以简化为

$$P_{y\in\{0,1\}}(y|\boldsymbol{x},\boldsymbol{w})=\left(\frac{1}{1+\mathrm{e}^{-\boldsymbol{w}^{\top}\cdot\boldsymbol{x}}}\right)^{y}\left(1-\frac{1}{1+\mathrm{e}^{-\boldsymbol{w}^{\top}\cdot\boldsymbol{x}}}\right)^{1-y} \tag{4-42}$$

则上述分类规则可表示为

$$y(\boldsymbol{x})=\underset{y\in\{0,1\}}{\arg\max}\left(\left(\frac{1}{1+\mathrm{e}^{-\boldsymbol{w}^{\top}\cdot\boldsymbol{x}}}\right)^{y}\left(1-\frac{1}{1+\mathrm{e}^{-\boldsymbol{w}^{\top}\cdot\boldsymbol{x}}}\right)^{1-y}\right) \tag{4-43}$$

对于公式(4-42)给定的分类规则，一般使用最大似然估计准则，利用已知的训练集对模型中包含的参数 $\boldsymbol{w}$ 进行学习。

模型的对数似然函数为

$$\begin{aligned}l(\boldsymbol{w})&=\sum_{i=1}^{l}\ln P(y_i|\boldsymbol{x}_i,\boldsymbol{w})\\&=\sum_{i=1}^{l}\left(y_i\ln\frac{1}{1+\mathrm{e}^{-\boldsymbol{w}^{\top}\cdot\boldsymbol{x}_i}}+(1-y_i)\ln\left(1-\frac{1}{1+\mathrm{e}^{-\boldsymbol{w}^{\top}\cdot\boldsymbol{x}_i}}\right)\right)\\&=\sum_{i=1}^{l}(y_i(\boldsymbol{w}^{\top}\cdot\boldsymbol{x}_i)-\ln(1+\mathrm{e}^{\boldsymbol{w}^{\top}\cdot\boldsymbol{x}_i}))\end{aligned} \tag{4-44}$$

当似然函数取得极大值时，相对应的 $\boldsymbol{w}^*$ 即为模型所需参数 $\boldsymbol{w}$ 的估计值。同时，$l(\boldsymbol{w})$ 是关于 $\boldsymbol{w}$ 的高阶连续可导凸函数。根据凸优化理论，可以采用梯度下降法、牛顿法等优化方法求解。

本节以梯度下降法为例，简单介绍参数 $\boldsymbol{w}$ 估计值的求解过程。梯度下降法是一种求解无约束极小值的方法，它的基本思想就是给定一个目标函数及一组随机初始参数，将函数在此条件下的负梯度方向作为函数值下降的搜索方向。结合相应的步长，产生一组新的参数，不断迭代，直到目标函数值不发生变化，则最终获得的一组参数即为所求参数的估计值。

所以在求解过程中，首先引入损失函数 $J(\boldsymbol{w})$，其计算公式为

$$J(\boldsymbol{w})=-\frac{1}{l}\sum_{i=1}^{l}(y_i(\boldsymbol{w}^{\top}\cdot\boldsymbol{x}_i)-\ln(1+\mathrm{e}^{\boldsymbol{w}^{\top}\cdot\boldsymbol{x}_i})) \tag{4-45}$$

$J(\boldsymbol{w})$ 函数是梯度下降法中的目标函数,目标是求 $J(\boldsymbol{w})$ 函数的最小值。对 $J(\boldsymbol{w})$ 求偏导,求出相应的梯度方向为

$$\frac{\partial J(\boldsymbol{w})}{\partial \boldsymbol{w}^{(j)}} = -\frac{1}{l}\sum_{i=1}^{l}\left(y_i\boldsymbol{x}_i^{(j)} - \frac{e^{\boldsymbol{w}^{\mathrm{T}}\cdot x_i}}{1+e^{\boldsymbol{w}^{\mathrm{T}}\cdot x_i}}\boldsymbol{x}_i^{(j)}\right) \quad j=1,2,\cdots,d \qquad (4\text{-}46)$$

基于公式(4-46),可计算产生一组新的参数,定义为

$$\boldsymbol{w}^{(j)} = \boldsymbol{w}^{(j)} - \frac{\lambda}{l}\sum_{i=1}^{l}\boldsymbol{x}_i^{(j)}\left(\frac{e^{\boldsymbol{w}^{\mathrm{T}}\cdot x_i}}{1+e^{\boldsymbol{w}^{\mathrm{T}}\cdot x_i}} - y_i\right) \quad j=1,2,\cdots,d \qquad (4\text{-}47)$$

其中,λ 代表步长,根据公式(4-46)、公式(4-47)不断迭代,直到目标函数值不发生变化时,即求得模型中参数 $\boldsymbol{w}^*$。

4.2 浅层神经网络模型

4.2.1 卷积神经网络模型

卷积神经网络(Convolutional Neural Network,CNN)模型,最早由纽约大学的 Yann LeCun 于 1998 年提出[7],其本质上是一种具有局部连接、权重共享等特性的多层感知器(Multilayer Perceptron,MLP)模型。

MLP 模型通常采用全连接(Full Connection)方式,即每个神经元都与相邻层的所有神经元相连接。研究发现,MLP 模型存在 3 个问题:(1)在处理序列数据时无法捕捉其中的时间序列信息;(2)随着输入数据的规模增大,模型的训练参数急剧增加,容易导致过拟合或局部最优的问题;(3)自然图像中的物体一般都具有局部不变性特征,然而 MLP 模型很难提取出局部不变性特征。

为了解决上述问题,循环神经网络(Recurrent Neural Network,RNN)与 CNN 模型应运而生。RNN 最早由 Jeffrey 于 1990 年提出[8],通过使用带自反馈的神经元,能够处理任意长度的序列数据。RNN 非常擅长处理序列数据,能够解决 MLP 模型无法捕捉时序信息的问题,因此一般被用于处理与时间关联性强的语音和文本序列数据。CNN 通过使用卷积(Convolution)来替代 MLP 模型中的全连接,具有局部连接和权重共享性质,能够解决 MLP 模型的训练参数过大以及局部不变特征提取的问题,因此被广泛应用在图像识别领域,例如人脸识别、文字识别等。

1. 模型基本结构

如图 4-5 所示,CNN 的基本结构包括输入层、卷积层、池化层、全连接层和输出层 5 个部分,其中卷积层和池化层交叉堆叠而成,即卷积层后连接一个池化层,池化层后再连接一个卷积层,卷积层和池化层的具体数量由任务需求决定。

表 4-2 总结了 CNN 模型 5 层结构中每一层的作用,每一层的输出作为下一层的输入。CNN 模型的输入一般是信息经过预处理后的向量矩阵。卷积层的主要目的是提取数据特征,通过卷积核(Convolutional Kernel)提取局部特征;通常会使用不同的卷积核提取输入数据的不同特征。卷积层经过卷积核函数运算产生特征图,输出到池化层。往

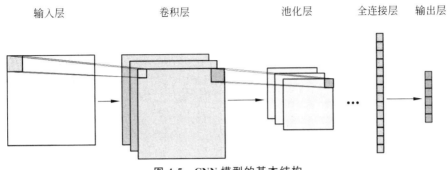

输入层　　　　　卷积层　　　　　池化层　　　全连接层　输出层

图 4-5　CNN 模型的基本结构

往采用 ReLU 函数作为激活函数,将卷积层的输出通过非线性映射到池化层中。池化层的作用是进行特征选择,降低特征数量,从而减少参数的数量。最后,通过全连接层映射到输出层,利用 softmax 函数输出分类结果。

表 4-2　CNN 模型的层次结构作用

CNN 层次结构	作　　用
输入层	接受数输入,一般是原始或预处理后的矩阵
卷积层	实现权重共享和局部连接,从全局特征图中提取局部特征
池化层	进行特征选择,提取特征图中最重要的特征
全连接层	将提取到的特征整合
输出层	利用 softmax 函数输出分类结果

　　CNN 模型最早被用于图像处理任务,后来也被应用到文本分析领域,并取得优异表现。下面以文本情感分类为例,描述 CNN 具体的工作原理。

　　令 $T=\{t_1,t_2,\cdots,t_N\}$ 表示文档数据集,t_k 表示第 k 个文档的向量表示,N 为数据集中的文档个数。给定文档 $t_k=\{x_{k1},x_{k2},\cdots,x_{kn}\}$,$x_{ki}$ 表示文档 t_k 中的第 i 个单词,n 为文档中单词的个数。e_{ki} 为单词 x_{ki} 的词向量表示,$e_{ki}\in\mathbb{R}^d$,d 是词向量的维度。T 中文档的情感标注用 $Y=\{y_1,y_2,\cdots,y_N\}$ 表示,$y_k=1$ 表示文档 t_k 的情感极性为积极,$y_k=-1$ 则表示情感极性为消极。

　　如图 4-6 所示,CNN 模型输入文档的词向量表示矩阵,记作 $E_{[1:n]}$,$E_{[1:n]}\in\mathbb{R}^{n\times d}$,输出预测该文本属于不同情感类别的分类概率。输入和输出之间经过卷积层、池化层和全连接层:经过卷积层得到特征图,输出到池化层进行特征选择得到采样结果,然后通过全连接层将所有的采样特征连接在一起,将全连接层的输出传递到输出层,判别分类结果。

　　卷积层利用大小为 $h\times d$ 的卷积核对文本词向量矩阵 $E_{[1:n]}$ 进行卷积操作,提取特征提取,计算公式为

$$c_i=g(w\cdot E_{[i:i+h-1]}+b) \tag{4-48}$$

其中,c_i 代表特征图(Feature Map)中第 i 个特征值,$g(\cdot)$ 为卷积核函数,$w\in\mathbb{R}^{h\times d}$ 为卷

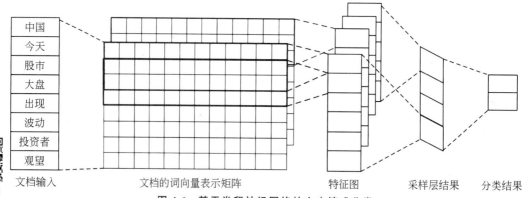

彩色配图

文档输入　　　　　文档的词向量表示矩阵　　　　　特征图　　　　采样层结果　　分类结果

图 4-6　基于卷积神经网络的文本情感分类

积核,h 为滑动窗口大小,图中 h 的值为 $3,b$ 为偏置值。将卷积核用于每个窗口大小为 h 的局部文本词向量矩阵序列 $\{E_{[1:h]},E_{[2:h+1]},\cdots,E_{[n-h+1:n]}\}$,得到该文本的特征图 C 为

$$C=[c_1,c_2,c_3,\cdots,c_{n-h+1}] \tag{4-49}$$

用 l 个不同的卷积核对词向量矩阵进行特征提取,就会得到 l 个不同的特征图,构成网络中的卷积层。

卷积得到的 l 个特征图是池化层的输入,通过池化操作对每一张特征图进行采样,提取每张特征图中的最典型特征 $\hat{c}^{(j)}(j=1,2,\cdots,l)$,最常用的池化方法为取最大值,表示形式为

$$\hat{c}^{(j)}=\max\{C^{(j)}\} \tag{4-50}$$

经过池化层,得到属于文本的最终特征表示向量,维度为 $l\times1$,表示形式为

$$F=[\hat{c}^{(1)},\hat{c}^{(2)},\cdots,\hat{c}^{(l)}],\quad F\in\mathbb{R}^{l\times1} \tag{4-51}$$

最后,通过全连接层将所有的特征连接在一起,将全连接层的输出传递到输出层。输出层通常采用 softmax 函数计算文本属于不同情感类别的概率,输出预测结果。

2. 模型优缺点分析

CNN 模型自提出后,被广泛应用到图像处理、自然语言处理和语音识别等领域。例如,基于 CNN 的物体识别错误率已降至 3.57%,低于人眼辨别的错误率 5.1%。在英语-法语语言对的机器翻译任务中,CNN 模型相比先前基于 RNN 模型的翻译准确率平均提高了 1.6BLEU[9]。基于 CNN 的文本分类性能也优于基于支持向量机等传统机器学习算法的文本分类,达到 92.6%[10]。基于全序列卷积神经网络(Deep Fully Convolutional Neural Network,DFCNN)的语音识别框架,相比先前性能最好的双向 RNN 语音识别系统,识别率提高了 15% 以上[11]。

CNN 现已是深度学习领域中不可或缺的一部分,下面简单总结 CNN 的优缺点。考虑到 CNN 是在人工神经网络(Artificial Neutral Network,ANN)模型和 RNN 模型后提出,故主要将 CNN 与二者对比。表 4-3 总结归纳了 CNN 模型与 ANN 和 RNN 的优劣势比较。

表 4-3　CNN 模型与 ANN、RNN 的优劣势比较总结

	优　势	劣　势
CNN-ANN	① 权重共享机制； ② 局部连接性质； ③ 平移不变性	忽略局部与整体之间的关联性
CNN-RNN	① 可并行计算； ② 更易训练	无法对时间序列上的信息变化建模

与 ANN 等传统神经网络相比，CNN 的优势有 3 点：(1)权重共享机制，大大降低了神经网络的复杂程度，使得模型不容易出现过拟合的情况；(2)局部连接性质，通过卷积层替代原来的全连接层，使得卷积核对局部的输入特征有更好的表示能力，更好地保留了输入中的重要特征；(3)平移不变性，当特征位置发生改变时仍然能被识别，具有强大的特征鉴别能力。CNN 的劣势在于忽略局部与整体之间关联性，由于 CNN 更加关注局部特征，在池化的过程中会丢失大量有价值的信息。

与 RNN 等时序神经网络模型相比，CNN 的优势有 2 点：(1)可并行计算；(2)更易于训练。RNN 模型按照时序步骤处理数据，模型的下一个状态依赖于上一个状态的计算结果，难以实现并行计算。此外，RNN 模型中同样的信息在不同的时间点被反复使用，并被不同的时间点模型的参数共享，因此存在非常严重的梯度消失问题。与 RNN 相比，CNN 的模型结构较为简单，且每层共享的参数矩阵是不同的，因此不容易出现梯度消失或者梯度爆炸的情况，更易于训练。与 RNN 相比，CNN 的劣势在于无法对时间序列上的信息变化进行建模。CNN 更关注于空间上的信息，没有记忆功能，不能大量捕获输入的时序特征。

应看到，相比于 2018 年之后涌现的 Transformer、BERT 等预训练模型，CNN 模型虽然在某些领域和任务表现上稍显逊色，但是 CNN 模型计算速度更快，要求的算力较低，因此也具有广泛的应用场景。

4.2.2　长短期记忆模型

长短期记忆(Long Short-Term Memory，LSTM)模型，最早由 Schmidhuber[12] 于 1997 年提出，主要是为了改善 RNN 等时序神经网络模型中由迭代性引起的长期依赖和梯度爆炸问题。

RNN 通过带自反馈的神经元能够处理任意长度的时序数据，但对于上下文依赖的文本数据而言，容易丢失长距离信息的处理能力。作为 RNN 模型的变体，LSTM 通过门控机制来控制信息的积累速度，有选择地加入新的信息，并有选择地遗忘之前积累的信息。LSTM 模型已被广泛应用于机器翻译、语言识别、文本生成等和序列学习相关的自然语言处理任务中。

1. 模型基本结构

与 RNN 一样，LSTM 的网络结构也包括输入层、隐藏层以及输出层。所不同的是 LSTM 隐藏层使用 LSTM 单元模块。

如图 4-7 所示，$\{x_1, \cdots, x_{t-1}, x_t\}$ 是输入长度为 t 的序列，通过隐藏层后得到不同时刻

的隐藏状态为 $\{h_1, \cdots, h_{t-1}, h_t\}$，将 h_t 看作是整个文本序列的最终表示，发送给输出层进行处理。LSTM 按照时间步骤处理时序数据，信息通过 LSTM 单元水平传输，每个单元模块向信息传输带中添加当前单元模块的信息，并结合历史信息得到相应的输出。

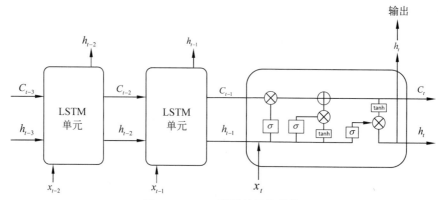

图 4-7　LSTM 模型的网络结构

LSTM 单元模块的内部结构如图 4-8 所示，主要由三个门（Gate）组成：遗忘门 f_t、输入门 i_t 和输出门 o_t，此外，LSTM 引入一个新的内部状态（Internal State）c_t，也称作记忆细胞，用于实现重要信息的存储。LSTM 单元模块各元素符号表示及其作用如表 4-4 所示。

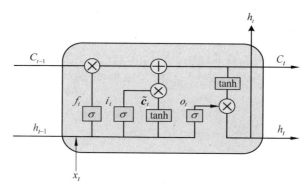

图 4-8　LSTM 单元模块的内部结构

表 4-4　LSTM 单元各元素符号表示及其作用

	符号表示	作　用
内部状态	c_t	重要信息存储，实现长期记忆
遗忘门	f_t	控制上一时刻的内部状态 c_{t-1} 需要遗忘多少信息，决定长期记忆流的保留程度
输入门	i_t	控制当前时刻的候选状态 $\tilde{c}_t$ 有多少信息需要保存，决定输入单元的嵌入程度
输出门	o_t	控制当前时刻的候选状态 $\tilde{c}_t$ 有多少信息需要输出给外部状态 h_t，决定短期记忆流的呈现程度

在表 4-4 中,当 $f_t=0,i_t=1$ 时,记忆单元将历史信息清空,将候选状态 $\tilde{c}_t$ 输入到单元中;当 $f_t=1,i_t=0$ 时,记忆单元将复制上一时刻的内容,不写入新的信息。LSTM 中 f_t 和 i_t 的取值一般在 $(0,1)$ 区间,表示以一定比例允许信息通过。

令 x_t 表示 t 时刻的新输入,已知 $t-1$ 时刻的内部状态为 c_{t-1} 和隐状态为 h_{t-1}, LSTM 单元需要计算得到 t 时刻的内部状态 c_t、隐状态 h_t 和输出 y_t。LSTM 的作用过程可以分为三个阶段,下面分别展开叙述。下述公式中,$\sigma(\cdot)$ 为 Logistic 函数,其输出区间为 $(0,1)$;w 和 b 为权重矩阵和偏置向量;$\otimes$ 表示矩阵对应元素相乘。

(1) **遗忘阶段**:遗忘门 f_t 对上一个时刻传进来的数据选择地遗忘,只保留重要的部分。公式(4-52)中,$f_t\in(0,1)$ 表示信息可以从 c_{t-1} 传递至 c_t 的比例;公式(4-53)中,$c_{t-1}{}'$ 表示从 c_{t-1} 中保留的、可传递至 c_t 的信息。

$$f_t=\sigma(w_f[x_t,h_{t-1}]+b_f) \tag{4-52}$$

$$c_{t-1}{}'=c_{t-1}\otimes f_t \tag{4-53}$$

(2) **选择性记忆阶段**:输入门 i_t 对 t 时刻的输入 x_t 选择性地保留。公式(4-54)中,$i_t\in(0,1)$ 表示输入 x_t 中信息可被保留的比例;公式(4-55)基于 i_t 计算得到从新输入 x_t 中保留的候选信息 $\tilde{c}_t$;公式(4-56)计算得到更新的内部状态 c_t。

$$i_t=\sigma(w_i[x_t,h_{t-1}]+b_i) \tag{4-54}$$

$$\tilde{c}_t=i_t\otimes\tanh(w_c[x_t,h_{t-1}]+b_c) \tag{4-55}$$

$$c_t=c_{t-1'}+\tilde{c}_t \tag{4-56}$$

(3) **选择性输出阶段**:输出门 o_t 对 c_t 中的信息选择性地输出,即决定哪些信息会被输出。公式(4-57)中,$o_t\in(0,1)$ 表示 c_t 中信息被输出的比例;公式(4-58)基于 o_t 计算得到当前 t 时刻隐层状态 h_t;公式(4-59)基于 h_t 计算得到 t 时刻网络的最终输出 y_t。

$$o_t=\sigma(w_o[x_t,h_{t-1}]+b_o) \tag{4-57}$$

$$h_t=o_t\otimes\tanh(c_t) \tag{4-58}$$

$$y_t=\text{softmax}(w'h_t+b') \tag{4-59}$$

通过上述流程,使得 LSTM 能够在 RNN 的基础上,对序列信息进行更深入且准确的特征提取和学习。

2. 模型优缺点分析

与 RNN 相比,LSTM 模型中内部状态更新时运用线性的运算累积,较少使用非线性函数,因此在一定程度上克服了 RNN 中存在的梯度消失问题。尤其是在长距离依赖的任务中,LSTM 的表现远优于 RNN,能够对短期或者长期依赖的数据进行精确建模。例如,在机器翻译应用中,基于 LSTM 的翻译系统在多个语言对的翻译中将翻译误差降低 60% 左右[13];在情感分类中,基于树形 LSTM 模型的情感分类准确率达到 51.0%,相较于基于 DRNN 模型的分类准确率提高了 1.2%[14]。

但是,LSTM 模型也存在一些不足之处,这里简单谈谈。首先,LSTM 在并行处理上存在劣势。由于 LSTM 本身的序列依赖结构,需要待上一个输入完全处理后,才能进行对下一个输入的处理,无法实现大规模的并行运算。其次,LSTM 也存在梯度消失问题。

虽然 LSTM 模型改善了 RNN 的梯度问题,但当序列长度超过一定限度,LSTM 模型仍然存在梯度消失的情况。

4.3 深度预训练神经网络模型

4.3.1 Transformer 模型

Transformer 是谷歌 2017 年提出的一个序列到序列(Sequence to Sequence,Seq2Seq)模型[15],其主要思想是采用多头自注意力(Multi-Head Self-Attention)机制代替原编码器-解码器结构中的 RNN 结构,大大提高了模型的并行性。

在 Transformer 结构之前,自然语言处理任务通常使用 Seq2Seq 作为语言模型。Seq2Seq 模型采用编码器-解码器框架,在机器翻译、文本摘要生成和文本对话等任务中取得了优异的性能。Seq2Seq 模型使用两个 RNN 模型分别作为编码器(Encoder)和解码器(Decoder):编码器将输入的序列信息嵌入一个定长的语义向量中,得到的向量代表输入序列的特征;解码器将定长的语义向量生成指定的序列,得到所需的输出。

研究人员还提出使用 LSTM 或 GRU 替代编码器-解码器中的 RNN,缓解当输入序列过长时 RNN 存在的长时依赖问题。然而,这些基于 RNN、LSTM 或 GRU 的 Seq2Seq 模型存在一定程度的不足:

- 首先,RNN 等模型的计算是顺序的,时间片 t 的计算依赖于 $t-1$ 的计算结果,无法实现并行计算,导致模型的训练速度大大降低;
- 其次,基于 RNN 的 Seq2Seq 模型在编码器和解码器之间设定了定长的语义向量维度,通过编码器将长序列转化为定长向量的过程容易造成部分信息损失。虽然 LSTM 的门机制结构在一定程度上缓解了长期依赖问题,但对于特别长的序列,LSTM 也无能为力。

Transformer 的提出解决了 Seq2Seq 模型存在的不足,采用多头自注意力机制代替编码器-解码器结构中的 RNN,实现并行训练且获取更多的全局信息。当前很多预训练模型都是基于 Transformer 架构构建,例如,BERT 基于 Transformer 的编码器模块构建,GPT 基于 Transformer 的解码器模块构建。

1. 总体结构

Transformer 的总体结构如图 4-9 所示,拥有一个完整的编码器-解码器框架,核心部分主要由自注意力机制构成。其中,编码器和解码器都包含 6 个模块(Block),二者区别之处在于解码器模块比编码器模块多了一个掩码多头注意力(Masked Multi-Head Attention)层。

下面以机器翻译任务为例描述 Transformer 的工作流程。任务是输入一个中文句子,经过 Transformer 模型,输出该句子的英文翻译。

首先,计算句子中的每一个单词的向量表示 x。x 由单词向量(Word Embedding)和位置向量(Position Embedding)相加得到。单词向量可以通过 Word2vec 或 GloVe 词向

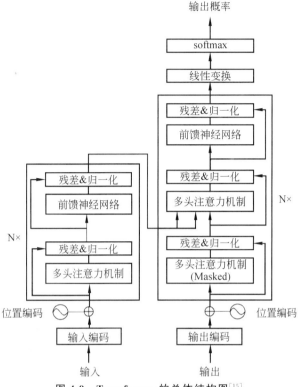

图 4-9　Transformer 的总体结构图[15]

量模型获得；位置向量表示单词在句子中的位置信息。

其次，编码器对句子进行信息编码。将句子的单词表示向量矩阵 $X=\{x_1,x_2,\cdots,x_n\}$ 输入编码器进行编码，得到句子中所有单词的编码信息矩阵 C。其中，$X\in\mathbb{R}^{n\times d}$，$n$ 是句子中单词的个数，d 是单词向量表示的维度。编码器输出矩阵 C 的维度与 X 一致。

最后，解码器对语义向量进行解码，输出所需结果。将编码器的输出矩阵 C 传递到解码器中，依次根据前面第 1 个到第 $i-1$ 个的翻译词，翻译下一个单词 i。

根据上述的三个步骤，首先介绍 Transformer 模型输入的单词向量表示，再分别介绍编码器和解码器模块。

2. 模型输入

Transformer 模型输入的单词向量表示 x 由单词向量和位置向量对位相加得到，如图 4-10 所示。单词向量可以通过 Word2vec 或 GloVe 词向量模型获得，也可以在 Transformer 中训练得到；位置向量表示单词在句子中的位置信息。这里重点谈谈位置向量的表示。

由于 Transformer 没有采用 RNN 结构，因此无法记录单词的序列信息。为解决这一问题，位置嵌入用于保存单词在序列中的相对或绝对位置信息。

令 PE 表示位置向量，其维度和单词嵌入表示的维度都为 d。PE 可以通过学习式

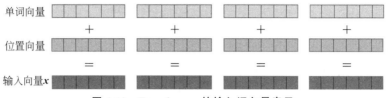

图 4-10   Transformer 的输入词向量表示

（Learned）或固定式（Fixed）的编码方法得到。Transformer 采用了后者，使用三角函数计算得到，这种方法能够把单词位置对单词的影响，细化成单词位置对单词每个维度的信息的影响。计算公式为

$$PE_{(\text{pos},2i)} = \sin(\text{pos}/10000^{2i/d})$$
$$PE_{(\text{pos},2i+1)} = \cos(\text{pos}/10000^{2i/d})$$

$$(4\text{-}60)$$

其中，pos 表示单词在句子中的位置；d 表示 PE 向量的维度大小，文献[15]中 d 取值为512。对于一个单词 PE 向量的所有 d 个维度，使用 i 指向每个维度值，$2i$ 表示向量中的偶数维度，$2i+1$ 表示向量中的奇数维度，因此有 $2i \leqslant d$，$2i+1 \leqslant d$。可以看出，向量的偶数位置使用正弦编码，向量的奇数位置使用余弦编码。

这种单词位置的计算方法有两个好处：（1）能够适应不同长度的句子，不要求句子的长度固定。（2）使用三角函数让模型轻松学习到单词的相对位置，即 $PE_{\text{pos}+k}$ 可以被 PE_{pos} 线性表示。具体证明如下。

根据三角函数原理，可知：

$$\begin{cases} \sin(\alpha+\beta) = \sin\alpha\cos\beta + \cos\alpha\sin\beta \\ \cos(\alpha+\beta) = \cos\alpha\cos\beta - \sin\alpha\sin\beta \end{cases}$$

$$(4\text{-}61)$$

公式（4-60）中，令 $10000^{2i/d}$ 记为 t，则 $PE_{(\text{pos}+k,2i)}$ 和 $PE_{(\text{pos}+k,2i+1)}$ 可表示为

$$PE_{(\text{pos}+k,2i)} = \sin((\text{pos}+k)/t)$$
$$= \sin(\text{pos}/t)\cos(k/t) + \cos(\text{pos}/t)\sin(k/t)$$

$$(4\text{-}62)$$

$$PE_{(\text{pos}+k,2i+1)} = \cos((\text{pos}+k)/t)$$
$$= \cos(\text{pos}/t)\cos(k/t) - \sin(\text{pos}/t)\sin(k/t)$$

$$(4\text{-}63)$$

因为 k 和 t 均为常数，并且 $PE_{(\text{pos},2i)} = \sin(\text{pos}/t)$，$PE_{(\text{pos},2i+1)} = \cos(\text{pos}/t)$，表示为

$$PE_{(\text{pos}+k,2i)} = c_1 \times PE_{(\text{pos},2i)} + c_2 \times PE_{(\text{pos},2i+1)}$$

$$(4\text{-}64)$$

$$PE_{(\text{pos}+k,2i+1)} = c_1 \times PE_{(\text{pos},2i+1)} - c_2 \times PE_{(\text{pos},2i)}$$

$$(4\text{-}65)$$

因此，$PE_{\text{pos}+k}$ 可以被 PE_{pos} 线性表示。其中，$c_1 = \cos(k/t)$ 且 $c_2 = \sin(k/t)$。

将位置向量和单词向量对位相加，得到单词的向量表示 x，作为 Transformer 的输入送到下一层。

3. 编码器模块

Transformer 的编码器由 6 个相同的编码器模块（Block）堆叠而成，每个编码器模块有两个子层：多头注意力（Muti-Head Attention）层和前馈神经网络（Feed Forward）层，每个子层输出都连接一个残差连接和归一化（Add&Norm）层。下面分别介绍多头注意

力层、前馈神经网络层、残差连接和归一化层的具体结构。

（1）多头注意力层。

多头注意力层由多个 Self-Attention 组成。Self-Attention 与注意力（Attention）机制的思想类似，核心是为输入的每个单词学习一个权重。例如，在句子"The animal didn't cross the street because it was too tired."中，单词"it"指代的内容是"animal"还是"street"，人类可以很简单地判断，但是对于机器来说较为困难。Self-Attention 通过权重计算把单词"it"和"animal"联系起来。

具体来说，对于输入的句子向量表示 $X = \{x_1, x_2, \cdots, x_n\}$，Self-Attention 给句子中的每个单词计算三个不同的向量，分别是 Query 向量（Q）、Key 向量（K）和 Value 向量（V）。由向量表示 X 乘以三个不同的权值矩阵 W^Q、W^K 和 W^V 得到。计算示例如图 4-11 所示。

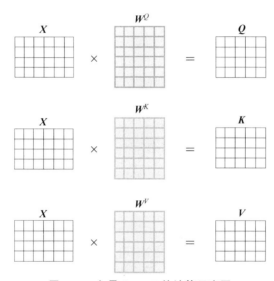

图 4-11　向量 Q、K、V 的计算示意图

其中，$X \in \mathbb{R}^{n \times d}$，$n$ 是句子中单词的个数，d 是单词向量表示的维度。矩阵 Q、K、V 的每一行代表一个单词。得到矩阵 Q、K、V 之后，计算 Self-Attention 的输出为

$$\text{Attention}(Q, K, V) = \text{softmax}\left(\frac{Q \cdot K^{\mathrm{T}}}{\sqrt{d_k}}\right) V \tag{4-66}$$

上式中，矩阵 Q 和 K^{T} 做点乘，计算每一行向量的内积。为防止内积过大，点乘的结果通常除以一个常数，这里除以 d_k 的平方根。d_k 是 Q 向量或者 K 向量的维度大小。得到 $\frac{Q \cdot K^{\mathrm{T}}}{\sqrt{d_k}} \in \mathbb{R}^{n \times n}$ 后，对该矩阵的每一行进行 softmax，使每一行的值加起来为 1。softmax 的结果是每个单词与其他所有单词的相关性系数。例如，softmax 矩阵的第 1 行表示第 1 个单词与其他所有单词的相关性系数。得到 softmax 矩阵后和矩阵 V 相乘，即为 Self-Attention 的输出，记为矩阵 Z。

多头注意力一共包括 h 个 Self-Attention 层。Transformer 令 h 等于 8，使用 8 组

Self-Attention。首先,将输入 $\boldsymbol{X} \in \mathbb{R}^{n \times d}$ 分别传递到 h 个不同的 Self-Attention 中,计算得到 h 个输出矩阵 $\{\boldsymbol{Z}_1, \boldsymbol{Z}_2, \cdots, \boldsymbol{Z}_h\}$,将这 h 个矩阵拼接(Concatenate)在一起,然后传入一个 Linear 层,得到多头注意力层的最终输出 $\overline{\boldsymbol{Z}}$。注意 $\overline{\boldsymbol{Z}} \in \mathbb{R}^{n \times d}$,其维度与输入矩阵 $\boldsymbol{X}$ 相同。多个 Self-Attention 层拼接的示意图如图 4-12 所示。

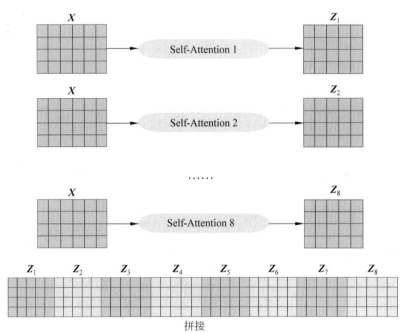

图 4-12　多个 Self-Attention 层拼接的示意图

(2)前馈神经网络层。

前馈神经网络(Feed Forward Neural Network)模块包括一个两层的全连接层,第一层使用 ReLU 激活函数,第二层不使用激活函数,计算公式为

$$\max(0, \boldsymbol{X}\boldsymbol{W}_1 + b_1)\boldsymbol{W}_2 + b_2 \tag{4-67}$$

前馈神经网络将每个位置的 Attention 结果映射到一个更大维度的特征空间,然后使用 ReLU 引入非线性变换单元进行筛选,最后恢复到原始维度。因此,前馈神经网络层输出矩阵的维度与 $\boldsymbol{X}$ 的维度一致。

(3)残差连接和归一化层。

在 Transformer 的每一个多头注意力层和前馈神经网络层之后,都会进行残差连接和归一化(Add&Norm)操作。Add 表示残差连接(Residual Connection),Norm 表示归一化(Layer Normalization)。

其中,残差连接通常用于解决多层网络训练的问题,可以让网络只关注当前的差异部分,防止在深度神经网络训练中发生退化问题。归一化的目的是把输入转化成均值为0、方差为 1 的数据,能够加快收敛。

残差连接和归一化的计算公式为

$$\text{LayerNorm}(\boldsymbol{X} + \text{Sublayer}(\boldsymbol{X})) \tag{4-68}$$

其中,$\boldsymbol{X}$ 表示子层的输入,Sublayer($\boldsymbol{X}$)表示子层的输出。例如,对于多头注意力层之后进行的 Add&Norm 操作，X 取多头注意力层的输入，Sublayer(X)取多头注意力层的输出。

通过上面描述的多头注意力层、前馈神经网络层以及残差连接和归一化层，可以构造一个编码器模块。编码器接收输入矩阵 $X \in \mathbb{R}^{n \times d}$，并输出一个矩阵 $O \in \mathbb{R}^{n \times d}$。将多个编码器模块叠加就可以组成编码器层，将最后一个编码器模块输出的矩阵定义为编码信息矩阵 $C \in \mathbb{R}^{n \times d}$，这个矩阵会用到解码器模块中。

4.解码器模块

解码器(Decoder)模块包括 3 个子层，相比编码器中的多头注意力层和前馈神经网络层，还多了一个掩码多头注意力(Masked Multi-Head Attention)层。解码器模块和编码器模块相似，主要存在以下 3 点不同。

(1) 解码器的第一个子层是掩码多头注意力层，目的是为了防止模型看到要预测的数据。

(2) 解码器的第二个子层是多头注意力层，其 Self-Attention 的 K 和 V 矩阵计算使用的是编码器模块输出的编码信息矩阵 C，Q 矩阵计算使用的是上一个解码器模块输出的矩阵。

(3) 在解码器的第三个子层，即前馈神经网络层之后有一个 Linear&softmax 层，用于预测对应单词的概率值。

下面重点谈谈解码器区别于编码器的地方。

(1) 掩码多头注意力层。

掩码(Masked)操作对某些值进行掩盖，使其在参数更新时不产生效果。具体来说，解码器在 t 时刻的输出应该只能依赖于 t 时刻之前的输出信息，而不能依赖于 t 之后的信息。因此，通过掩码操作遮掩掉矩阵中的部分信息，使得解码器在 t 时刻看不到 t 时刻之后的信息。

以"我爱中国"翻译成"I love China"为例，解码器根据之前的翻译，求解当前最有可能的翻译词。编码器的预测示意图如图 4-13 所示，首先根据起始符"<Begin>"预测出第一个单词"I"，然后根据输入"<Begin> I"预测下一个单词"love"，最后根据输入"<Begin> I love"预测下一个单词"China"。

图 4-13　编码器的预测示意图

(2) 多头注意力层。

解码器的第二个多头注意力层与编码器结构相比变化不大，主要区别在于：在这个多头注意力层中，Self-Attention 中 K 和 V 矩阵的计算不使用上一个解码器模块的输出，而是使用编码器模块的输出编码信息矩阵 C，但 Q 矩阵仍使用上一个解码器模块的输出。

这样做的原因是：由编码器告诉解码器如何生成 Key 向量（K）和 Value 向量（V），然后解码器根据前一个解码器的输出作为 Query 向量（Q），进行 Self-Attention 计算，使得解码器工作的时候，每一个单词都能够利用到编码器所有单词的信息。

（3）Linear&softmax 层。

解码器模块的第三个子层是 Linear&softmax 层。Linear 层将解码器的输出扩展到与词汇表相同的维度；经过 softmax 后，选择概率最高的一个单词作为预测结果。例如，如果词汇表大小是 10 000 个单词，softmax 会输出 10 000 个单词的概率，概率值最大的单词就是预测的结果。

综合解码器模块的上述三个子层，以"我爱中国"翻译成"I love China"为例，设编码器对句子"我爱中国"的编码信息矩阵为 C，解码器进行预测时的步骤如下。

① 解码器输入 C 和一个特殊的开始符号"<Begin>"，产生预测单词"I"；

② 解码器输入 C 和"<Begin> I"，产生预测单词"love"；

③ 解码器输入 C 和"<Begin> I love"，产生预测单词"China"；

④ 解码器输入 C 和"<Begin> I love China"，生成句子结尾标记"<end>"；

⑤ 翻译完成。

5. Transformer 优缺点

Transformer 模型的提出，彻底改变了深度学习领域，对自然语言处理领域的任务有着里程碑式的性能提升。根据现有的文献资料，简单总结 Transformer 的优缺点。Transformer 的优点有以下 4 个方面。

（1）突破了传统神经网络模型不能并行计算的限制。例如，RNN、LSTM 等神经网络模型都是时序模型，对于每一个句子只能串行计算，限制了模型的速度。然而，Transformer 模型中每个单词都可以与其他单词并行计算 Self-Attention 值，训练速度有较大提升。

（2）Transformer 能够很好地处理长期依赖问题。例如，计算一个序列长度为 n 的信息要经过的路径长度时，CNN 需要增加卷积层数来扩大视野，RNN 需要从 1 到 n 逐个计算，而 Self-Attention 只需一步矩阵计算即可实现，因此 Transformer 在计算时不会受到距离过远的影响，能更好地提取到输入序列中全局的特征，避免局部特征的丢失。

（3）Transformer 的语义特征提取能力和任务特征抽取能力都显著超过 RNN 和 CNN。多头注意力的使用增强了 Transformer 的特征提取能力和学习能力，编码器和解码器模块堆叠的方式也进一步提升了模型的学习能力。

（4）Transformer 单层的编码器或解码器形式简单，在模型设计上便于实现和改造。因此，很多主流预训练模型在提取特征时都会选择 Transformer 结构，包括 GPT、BERT、RoBERTa、T5、UniLM 及 TinyBERT 等。

但是，Transformer 也存在一些不足之处：

（1）算力要求过大导致不适合处理超长序列。当输入序列长度过长，如果不断增加模型的维度,则训练的计算资源需求会以平方级增大;如果对超长文本进行直接截断而不考虑自然文本的内容分割,会导致模型对文本的长距离建模质量下降。

(2) 对不同的单词分配相同的计算资源,有时是一种资源浪费。例如,所有字符在编码器计算过程中具有相同的计算量。但是,同一句子中不同单词的重要性不同,有些单词没有太多的意义,为这些单词赋予相同的计算资源是一种浪费。

(3) Transformer 不是图灵完备(Computationally Universal)的,这点可以从理论上证明,相比之下 RNN 是图灵完备的。因此,Transformer 无法单独完成自然语言处理中的推理、决策等计算问题。

4.3.2　BERT 模型

BERT(Bidirectional Encoder Representations from Transformers)模型,是谷歌2018 年提出的一个基于 Transformer 的深度双向表示预训练模型[16]。BERT 模型首次将无监督的预训练(Pre-Training)和有监督的微调(Fine-Tuning)这一模式推广到双向结构中,能够更深层次地提取文本的语义信息,给自然语言处理任务带来里程碑式的性能提升。

当前,自然语言处理任务对文本的表示主要采用 Word2vec 或 GloVe 等静态词向量模型。这些静态词向量模型所学习到的语义信息受制于窗口参数的大小,对词向量的表示不随上下文的改变而改变,无法克服一词多义现象。为了解决这一问题,能够获取长距离依赖的 LSTM 语言模型被提出用于预训练词向量。但是,人类对语言的理解需要考虑到双向的上下文信息,而传统的 LSTM 模型只能学习到单向的信息:即 LSTM 仅根据句子的上文信息预测下文,或者根据下文来预测上文。

基于此,2018 年 Peters 等[17]提出了 ELMo(Embeddings from Language Models)模型,采用了双层双向的 LSTM 结构训练的语言模型,学习到句子左右两边的上下文信息。ELMo 在一定程度上解决了词向量模型只能学习单向信息的问题,但是双层双向的LSTM 结构本质上只是两个单向模型的简单拼接,非真正意义的双向模型,其效果弱于一体化的融合方式。为了进一步优化,Radford 等[18]提出了 GPT(Generative Pre-Training)模型,利用 Transformer 的解码器作为语言模型进行预训练,下游的自然语言处理任务在其基础上进行微调即可。与 LSTM 相比,GPT 语言模型的优点在于可以获得句子上下文更远距离的语言信息,但缺点在于它也是单向模型。

BERT 模型结合了 ELMo 的双向结构和 GPT 的 Transformer 结构,充分利用了左右两侧的上下文信息。具体地,BERT 使用双向 Transformer 作为特征抽取器,特征的表示在所有层中共同依赖于左右两侧的上下文,弥补了 ELMo 和 GPT 的遗憾。

图 4-14 展示了 BERT、GPT 和 ELMo 三种模型的结构对比。其中,$E_1, E_2, \cdots, E_N$ 表示文本的输入,$T_1, T_2, \cdots, T_N$ 表示生成的词向量表示。E_i 和 T_i 存在一一对应,i 为输入文本序列的第 i 个单词。可以看到,ELMo 采用了双层双向的 LSTM 结构,GPT基于 Transformer 结构(图中简写为 Trm),而 BERT 结合了 ELMo 的双向结构和 GPT的 Transformer 结构。

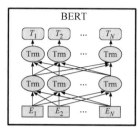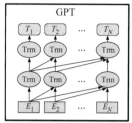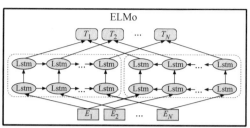

图 4-14   预训练模型结构对比[16]

1. BERT 模型结构

BERT 模型的整体结构如图 4-15 所示。BERT 完全基于 Transformer 结构,内部一共有 12 层 Transformer 编码器,每层由自注意力机制和前馈神经网络两部分构成。BERT 与 Transformer 的区别在于:Transformer 是由编码器和解码器构成,而BERT 的初衷是为了得到生成语言模型,因此只用到了其中的编码器。

2. BERT 模型输入

BERT 模型的输入为不定长度的文本序列,输入序列中的每一个单词表示为 3 个向量的求和,分别为词向量(Token Embeddings)、段向量(Segment Embeddings)和位置向量(Positional Embeddings),具体如图 4-16 所示。

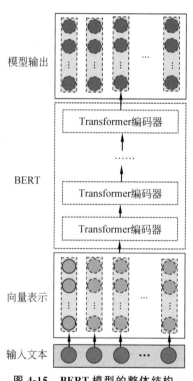

图 4-15   BERT 模型的整体结构

- 词向量根据 BERT 模型提供的词典中每个词语的词向量对应生成。特别地,对于英文文本,会基于 WordPiece 模型将每个单词进一步切分为子词,缩小词表规模。例如,图 4-16 示例中,将"playing"划分为"play"和"## ing"。

- 段向量表示每个词属于文本中的第几句话,同属一个子句的所有词的段向量相同,例如,图 4-16 中第一个字句的段向量都为 E_A,第二个字句的段向量都为 E_B。

- 位置向量表示每个词在所属句子中所处的位置,同一个词在同一句子的不同位置可能表示不同的含义,例如,"我爱你"和"你爱我"。因此,BERT 通过位置向量引入位置信息加以区分。

将上述三个向量相加得到的词向量作为 BERT 模型的输入,能够更好地表示句子的语义信息。

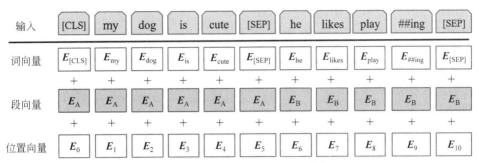

图 4-16 BERT 模型的输入表示[16]

3. BERT 模型训练

基于 BERT 模型的自然语言处理任务通过预训练(Pre-training)和微调(Fine-tuning)两个过程实现,如图 4-17 所示。

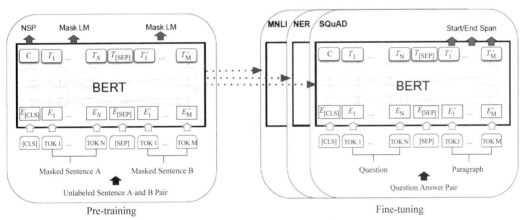

图 4-17 BERT 的预训练-微调示意图[16]

首先,预训练过程利用大规模的未标注文本语料,例如维基百科知识、网页新闻等,进行充分的自监督训练,有效地学习文本的语言特征,得到深层次的文本向量表示,并初始化 Transformer 网络的参数。

其次,微调过程根据下游的具体任务,例如文本分类、命名实体识别等,把预训练过程得到的网络参数作为起始模型,输入带标注的数据集进一步完成模型的拟合和收敛,得到一个可用于实现特定自然语言处理任务的深度学习模型。

BERT 模型有 BERT-base 和 BERT-large 两个不同版本,其中,BERT-base 有 12 层 Transformer 和 1.1 亿个参数,BERT-large 有 24 层 Transformer 和 3.4 亿个参数。下面讲解 BERT 预训练和微调过程的具体实现。

(1) BERT 预训练过程。

为了有效学习文本的语言特征,BERT 模型的预训练过程使用两种训练策略,分别是掩码语言模型(Masked Language Model,MLM)和相邻句预测(Next Sentence

Prediction，NSP）策略。

掩码语言模型的基本思想是：随机选择将句子中的 15％单词用［MASK］标签遮盖掉，然后在训练时让模型通过上下文内容预测被遮盖的单词内容，以此增加模型对文本语义信息的理解能力。

同时，与静态词向量模型 Word2vec 模型从左到右对每一个词都进行预测不同，BERT 的掩码语言模型采用动态掩码方法，减少模型对［MASK］标签的依赖性：对于原句中被抹去的单词，80％的概率用［MASK］标签替换，10％的概率用随机的其他词替换，剩余 10％的概率保持原来的词不变。这么做的好处是：预测一个词时，模型并不知道输入对应位置的单词是否正确（10％概率），因此就迫使模型更多地依赖上下文信息去预测，使得模型学习到融合左右两侧的上下文表示。

掩码语言模型倾向于抽取单词级别的表征，不能获取句子级别的表征。然而，类似于问答、自然语言推断等任务需要理解两个句子间的关系。因此，BERT 模型使用相邻句预测训练策略。相邻句预测策略让模型有能力理解句子间的关系，其基本思想是：通过学习句子间的关系特征，预测两个句子是否是相邻的。

相邻句预测策略的具体任务是：对于从语料库中挑选出的句子 A 和 B，让模型判断句子 B 是否是句子 A 的下一句。训练样例中会构造比例相同的正样本句子对和负样本句子对。即有 50％的概率句子 B 是句子 A 的下一句，将 CLS 标签标注为"IsNext"；有 50％的概率句子 B 是语料库中的随机句子，将 CLS 标签标注为"NotNext"。把训练样例输入到 BERT 模型进行训练学习，对句子对进行二分类预测，并将输出结果与标注结果对比。

BERT 模型使用上述的掩码语言模型和相邻句预测策略进行联合训练，并在训练过程中通过交叉熵损失函数求和将二者联合。

（2）BERT 微调过程。

通过 BERT 的自监督预训练，能够获得通用的文本语言表示，其输出为融合全文语义信息的每个词元的向量表示。在此基础上，微调阶段根据具体的自然语言处理任务在有标注的语料上进行有监督的训练，对 BERT 网络结构进行微调以及更新模型参数，得到最终适用于不同自然语言任务的模型。

根据不同的自然语言处理任务，微调阶段有所不同。下面分别以文本分类任务和命名实体识别任务为例，阐述 BERT 的微调过程。

以文本二分类为例，微调阶段得到的输入文本表示为"［CLS］＋（Masked）Token"的序列。其中，序列中的每一个词元经过预训练阶段后，都表示为维度大小为 768 的向量（以 BERT-base 为例）。然后，BERT 微调阶段将［CLS］对应的 768 维度大小的向量输入到全连接层，通过 softmax 层计算该文本分类的概率。这个过程，其实是将［CLS］符号对应的向量作为整篇文本的语义表示。与文本中其他词元相比，这个无明显语义信息的［CLS］符号会更"公平"地融合文本中各个字或词的语义信息，因此将其作为整篇文本的语义表示。

命名实体识别任务，需要识别输入序列中每一个词元是否是命名实体，例如人名、机构名或者地址名等。同样地，微调阶段得到的输入文本表示为"［CLS］＋（Masked）

Token"的序列,序列中每个词元为 768 维的向量。在命名实体识别任务中,BERT 将序列中的非特殊词元,即除了[CLS]、[SEP]和[MASK]词元之外的词元,输入到全连接层进行分类,判断每个词元属于命名实体类别的概率。

对 BERT 微调阶段需注意以下两方面。首先,针对不同的自然语言处理任务,BERT 微调阶段都需要增加一个输出层。其次,根据任务的不同,BERT 微调阶段使用的特征以及输出也会有所不同。

4. BERT 模型应用

BERT 发布时,在 11 种不同的自然语言处理测试任务中都取得了 SOTA 效果[16]。11 种自然语言处理任务包括 GLUE 数据集的九项自然语言处理任务(例如文本蕴含识别)、命名实体识别任务,以及问答 SQuAD(Stanford Question Answering Dataset)任务。下面举例说明 BERT 模型在文本蕴含识别任务以及问答 SQuAD 任务上的表现。

文本蕴含识别任务,也称为自然语言推理,目标是确定一段文本(前提)是否可被另一段文本(假设)所推理或否认。即一个文本片段是否蕴含了另一个文本片段的知识。在文本蕴含识别任务上,BERT-base 模型的准确率为 86.7%,相比于先前最优性能的 GPT 模型 82.1% 的准确率,提升了 4.6%。

问答任务,目标是根据人们的输入,自动选择或者生成相应回复,从而帮助人们在特定领域或者开放域解决一定的问题,一般评测数据集有 SQuAD 数据集。在 SQuAD v1.1 数据集的问答任务测试上,BERT-large 模型的 $F1$ 值为 93.2%,相比于先前性能最好的 Ensemble-nlnet 模型 91.7% 的 F_1 值,提高了 1.5%。此外,在 SQuAD v2.0 问答测试上,BERT 模型的 F_1 值达到 83.1%,相比于先前最好性能的 Single-MIR-MRC 模型,F_1 值提高 5.1%。

由此可见,BERT 通过将无监督的预训练和有监督的微调这一模式推广到更深层的双向结构中,给多个自然语言处理任务带来了里程碑式的性能提升。

5. BERT 模型优缺点

自 BERT 模型发布以来,"预训练-微调"逐渐成为自然语言处理领域的主流训练模式。相比于传统神经网络的深度学习模型,BERT 模型具有以下 3 个方面的优点。

(1)预训练-微调两段式的训练模式,允许 BERT 模型利用大规模无标注的文本进行自监督训练,学习到海量并且通用的语言特征,然后通过微调动态地提取适合下游不同任务的特征,进行领域适配从而获得更好的应用性能。

(2)BERT 模型是基于 Transformer 的编码器结构,支持并行计算,大大提高了模型的训练效率。

(3)与 Word2vec 或者 GloVe 等静态的词向量模型相比,BERT 模型通过掩码语言模型和相邻句预测策略二者联合,能够更深层次地提取文本的语义信息,克服一词多义问题。

作为一个深度学习模型,BERT 模型也存在以下不足之处。

(1)存在灾难性遗忘问题。这也是深度学习模型普遍存在的问题,主要是指在跨领域迁移学习中,深度学习网络在学习新知识时可能会忘记以前学习到的旧知识。BERT模型在进行微调适应性训练时,可能会遗忘掉在预训练时学习到的部分知识,从而达不到较好的微调性能。

(2) 对于有些自然语言处理任务优势不明显。BERT 模型应用于基于语义理解的自然语言处理任务性能较好,例如阅读理解任务;然而应用于需要文本特征信息之外的自然语言处理任务时性能并不理想,例如搜索推荐。主要原因在于,搜索推荐任务除了基于上下文的语义信息,还与用户行为、内容质量等密切相关,BERT 模型在这些任务上发挥不出其优势。

(3) BERT 模型存在过拟合问题。过拟合意味着模型过度适应数据集,通常表现是对训练数据集的预测准确率高,但是测试集测试时准确率不高。导致过拟合的原因有:训练样本太少、数据集存在噪声样本、训练过度等。BERT 模型在进行微调时容易出现过拟合问题。

4.3.3   Multi-BERT 模型

多语言 BERT(Multi-lingual BERT,Multi-BERT)模型是由 Pires 等于 2019 年提出的多语言预训练模型。Multi-BERT 是在 BERT 模型的基础上,使用维基百科的 104 种语言数据训练得到的[19]。在没有任何跨语言监督信息前提下,其在命名实体识别、词性标注等多种自然语言处理任务上表现出惊人的跨语言性能,即在零样本(Zero-shot)的跨语言迁移上表现出色。

如前文所述,"预训练-微调"模式利用大规模无标注的文本进行自监督预训练,学习到海量并且通用的语言特征,然后通过有监督的微调阶段动态地提取适合下游不同任务的特征。然而,BERT、GPT 等预训练模型仅使用单语语料进行预训练,在跨语言的下游任务中,不能够保证在所有语种中获得同等的性能。

因此,Multi-BERT 模型作为一种精通各种语言的预训练模型被提出。通过 104 种语言数据的预训练,Multi-BERT 模型学习到处理不同语言时的"对齐"能力。研究发现,Multi-BERT 在跨语言对齐(Cross-lingual Alignment)上超过了 GloVe、Word2vec 等单语词向量模型。例如,英文的"good"单词和中文的"好"单词在 Multi-BERT 模型的词向量表示上接近。通过跨语言的语义对齐,Multi-BERT 模型学习到一种语言的特征后,将其应用于另一种语言,以实现零样本的跨语言迁移。

1. Multi-BERT 模型数据采样

与 BERT 模型结构一样,Multi-BERT 模型也有 12 层 Transformer 编码器,每层由自注意力机制和前馈神经网络两部分构成。Multi-BERT 的训练模型与单语言的 BERT模型基本相同,区别之处在于前者在预训练过程使用了不同的数据集。

与 BERT 预训练时使用单一语言的语料不同,Multi-BERT 模型在预训练阶段使用了维基百科的 104 种语言数据,包括英语、印地语、土耳其语、马拉雅拉姆语等。这些语言使用一个共享的词汇表进行连接,词汇表共有 12 万个单词。通过共享同一个词汇表,所有字符编码能够共享一个嵌入空间(Embedding Space)和编码器,这是实现跨语言信息迁移的基础。

　　维基百科的 104 种语言的训练数据中,不同语言的训练数据并不均衡,例如,英文数据的规模是冰岛语数据的 1000 倍。如果对所有语言的数据采用平均采样,会导致低资源语言的训练数据不足。因此,Multi-BERT 模型采用幂指数加权平滑的方法,均衡高资源语言和低资源语言的训练数据量。主要思想是:对高资源语料较少获取,低资源语料较多获取。首先,计算每种语言在语料库种的占比概率;然后,将每种语言的占比概率乘以某个因子(例如 0.7);接着进行归一化,使得调整后所有语言的占比概率相加等于 1;最后,在调整后的分布下进行数据采样。研究表明,使用这种采样方法,英文的数量只会比冰岛语多 100 倍,大大改善了不同语言训练数据不均衡的问题。

2. Multi-BERT 模型预训练

　　Multi-BERT 与 BERT 模型的预训练任务一致,仍然采用掩码语言模型(Masked Language Model,MLM)来构建语言模型,通过将单词掩盖,学习其上下文内容特征来预测被掩盖的单词。如图 4-18 所示,使用中英文数据同时训练 Multi-BERT 模型。

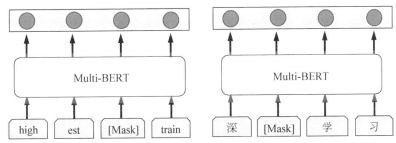

图 4-18　Multi-BERT 预训练过程

　　值得注意的是,Multi-BERT 在预训练过程中既没有对任何输入数据进行语言标注,也没有使用机器翻译计算对应语言的表示,而是通过掩码语言模型以多语言任务的方式交替训练,每个样本作为一个单语段落,所有语言共享一个词汇表和模型参数。

　　其中,词汇表引入的目的是让不同语言的词向量统一地表示在同一个向量空间,避免该模型知道输入的具体是哪种语言,从而能够实现零样本学习,达到跨语言信息处理的目的。

3. Multi-BERT 模型微调

　　Multi-BERT 模型作为 BERT 的多语言版本,与 BERT 模型一样在经过预训练后,也可以在特定任务上进行微调。Pires 等[19] 在论文 *How Multilingual is Multilingual BRET* 中对 Multi-BERT 进行大量探索性的实验,发现 Multi-BERT 在零样本跨语言模型任务上表现出色。在 Multi-BERT 预训练基础上,针对不同的下游任务利用资源丰富的源语言精调模型,即可直接应用于其他语言的下游任务预测。如图 4-19 所示,基于英文训练集微调的 Multi-BERT 模型,可直接应用于中文训练集的任务中,实现跨语言任务迁移。

　　为了深入分析 Multi-BERT 模型在零样本不同跨语言任务上的泛化表现,研究人员

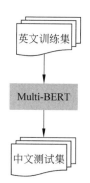

图 4-19   Multi-BERT 跨语言迁移示意图

进行了相关实验。如表 4-5 所示，Hsu 等[20] 利用英文的问答数据集训练 Multi-BERT 模型后，在中文的数据集上做问答任务，取得了较好的性能：F1 值达到 78.8%，接近于利用中文的问答数据集预训练后预测的 F1 性能 78.1%。注意到，人类做问答任务的 F1 值是 93.30%。由此可见，在缺少中文的问答数据的情况下，通过 Multi-BERT 模型可以实现从英文到中文的跨语言问答迁移。

表 4-5   Multi-BERT 在零样本跨语言问答任务实验结果[20]

模　　型	预 训 练	微　调	测　　试	EM	F1
QANet	无	中文	中文	66.1	78.1
BERT	中文	中文		82.0	89.1
	104 种语言	中文		81.2	88.7
		英文		63.3	78.8
		中文＋英文		82.6	90.1

此外，2019 年 Wu 等[21] 探究了 Multi-BERT 在 5 种自然语言处理任务中的跨语言潜力，包括多语言文档分类、跨语言句子分类、命名实体识别、词性标注和依存句法分析。5 种任务的微调训练都使用英文标注数据集，测试数据集涵盖了来自不同语言家族的 39 种语言。实验发现，Multi-BERT 比当前性能最佳的零样本跨语言迁移方法更具竞争力，且在没有任何跨语言标注信息的情况下，在这 5 项任务中都显示出了强大的零样本跨语言性能。

在前人工作[21] 的基础上，Wu 等在论文 *Are All Languages Created Equal in Multilingual BERT?* 中探究 Multi-BERT 是否对所有的语言都可以取得一样的跨语言迁移学习效果[23]。答案是否定的。实验发现，受到大规模多语言预训练的影响，对于英文这样的高资源语言，Multi-BERT 模型在相同的任务、相同的数据集上的表现低于单语 BERT 模型。但是对于低资源语言，是否具有相同的结论尚不清楚。另外，通过多语言的联合预训练能够弥补低资源语言缺少训练数据的缺陷，帮助 Multi-BERT 模型学习到低资源语言的更好表示。

为了解决上述问题，Wu 等评估了 Multi-BERT 模型在 99 种语言上的命名实体识别

任务性能,以及在 55 种语言上的词性标注和依存句法分析性能,发现:

- Multi-BERT 对所有 104 种语言并没有取得一样的跨语言迁移学习效果;
- 按照语言的资源大小排序,排名后 30% 的语言在命名识别任务上的表现比非 BERT 模型差得多;
- 通过将低资源语言与多语言相关语言配对,低资源语言能够从多语言联合训练中受益。

4. Multi-BERT 模型优缺点

相关研究表明 Multi-BERT 模型在跨语言迁移任务上表现出色,总的来说具有以下 3 个优点。

(1) Multi-BERT 拥有超过浅层词汇级别的深层次表征能力,并不过度依赖词汇重叠,在语义距离较近的不同语言文本上具有良好的泛化能力。

(2) Multi-BERT 训练时无须使用双语平行句对,针对不同的下游任务,利用资源丰富的源语言标注数据精调模型后,即可直接应用于其他语言的下游任务预测。

(3) 由于语言自身存在混合使用、共享子词等特点,Multi-BERT 即使在简单的多语言混合数据上进行预训练也能取得良好的性能。

然而,Multi-BERT 模型同样存在以下不足。

(1) 尽管 Multi-BERT 使用 104 种多语言语料进行预训练,在下游任务中亦展示了良好的跨语言性能,但它的共享词表重叠度较低,在某些语言对的多语言表示上表现出系统性的缺陷(Systematic Deficiencies)。

(2) Multi-BERT 虽然能够学习跨语言词向量,但其训练过程仍是在单语言下进行,源语言和目标语言单独进行编码,二者之间没有交互,产生的互为翻译对的句子表示之间的关联性较差,句子相似度拟合的分数也相对较低。

(3) 虽然 Multi-BERT 在零样本的跨语言迁移学习任务中表现可圈可点,但是未能对所有的语言实现同样的高质量跨语言性能。总体表现是:Multi-BERT 在高资源语言上表现出色,在低资源语言上表现差强人意,在某些语言的任务性能上甚至低于非 BERT 的传统机器学习模型。

基于此,相关研究尝试对 Multi-BERT 模型进行改进。例如,Lu[24] 提出一种基于 Multi-BERT 跨语言联合编码的词向量学习方法,在预训练好的 Multi-BERT 模型基础上,通过使用少量的双语平行语料进行二次训练,使得模型对源句和目标句的组合更加熟悉。

如图 4-20 所示,改进模型的架构和输入方式与 Multi-BERT 保持一致。区别之处在于,改进模型在预训练过程中没有对源语言句子中的词汇进行掩码,掩码词汇都在目标语言句子中,即在知道所有源语言句子信息的情况下预测目标语言句子中带掩码的词汇。

在译文质量估计任务中测试改进后的 Multi-BERT 模型,发现该方法对于德语-英语、中文-英语的译文质量都有所提升。研究还发现,改进后的 Multi-BERT 模型通过平行双语语料的二次训练,学习到了更好的跨语言词向量表示,相似语义的不同语言单词更为接近。

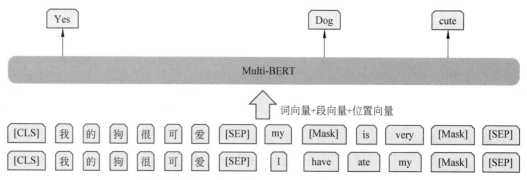

[CLS]为文字起始标记,中间和最后的[SEP]分别为句子分隔和结束标记

图 4-20   使用平行语料的 Multi-BERT 二次训练方法[24]

4.3.4   ELECTRA 模型

为了进一步提升预训练语言模型的学习效率,Clark 等[25] 借鉴生成对抗网络(Generative Adversarial Networks,GAN)[27]的思想于 2020 年提出了 ELECTRA(Efficiently Learning an Encoder that Classifies Token Replacements Accurately)模型。

ELECTRA 和 BERT 一样具有相同的结构和输入,二者最大的区别在于:预训练阶段 BERT 使用掩码语言模型预测被掩盖的词元,然而 ELECTRA 使用的是替换词检测(Replaced Token Detection,RTD)方式,训练时仅针对替换了的词元进行检查,从而提高模型效率。

自 BERT 模型首次引入掩码语言模型进行预训练,以 XLNet 为代表[28]的诸多优秀预训练模型都沿用了掩码语言模型的思路。这种基于 Transformer 从正反两个方向上对语义进行学习的方式,大大提升了传统语言模型的效率,同时在下游的自然语言处理任务中取得了较好的性能。但是 BERT、XLNet 等模型只对输入的一小部分词向量进行学习。例如,BERT 模型随机选择句子中 15% 的单词,将其中的 80% 单词用[MASK]替换,10%保持不变,10%随机替换;每一次训练只对这 15% 的单词进行预测,比较浪费算力。此外,[MASK]只在训练时候出现,在真实预测时是没有的,导致训练过程和推断过程不一致。

基于此,ELECTRA 模型创造性地提出使用替换词检测,代替掩码语言模型进行预训练。训练过程中,ELECTRA 模型借鉴生成对抗网络的思想,利用生成器(Generator)将句子中的单词进行替换,由鉴别器(Discriminator)判断句子中哪些单词被替换过。实验表明,ELECTRA 仅仅使用 RoBERTa 模型和 XLNet 模型 1/4 的计算量就达到了与之相当的性能。

1. ELECTRA 模型结构

ELECTRA 是一个基于 Transformer 的双向编码器模型,模型的基本结构与 BERT 相同,这里不再赘述,主要介绍结构的特别之处。ELECTRA 将生成对抗思想用于预训练过程,因此能够以更快的速度在参数规模更小的模型中收敛。

如图 4-21 所示，基于生成对抗思想，ELECTRA 模型可分成两部分：左半部分是生成器，右半部分是鉴别器。生成器和鉴别器都分别采用 Transformer 的编码器结构。

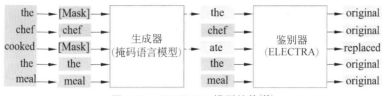

图 4-21 ELECTRA 模型结构[25]

生成器将句子中的部分单词进行替换，例如，图 4-21 中将单词"cooked"替换成"ate"。鉴别器判断输入句子中每一个单词是否被替换了，训练过程中会预测句子中的所有单词。如果生成器使用简单的随机替换，鉴别器很容易进行判别。例如，将句子"The chef cooked the meal"中的"cooked"替换成"kicked"，鉴别器很容易判断"The chef kicked the meal"中的"kicked"是被替换过的。

因此，ELECTRA 使用掩码语言模型对生成器进行训练，生成器使用一个较小的类 BERT 结构，随机[MASK]部分单词，然后用生成器预测的结果替换掉该单词。例如，在上述示例中使用"ate"替换"cooked"，生成器预测的单词"ate"具有更强的迷惑性。判别器同样是一个类 BERT 结构，用于判断输入的字符是否被生成器替换过。生成器和鉴别器的嵌入层参数共享，左右两部分模型一起训练。

2. ELECTRA 训练过程

与 BERT 模型相同，ELECTRA 的输入也由词语向量、段向量和位置向量三部分叠加而成，具体参考 BERT 模型部分，这里不再赘述。如上所述，ELECTRA 模型与 BERT 模型最大的不同之处在于在预训练过程中引入替换词检测。

如图 4-22 所示，替换词检测的步骤如下所示。

图 4-22 替换词检测示意图[26]

第一步：输入一个句子，以一定的比例随机将句子中的词元替换为[MASK]标识符；

第二步：生成器对句子中遮盖掉的部分词进行预测，并使用预测的词替换原始位置，从而生成一个可能有部分被替换的句子；

第三步：判别器进行判别，判断通过生成器输出的句子中的每个词元是原始的（Original）还是被替换后的（Replaced）。

替换词检测的具体形式化表示如下所示。

令输入句子的词元序列表示为 $\boldsymbol{x}=\{x_1,x_2,\cdots,x_n\}$，$n$ 表示序列中词元的个数。掩码语言模型从 n 个词元中随机选择 k 个进行遮盖，定义 $\boldsymbol{m}=\{m_1,m_2,\cdots,m_k\}$ 表示选择的 k 个词元的下标。用 $\boldsymbol{x}^{\mathrm{masked}}=\mathrm{REPLACE}(\boldsymbol{x},\boldsymbol{m},[\mathrm{MASK}])$ 表示对序列 $\boldsymbol{x}$ 中词元的下标属于集合 $\boldsymbol{m}$ 的单词用[MASK]标识符替换后的序列。

序列 $\boldsymbol{x}$ 经过生成器中的编码器模块编码后的序列表示为 $h_G(\boldsymbol{x})=\{h_1^G,h_2^G,\cdots,h_n^G\}$，于是生成器利用一个 softmax 层预测在位置 t 上输出单词为 x_t 的概率为

$$p_G(x_t|\boldsymbol{x})=\frac{\exp(\boldsymbol{e}(x_t)^{\mathrm{T}}h_t^G)}{\sum_{x'}\exp(\boldsymbol{e}(x')^{\mathrm{T}}h_t^G)} \tag{4-69}$$

其中，$\boldsymbol{e}(x)$ 表示词元 x 的词向量表示。对序列 $\boldsymbol{x}^{\mathrm{masked}}$ 中的[MASK]标识符用生成器的预测词替换，表示为

$$\hat{x}_i\sim p_G(x_i|\boldsymbol{x}^{\mathrm{masked}}),\quad \mathrm{for}\ i\in\boldsymbol{m} \tag{4-70}$$

$$\boldsymbol{x}^{\mathrm{corrupt}}=\mathrm{REPLACE}(\boldsymbol{x},\boldsymbol{m},\hat{\boldsymbol{x}}) \tag{4-71}$$

其中，$\boldsymbol{x}^{\mathrm{corrupt}}$ 表示生成器生成替换后的句子序列。

将 $\boldsymbol{x}^{\mathrm{corrupt}}$ 输入到判别器中，经过编码器模块编码后的序列表示为 $h_D(\boldsymbol{x})=\{h_1^D,h_2^D,\cdots,h_n^D\}$，判别器进行二分类判别，判断在位置 t 上的词元被替换的概率为

$$D(\boldsymbol{x}^{\mathrm{corrupt}},t)=\mathrm{sigmoid}(\boldsymbol{w}^{\mathrm{T}}h_t^D) \tag{4-72}$$

其中，$\boldsymbol{w}$ 是模型参数。

生成器的损失函数 $L_{\mathrm{MLM}}(\boldsymbol{x},\theta_G)$ 和判别器的损失函数 $L_{\mathrm{Disc}}(\boldsymbol{x},\theta_D)$ 分别计算为

$$L_{\mathrm{MLM}}(\boldsymbol{x},\theta_G)=E\Big(\sum_{i\in\boldsymbol{m}}-\log p_G(x_i|\boldsymbol{x}^{\mathrm{masked}})\Big) \tag{4-73}$$

$$L_{\mathrm{Disc}}(\boldsymbol{x},\theta_D)=E\Big(\sum_{t=1}^n\mathrm{I}(x_t^{\mathrm{corrupt}}=x_t)\log D(\boldsymbol{x}^{\mathrm{corrupt}},t)+\mathrm{I}(x_t^{\mathrm{corrupt}}\neq x_t)\log(1-D(\boldsymbol{x}^{\mathrm{corrupt}},t))\Big)$$
$$\tag{4-74}$$

ELECTRA 模型的最终优化目标是在一个大型语料库 χ 下，最小化生成器与判别器损失函数的加和，计算为

$$\min_{\theta_G,\theta_D}\sum_{\boldsymbol{x}\in\chi}L_{\mathrm{MLM}}(\boldsymbol{x},\theta_G)+\lambda L_{\mathrm{Disc}}(\boldsymbol{x},\theta_D) \tag{4-75}$$

其中，λ 为调和因子，平衡生成器与判别器损失函数的比例。

综上所述，通过构建生成器-判别器结构，ELECTRA 不仅能够像 BERT 模型一样利用大规模无监督语料进行预训练，同时，由于判别器训练是针对全部输入词元而非掩码语言模型中只针对被掩盖的词元，此 ELECTRA 模型收敛速度更快，学习到的语义表示粒度更加细致。

3. ELECTRA 模型性能

为了测试 ELECTRA 模型的性能，Clark 等[25]做了大量实验，并与 ELMo、GPT、

BERT、XLNet 和 RoBERTa 等模型对比。

如图 4-23 左图所示，纵轴是 GLUE 分数，横轴是浮点数计算量总量（Floating Point Operations，FLOPs）。从图中可以看到，同等量级的 ELECTRA 分数始终高于 BERT，而且在训练更长的步数之后，达到了当时的 SOTA 模型——RoBERTa 的效果。从右图曲线上也可以看到，ELECTRA 效果还有继续上升的空间。

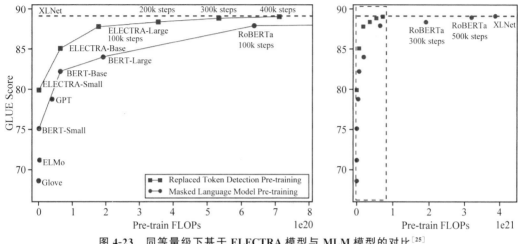

图 4-23　同等量级下基于 ELECTRA 模型与 MLM 模型的对比[25]　彩色配图

ELECTRA 模型具有大体积模型（Large Models）和小体积模型（Small Models）两种参数规模。相比大体积模型，小体积模型的序列长度从 512 降到 128，批量大小（Batch Size）从 256 降到 128，词元的向量维度从 768 降到 128 等[25]。ELECTRA 模型无论是使用大体积模型或者小体积模型，相比于 BERT 和 RoBERTa 等预训练模型都有显著的性能提升。

表 4-6 为 ELECTRA 采用小体积模型在 GLUE dev 数据集上的性能对比。ELECTRA-Small 仅用 14M 参数量（GPT 模型 13% 的参数规模），在提升了训练速度的同时还提升了效果，GLUE 分数达到 79.9，比 BERT-Small 模型高 4.8 个 GLUE 点。

表 4-6　ELECTRA 采用小体积模型在 GLUE dev 数据集上的性能对比[25]

模　　型	训练/推测计算量	加速比	参　数	训练时间十硬件设备	GLUE 分数
ELMo	3.3e18/2.6e10	19x/1.2x	96M	14d on 3 GTX 1080 GPUs	71.2
GPT	4.0e19/3.0e10	1.6x/0.97x	117M	25d on 8 P6000 GPUs	78.8
BERT-Small	1.4e18/3.7e9	45x/8x	14M	4d on 1 V100 GPU	75.1
BERT-Base	6.4e19/2.9e10	1x/1x	110M	4d on 16 TPUv3s	82.2
ELECTRA-Small	1.4e18/3.7e9	45x/8x	14M	4d on 1 V100 GPU	79.9
50% trained	7.1e17/3.7e9	90x/8x	14M	2d on 1 V100 GPU	79.0
25% trained	3.6e17/3.7e9	181x/8x	14M	1d on 1 V100 GPU	77.7

续表

模　　型	训练/推测 计算量	加速比	参　数	训练时间十 硬件设备	GLUE 分数
12.5% trained	1.8e17/3.7e9	361x/8x	14M	12h on 1 V100 GPU	76.0
6.25% trained	8.9e16/3.7e9	722x/8x	14M	6h on 1 V100 GPU	74.1
ELECTRA-Base	6.4e19/2.9e10	1x/1x	110M	4d on 16 TPUv3s	85.1

表 4-7 为 ELECTRA 采用大体积模型在 GLUE dev 数据集上的性能对比。大体积模型 ELECTRA-400K 使用的计算量不到 XLNet 和 RoBERTa 训练前的 1/4，平均 GLUE 分数可以达到 89.0，与二者相当。而在给定相同数量的训练前计算量时，ELECTRA 性能优于 XLNet 和 RoBERTa。

4. ELECTRA 模型优缺点

与 BERT 等预训练模型相比，ELECTRA 模型由于采用了替换词检测和生成-对抗思想，具有以下 3 个方面的优点。

（1）预训练阶段针对所有的词元，而不仅仅是被掩盖的词元，保证了预训练阶段和微调阶段对词元信息的利用是一致的。

（2）使用生成器生成的单词替换掉被遮盖的词元，增加了掩码语言模型的训练难度，使得判别器的任务更难，从而在生成器和判别器的多次对抗学习中，学习到更好的语义表示。

（3）模型的效率明显提升，仅使用 BERT 模型 13% 的计算量就达到了与 BERT-base 相当的效果，收敛速度更快。

但是，ELECTRA 模型存在以下 2 个方面的缺点。

（1）显存占用增多。ELECTRA 模型的生成器和判别器都分别采用 Transformer 的编码器结构，训练过程相当于训练两个编码器。即使生成器和判别器是参数共享的，但是由于 Adam 等优化器的关系，仍需要保存双倍的中间结算结果。

（2）ELECTRA 的损失函数通过 λ 调和因子将进行生成器和判别器的损失函数进行线性相加，是否有更合适的损失函数计算值得进一步探索。

4.3.5　T5 模型

T5（Text-To-Text Transfer Transformer）[29] 模型是谷歌 2019 年提出的一款具有划时代意义的通用文本生成框架，其核心思想是文本到文本（Text-to-Text）的迁移学习。

与常见预训练模型的区别之处在于：T5 模型将 Transformer 完整的编码器（Encoder）和解码器（Decoder）结构引入预训练模型，而不是类似 BERT、RoBERTa 和 ALBERT 模型只使用了编码器结构，或者类似 GPT 模型只使用解码器结构。

目前，基于迁移学习的各类预训练模型百花齐放，很难评估这些模型在不同任务中的性能。因此，T5 模型作为一个统一的模型框架被提出，尝试将各种自然语言处理任务都转换成文本到文本任务，即输入为文本、输出也为文本的任务，从而适用于一系列自然语言处理的下游任务。

表 4-7　ELECTRA 采用大体积模型在 GLUE dev 数据集上的性能对比[25]

模　型	训练计算量	参　数	CoLA	SST	MRPC	STS	QQP	MNLI	QNLI	RTE	Avg.
BERT	1.9e20(0.27x)	335M	60.6	93.2	88.0	90.0	91.3	86.6	92.3	70.4	84.0
RoBERTa-100K	6.4e20(0.90x)	356M	66.1	95.6	**91.4**	92.2	92.0	89.3	94.0	82.7	87.9
RoBERTa-500K	3.2e21(4.5x)	356M	68.0	96.4	90.9	92.1	92.2	90.2	94.7	86.6	88.9
XLNet	3.9e21(5.4x)	360M	69.0	**97.0**	90.8	92.2	92.3	90.8	94.9	85.9	89.1
BERT(ours)	7.1e20(1x)	335M	67.0	95.9	89.1	91.2	91.5	89.6	93.5	79.5	87.2
ELECTRA-400K	7.1e20(1x)	335M	**69.3**	96.0	90.6	92.1	**92.4**	90.5	94.5	86.8	89.0
ELECTRA-1.75M	3.1e21(4.4x)	335M	69.1	96.9	90.8	**92.6**	**92.4**	**90.9**	**95.0**	**88.0**	**89.5**

实验表明,无论是简单的文本分类任务,或者是阅读理解、摘要生成等这类复杂任务,T5 都能统一归结为文本生成任务解决,并在多个任务上取得 SOTA 的效果。T5 模型的诞生改变了人们对自然语言生成任务的思维模式和研究模式[30]。

1. T5 模型结构

T5 模型是一种典型的编码器-解码器架构,其结构与上文提到的 Transformer 结构基本一致,这里不再赘述。具体而言,T5 模型的编码器和解码器均由 12 个小模块堆叠而成,每个模块中的前馈神经网络包括两个输出维度为 $d_{ff} = 3072$ 的全连接层和一个 ReLU 非线性层。多头注意力机制中设置 $h=12$,Key 矩阵和 Value 矩阵的维度均为 $d_{kv} = 64$,其余子层的向量维度 $d_{model} = 768$。

基于 Transformer 原生的序列到序列(Seq2Seq)设定,T5 将预训练模型相关的预训练、微调和预测各阶段统一整合到文本任务中。

T5 模型本质上是对 Transformer 结构的复用,二者的主要区别在于:Transformer 模型的位置向量使用的是绝对位置编码,即在输入时只考虑每个词元的绝对位置信息,将单词向量与绝对位置向量对应相加。而 T5 模型的位置向量使用的是相对位置编码,它根据 Self-Attention 中所比较的键和查询之间的偏移量计算不同的位置向量。相比之下,T5 的相对位置编码信息使得模型对位置信息更加敏感,同时形式上更加灵活,能够处理非固定长度的输入。

2. T5 模型训练

(1) 训练数据集。

除了位置编码信息不同外,T5 与 Transformer 模型的另一区别在于:T5 的预训练过程使用了一个全新的数据集 C4(Colossal Clean Crawled Corpus)。

高质量、多样化而且规模足够大的数据集,是准确评估预训练模型性能的保障。然而,现有的预训练数据集尚未能满足以上要求。例如,维基百科网页数据集的文本质量较高、格式统一,但是规模相对而言较小;公开爬取的网页数据集 Common Crawl 数据规模较大(约 PB 级规模的数据)、多样化程度高,但是文本质量较低(包含原始网页数据、元数据提取和文本提取等)。

基于此,Raffel 等[29]对 Common Crawl 数据集进行细致的清洗和过滤:去掉一些重复的、低质量的文本,例如,删除包含"Javascript"的句子,只保留带有标点结尾的句子等;使用 langdetect 工具只保留英文文本,最后得到大小为 750GB 的 C4 数据集,数据规模比维基百科的数据集大两个数量级。

(2) 预训练过程。

受到 BERT 的掩码语言模型的启发,T5 模型在预训练阶段仍旧随机掩盖 15% 的单词,让模型学习其上下文的内容特征,以文本生成的形式依次预测被掩盖的词元。

如图 4-24 所示,对于原始文本(Original Text),T5 模型首先随机掩盖掉某个区间(Span)的词,并用特殊的标识符(如<X>,<Y>,<Z>等)替换被掩盖区间作为模型的输入。

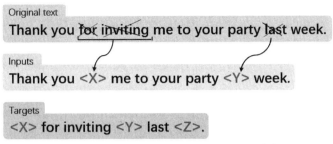

图 4-24　T5 预训练阶段的训练数据构造[29]

在掩码任务中，T5 模型和 BERT 模型的区别之处在于：BERT 对于在原句中被掩盖的词汇，80％情况下采用特殊符号［MASK］替换，10％情况下采用任意词替换，剩余 10％情况下保持原词汇不变。而 T5 的预训练标签（Targets）是通过＜X＞，＜Y＞，＜Z＞等带有顺序信息的特殊字符进行掩盖，主要原因在于 T5 模型采用的 Text-to-Text 框架，需要通过带有顺序信息的标识符进行标记，从而能够将输入中被掩盖的区间（Span）和相应的预训练标签（Targets）进行对齐。

（3）微调过程。

为了将各种不同的下游任务统一建模到 Text-to-Text 框架内，T5 模型在微调阶段针对不同自然语言处理任务设计了不同的任务前缀，在每个输入样本前加上对应任务的前缀表示目标任务，如图 4-25 所示。

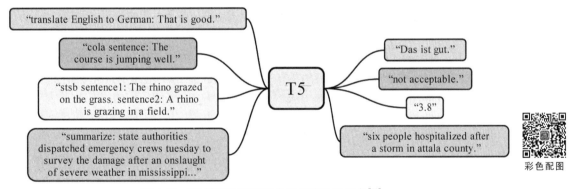

彩色配图

图 4-25　T5 模型处理不同自然语言处理任务[29]

例如，机器翻译任务的前缀为"translate English to German"，表示从英语翻译到德语的目标任务。因此，对于英语句子"That is good"，T5 模型完整的输入表示为"translate English to German：That is good."；预测目标是对应的德语文本"Das ist gut."，如图 4-25 第一句所示。

语言可接受性判定（Corpus of Linguistic Acceptability，CoLA）的前缀为"cola sentence"，表示判断输入句子是否是合理的二分类任务。对于句子"The course is jumping well."，T5 模型完整的输入表示为"cola sentence：The course is jumping well."；预测目标是"not acceptable"或者"acceptable"，如图 4-25 第二句所示。

文本相似度任务(Semantic Textual Similarity Benchmark,STS-B)的前缀为"stsb",表示对输入的两个句子进行文本相似度预测,输出的预测结果是一个连续值。通过"stsb sentence1:xxx. sentence2:xxx."构造 T5 模型的输入,输出两个文本的相似度数值为"3.8",如图 4-25 第三句所示。

此外,文本摘要类任务,可在句子前加入前缀"summarize",目标是得到输入句子的生成摘要;情感分类任务,可在句子前加入前缀"sentiment",目标是输出情感类别"positive"或者"negative"。

在预测阶段,T5 模型只需按照同样的"任务前缀:xxx"格式构造输入,通过模型预测得到一串文本输出,从而适用于文本分类、机器翻译、文本摘要等下游任务。

实验表明,T5 模型及其变体在一系列自然语言处理任务中取得比先前大多 SOTA 模型更好的效果。此外,T5 模型在 SuperGLUE 自然语言理解的基准测试中获得了接近人类水平的分数。T5 模型采用不同的参数规模对任务性能具有一定的影响。其中,T5-Small、T5-Base、T5-Large、T5-3B、T5-11B 分别表示 6000 万、2.2 亿、7.7 亿、30 亿、110 亿参数的模型配置。实验发现,提高模型规模和增加训练时间能够提高模型的性能。关于 T5 模型的性能,有文献提出了大量的实验细节,感兴趣的读者自行阅读参考[29]。

3. T5 模型优缺点

T5 模型的提出为自然语言处理领域的预训练模型提供了一个通用的 Text-to-Text 框架。T5 模型最大的启发在于:

(1)在迁移学习主流模式下,为自然语言处理领域的各种训练技术提供一个较为全面的分析视角。T5 模型通过统一任务定义的方式,将不同形式化的自然语言处理任务整合到通用的框架内,从而实现不同任务的通用表示。

(2)T5 模型对 Common Crawl 数据集进行细致的清洗和过滤,提升了预训练阶段使用的数据集的质量,验证了实验数据集的质量和模型的参数规模对模型的性能有显著影响。

正如文献中提到[29],T5 不是一个新的方法,本质上是对 Transformer 编码器和解码器架构的复用。T5 的提出主要是通过多种对比实验获得一套建议参数,最后得到一个性能强大的基线模型,因此 T5 模型在结构上并未进行创新。

其次,T5 之所以性能强大,主要原因在于其庞大的参数量和数据集,以及有效的调参、数据集过滤等策略,因此,T5 对算力和参数的要求使其很难应用在线上(Online)任务或者资源有限的设备。最后,T5 模型虽适用于多种自然语言处理任务,但在一些下游任务中性能提升有限,例如机器翻译。

4.4   本章小结

本章节主要介绍情感分析中常用的机器学习模型、浅层深度学习模型和深层预训练学习模型。机器学习模型包括朴素贝叶斯法、K-最近邻法、决策树法、支持向量机法以及逻辑回归法。关于各种模型在情感分类任务中的性能分析已有大量的研究工作,研究发现支持向量机一般能够取得相对较好而且比较稳定的情感分类效果。

在浅层深度学习模型小节中,主要讲解了经典的 CNN 模型和 LSTM 模型。其中,CNN 模型通过使用卷积替代多层感知器模型中的全连接操作,具有局部连接和权重共享性质,能够解决多层感知器模型中训练参数过大以及局部不变特征提取的问题。LSTM 模型作为 RNN 模型的变体,通过门控机制来控制信息的积累速度,有选择地加入新的信息、并有选择地遗忘之前积累的信息;能够改善循环神经网络中由迭代性引起的长期依赖和梯度爆炸问题。除了 CNN 和 LSTM 模型之外,浅层深度学习模型还包括 RNN 模型、基于 Self-attention 的模型等,感兴趣的读者可以自行阅读相关文献。

深层预训练学习模型主要讲解了 2017 年至今相继提出的 Transformer 模型、BERT 模型、Multi-BERT 模型、ELECTRA 模型和 T5 模型。这些模型自提出以后彻底改变了自然语言处理领域,给自然语言处理任务带来了里程碑式的性能提升。本章节详细讲解了这些深度学习预训练模型的模型结构、训练方式、应用性能,并分析了其优缺点。

4.5　参考文献

[1]　Cooper G F，Herskovits E. A Bayesian Method for the Induction of Probabilistic Networks from data[J]. Machine Learning，1992，9：309-347.

[2]　Yang Y，Liu X. A Re-examination of Text Categorization Methods[C]. In The 22nd Annual International ACM SIGIR Conference on Research and Development in the Information Retrieval，New York：ACM Press，1999：42-49.

[3]　Lewis D D，Ringuette M. Comparison of Two Learning Algorithms for Text Categorization[C]. In Proceedings of the Third Annual Symposium on Document Analysis and Information Retrieval (SDAIR'94)，New York：the Association for Computing Machinery (ACM) Press，1994：81-93.

[4]　Shannon C E. A Mathematical Theory of Communication[J]. Bell System Technical Journal，1948，27(3)：3-55.

[5]　Vapnik V. Statistical Learning Theory[M]. New York：Wiley，1998.

[6]　Kleinbaum D G，Dietz K，Gail M，et al. Logistic Regression[M]. New York：Springer-Verlag，2002.

[7]　LeCun Y，Bottou L，Bengio Y，et al. Gradient-based Learning Applied to Document Recognition [J]. Proceedings of the IEEE，1998，86(11)：2278-2324.

[8]　Elman J L. Finding Structure in Time[J]. Cognitive Science，1990，14(2)：179-211.

[9]　Gehring J，Auli M，Grangier D，et al. Convolutional Sequence to Sequence Learning[C]. International Conference on Machine Learning. United States：PMLR，2017：1243-1252.

[10]　Wang H，He J，Zhang X，et al. A Short Text Classification Method based on N-gram and CNN [J]. Chinese Journal of Electronics，2020，29(2)：248-254.

[11]　王海坤,潘嘉,刘聪. 语音识别技术的研究进展与展望[J]. 电信科学,2018,34(2)：1-11.

[12]　Hochreiter S，Schmidhuber J. Long Short-term Memory[J]. Neural Computation，1997，9(8)：1735-1780.

[13]　Wu Y，Schuster M，Chen Z，et al. Google's Neural Machine Translation System：Bridging the Gap between Human and Machine Translation[J]. arXiv preprint arXiv:1609.08144，2016.

[14]　Tai K S，Socher R，Manning C D. Improved Semantic Representations from Tree-structured Long

Short-term Memory Networks[J]. arXiv preprint arXiv:1503.00075，2015.

[15] Vaswani A , Shazeer N , Parmar N , et al. Attention Is All You Need[J].arXiv，2017.

[16] Devlin J，Chang M W，Lee K，et al. BERT：Pre-training of Deep Bidirectional Transformers for Language Understanding[C]. In Proc. of the 2019 Conf. of the North American Chapter of the Association for Computational Linguistics：Human Language Technologies，Volume 1（Long and Short Papers）. Stroudsburg，PA：The Association for Computational Linguistics，2019：4171-4186.

[17] Peters M，Neumann M，Lyyer M，et al. Deep Contextualized Word Representations［C］. Proceedings of the 2018 Conference of the North American Chapter of the Association for Computational Linguistics：Human Language Technoloaies，Volume 1（Long Papers）. Stroudsburg，PA：The Association for Computational Linguistics，2018：2227-2237.

[18] Radford A，Narasimhan K. Improving Language Understanding by Generative Pre-Training［J/OL］. https://s3-us-west-2. amazonaws. com/openai-assets/research-covers/language-unsupervised/language_ understanding_paper.pdf.

[19] Pires J P，Schlinger E，Garrette D. How Multilingual is Multilingual BERT？［J］. arXiv preprint arXiv:1906.01502，2019.

[20] Tsung-Yuan Hsu，Chi-Liang Liu，Hung-yi Lee. Zero-shot Reading Comprehension by Cross-lingual Transfer Learning with Multi-lingual Language Representation Model［C］. In EMNLP，Stroudsburg，PA：The Association for Computational Linguistics，2019.

[21] Shijie Wu，Mark Dredze. Beto，Bentz，Becas：The Surprising Cross-Lingual Effectiveness of BERT[J]. 2019.

[22] Siddhant A，Hu J，Johnson M，et al. XTREME：A Massively Multilingual Multi-task Benchmark for Evaluating Cross-lingual Generalization[J]. arXiv:2003.11080，2020.

[23] Wu S，Dredze M. Are All Languages Created Equal in Multilingual BERT？［C］. In Proceedings of the 5th Workshop on Representation Learning for NLP. Stroudsburg，PA：The Association for Computational Linguistics，2020：120-130.

[24] Lu J，Zhang J. Quality Estimation Based on Multilingual Pre-trained Language Model[J]. J. Xiamen Univ. Nat. Sci，2020，59(2)：151-158.

[25] Clark K，Luong M T，Le Q V，et al. Electra：Pre-training Text Encoders as Discriminators Rather than Generators[J]. arXiv preprint arXiv:2003.10555，2020.

[26] Saurabh Tiwary，Lidong Zhou. Microsoft Turing Universal Language Representation model，T-ULRv5，tops XTREME leaderboard and trains 100x faster［J/OL］.https://www.microsoft.com/ en-us/research/blog/microsoft-turing-universal-language-representation-model-t-ulrv5-tops-xtreme-leaderboard-and-trains-100x-faster/? OCID＝msr_blog_turing_hero.

[27] Salimans T，Goodfellow I，Zaremba W，et al. Improved Techniques for Training GANs[J]. Advances in Neural Information Processing Systems，2016，29：2234-2242.

[28] Yang Z，Dai Z，Yang Y，et al. XLNet：Generalized Autoregressive Pretraining for Language Understanding[J]. arXiv:1906.08237，2019.

[29] Raffel，Colin，et al. Exploring the Limits of Transfer Learning with a Unified Text-to-text Transformer[J]. arXiv preprint arXiv:1910.10683，2019.

[30] Xu J，Sun Y，Liming Z. An Automatic Generation Model of Multiple-Choice Questions Based on T5[J]. Journal of Qujing Normal University，2021，40(6)：36.

第 5 章

情感分析的应用

5.1 情感分析在股票预测中的应用

本节代码

股票价格波动的本质是对新信息的反应,在传统基于股市数值分析的基础上,研究新闻对股票市场的影响,有助于提高股票走势预测的准确率。本章节提出一种基于 CNN-BiLSTM 多特征融合的股票走势预测模型。该模型通过引入卷积神经网络和双向长短时记忆模型挖掘财经新闻中的新闻事件类型和新闻情感倾向,深度融合股市财务数据、新闻事件特征以及新闻情感特征,实现对股票走向的预测。

分别选取家用电器行业和通信行业的两支股票作为实验对象,验证所提模型对不同行业个股走势预测的可行性。实验结果表明,引入新闻事件和情感特征后,模型的预测准确率有提升,家用电器行业准确率提高了 11%,通信行业准确率提高了 22%。表明通过引入新闻事件类型和情感倾向能够提高股票走势预测的性能,此外,还评估了影响股票走势的因素,根据重要性对影响股票走势预测的特征进行了排序。

5.1.1 股票走势预测研究背景

股票走势预测是根据与股票相关的数据对股票价格的波动进行预判。现有研究表明,股票价格的走势并不遵循随机游走,在一定程度上可以被预测[1]。传统的量化投资属于早期的股票预测方法,通过结构化的、线性的历史交易数据对股票走势进行预测,主要采用线性回归、参数估计方法[2]。然而,股票价格的走势除了与历史交易数据相关,还容易受到非线性因素的影响,例如政策因素、投资心理以及突发事件等。如何统筹考虑线性的历史交易数据以及非线性的因素对股票价格的影响,进一步提高股票预测的准确率是近年来的研究热点。

随着信息技术的发展,媒体新闻信息作为反映与股票走势非线性因素相关的重要信号,被用于提高股票走势预测的准确率。大量研究表明,媒体新闻信息会对股票价格产生影响[3]。现有研究将媒体新闻信息中的情感极性(正面或者负面)作为反映市场状态的指标[4-6]。例如,Bollen 等人利用道琼斯指数分析 Twitter 的用户情感来进行股价预测[7]。现有研究证实了新闻媒体所蕴含的情绪信号对于股票市场价格有一定的预测能力,然而仍存在一些问题亟待解决。此外,新闻文本信息属于非结构化的数据,具备非线性、非平稳的特征,使得传统的量化投资分析方法并不适用。

股票走势预测是一个经典的基于时序数据的预测问题,近年来由于深度学习在文本处理方面的突出表现,越来越多学者尝试将深度学习用于解决基于时序数据的股票预测问题。循环神经网络(Recurrent Neural Network, RNN)将时间概念融入网络结构中,天然地适用于处理时序数据。然而当输入的时序数据的序列太长时,RNN 会面临梯度消失问题。为了解决这一问题,长短时记忆模型(Long Short-Term Memory, LSTM)作为 RNN 的改进版本被提出。研究表明,LSTM 在处理基于时序数据的股票预测问题时性能优于 RNN 和传统的机器学习算法,例如随机森林(Random Forest)、支持向量机(Support Vector Machine, SVM)等[8-10]。大多现有基于深度学习的股票预测问题采用 LSTM 或者改进的 LSTM,例如 PSO-LSTM[9]、Stacked LSTM[10]、Time-Weighted LSTM[11]等,用于搭建股票预测模型。

现有基于 LSTM 的股票预测模型主要通过分析文本信息的情感极性特征,将媒体新闻的情感极性与历史交易数据作为股票预测算法的输入,需要考虑以下 3 个方面的问题。

(1)首先,财经新闻中的情感极性并不明显,大多是对客观事件的总结和报道,使得财经新闻的情感极性分析准确率并不高,影响股票走势的预测准确率[12]。

(2)其次,如何将非结构化的文本信息特征与结构化的股票交易数据融合在一起。现有大多数研究将新闻文本的情感值与高维度的历史交易数据、公司财务数据直接拼接在一起,作为股票预测的输入[12-14]。这种方法很容易将情感信息淹没在高维度的结构化信息中。添加了情感维度的股票预测准确率甚至低于不添加情感维度的股票预测方法[15]。

(3)最后,新闻文本的情感极性并不总是与股票走势的涨跌正相关。例如,新闻"中兴通讯高层大变动,少壮派受重用"的情感属性为正面,但并没有对中兴股票的上涨有积极影响。新闻文本情感极性可能与股票的涨跌负相关。与情感极性相比,新闻事件本身更能够代表媒体新闻对股票走势的影响。

为了解决上述 3 个问题,本节提出一种基于 CNN-BiLSTM 多特征融合的股票走势预测模型,通过融入新闻事件类型和情感极性提高股票走势预测的准确率。CNN 在新闻文本的事件特征提取上的性能更为突出[16],而双向 Bi-LSTM 采用两个 LSTM 网络获取文本前向和后向的语境信息,更适合用于处理考虑上下文语境的情感极性判别,在情感分析上较单个 LSTM 能提升 3%的性能[17]。因此,所提模型一方面采用从新闻报道中提取出的客观财经事件,例如中标事件、上市事件、停牌事件等。另一方面,采用 Bi-LSTM 对新闻报道的情感极性进行分析,计算新闻文本的情感分值。股票新闻特征包括新闻的事件类型和情感分值,与股票的财务数值特征一起作为 LSTM 网络的输入,利用历史的股票信息预测股票未来的涨跌情况。此外,所提模型通过对比实验研究影响股票走势预测模型的特征重要性。

5.1.2　相关研究工作

现有对股票走势的预测研究可以分为两类:一类是基于数值分析;另一类是融合数值和文本信息的股票预测模型。

早期量化投资分析属于传统的数值分析方法,主要基于历史交易数据、公司财务数据和宏观数据对股票走势进行预测[18]。Chen 等验证个股的历史股票数据用来预测个股的未来走势[19]。这些方法主要根据历史交易数据发现并描述数据随时间变化的规律。为了挖掘大量数值信息的规律,传统的机器学习算法,例如 SVM、人工神经网络(Artificial Neural Networks,ANN)、朴素贝叶斯、随机森林等,被用于对大量的历史股票数据分析[20]。张玉川等利用 SVM 对个股涨跌进行预测,通过实证分析验证 SVM 对个股涨跌分类的有效性[21]。Karen 等对比 ANN 和 SVM 在股票走势预测上的性能,发现 ANN 在预测准确率上优于 SVM,前馈 ANN 由于能够同时预测股票走势的涨跌以及股票价格而被广泛采用[22]。然而,由于股票价格本质上是随机变量的噪声观测值,只采用历史交易数据进行分析具有一定局限,无法进一步提升预测效果。行为经济学理论指出,投资者面对复杂和不确定的决策问题时,很容易受到个人和社会环境情感状态的影响[23]。股票价格变化的根源是对新信息的反应,媒体新闻文章作为外生变量的信息,对短期价格预测有帮助[24]。

另一类融合股票数值信息和新闻信息的股票预测模型应运而生。Vanstone 等研究新闻及新闻的情感极性是否会对股票价格的预测起作用[24]。研究表明通过统计与股票相关的新闻文本数量以及 Twitter 条数,并将其作为股票价格预测的输入可以进一步提高预测准确率。Chen 等利用带有门循环单元的 RNN 模型研究新浪微博上的财经新闻的情感极性,并融合股价数值特征一起预测股票走势[25]。Manuel R.等利用 CNN 和 RNN 研究融合新闻标题和技术指标的股票走势模型,证明新闻标题比新闻内容更有利于提高预测准确率[26]。岑咏华等考察新闻网站、股吧、博客等媒介信息所蕴含的情感信号对股票市场的影响效应,发现投资者对于积极情感的反应更及时、更强烈[27]。

这些现有的融合股票数值信息和新闻信息的股票预测方法主要考虑提取新闻的情感极性作为股票数值信息的补充。然而,新闻是对客观事实的描述,情感极性大多比较隐晦,使得情感特征对于预测准确率的提升并不明显。考虑到这一局限,现有研究[24-26]大多采用情感表达较为明显的 Twitter、微博文本作为新闻信息的来源。Zhao 等提出使用隐含狄利克雷分布主题模型提取出微博文本的关键词,再基于关键词分析微博文本的情感特征作为股票预测的输入[28]。区别于现有工作,考虑到新闻事件比新闻情感更能代表新闻媒体信息对股票走势的影响,本节采用融合新闻事件和情感特征的多特征融合方法,对股票的数值特征进行补充,进一步提升股票预测的准确率。

5.1.3 基于新闻事件和情感特征的股票预测模型

股票走势预测是一个二分类问题,当涨跌幅高于阈值时,判为上涨样本;反之则为下跌样本。设采样间隔为 a 天,根据过去 $t-a$ 至 $t-1$ 天的数据,预测第 t 天的股票涨跌。

所提模型的架构如图 5-1 所示。基本思路是:

(1) 分别爬取股票相关的财务数据和新闻标题数据,对财务数据和新闻标题数据进行预处理,得到股票数据库和新闻数据库。

(2) 划分个股新闻事件,对新闻进行事件类型标注,利用 CNN 训练标注数据得到新闻事件分类器。

(3) 对新闻文本进行情感标注,利用 Bi-LSTM 建立新闻情感分类器。

(4) 将(2)和(3)训练得到的股票新闻特征和股票数值特征作为 LSTM 网络的输入,

比较不同特征的融合方式,并预测股票走势的涨跌。

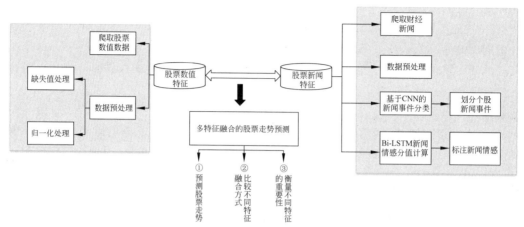

图 5-1   融合新闻事件和情感特征的股票走势预测流程图

1. 股票财务数值特征提取

相关研究表明公司的市盈率、市净率、主力资金净流入等指标跟个股的走势相关[19,29-30]。因此,股票财务数值特征选取公司的财务数据(如市盈率、市净率),公司的资金流向数据(如主力资金净流入、换手率)和股票数据(如开盘价、收盘价)。考虑到大盘指数和板块指数对股票走势的影响,也选取了个股的大盘指数和板块指数作为股票财务数值指标。

对财务数值数据首先进行数据缺失值处理:如果某一天的数据缺少某个指标(停牌等原因),则将该天的数据去掉。此外,考虑到不同财务数值指标的性质不同,数量级也不同,直接使用指标的原始数值可能导致数值较高的指标在训练中有更为主导的作用,削弱数值较低的指标的影响,因此对财务数值数据进行 z-score[31] 标准化处理,保证不同指标数据之间的可比性。

设 $\boldsymbol{D}_j = (d_{1j}, d_{2j}, \cdots, d_{ij}, \cdots, d_{nj})$ 表示第 j 个财务指标在 T_n 天内的数值组成的向量,d_{ij} 表示第 j 个财务指标在第 i 天的数值,将 $\boldsymbol{D}_j$ 中的每一个数值进行 z-score 标准化处理为

$$d_{ij} = \frac{d_{ij} - \mu_j}{\sigma_j} \tag{5-1}$$

其中,μ_j 和 σ_j 表示财务指标 $\boldsymbol{D}_j$ 中所有数值的均值和标准差。表 5-1 描述了由 p 个股票指标在 T_n 天内构成的财务特征矩阵,D_1 到 D_p 表示 p 个财务特征。

表 5-1   股票财务特征矩阵

	$\boldsymbol{D}_1$	$\boldsymbol{D}_2$	$\cdots$	$\boldsymbol{D}_j$	$\cdots$	$\boldsymbol{D}_p$
$\boldsymbol{T}_1$	d_{11}	d_{12}	$\cdots$	d_{1j}	$\cdots$	d_{1p}
$\cdots$	$\cdots$	$\cdots$	$\cdots$	$\cdots$	$\cdots$	$\cdots$

续表

	D_1	D_2	⋯	D_j	⋯	D_p
T_i	d_{i1}	d_{i2}	⋯	d_{ij}	⋯	d_{ip}
⋯	⋯	⋯	⋯	⋯	⋯	⋯
T_n	d_{n1}	d_{n2}	⋯	d_{nj}	⋯	d_{np}

2. 基于 CNN 模型的新闻事件分类及特征提取

新闻事件特征提取从新闻标题中提取出客观的金融事件。首先对新闻标题进行数据预处理：利用结巴分词器进行分词和去停用词，同时引入自定义的停用词和金融词典提高分词准确率。自定义金融词典包括常见金融词汇、A 股上市公司代码及简称、A 股上市公司实际控制人及高管姓名等。

根据客观事件划分金融新闻事件。参考国泰安（CSMAR）经济数据库中新闻词条的关键字字段作为事件划分的分类依据，一共划分了 82 个新闻事件类型。表 5-2 列举了部分新闻事件。

表 5-2　部分新闻事件类型

事 件 类 别	事 件 名 称
交易类	停牌 复牌 资金流入 资金流出 大宗交易 股价倒挂 创新高
股权类	挂牌 借壳 举牌 收购并购 资产重组 资产冻结 股权转让
投融资类	投资 投建 中标 发行债券 发行股票 可转债 募资 质押 分红
公司事务类	注册资本变更 快速发展 战略合作 拓展业务 高管减持或离职
外部事件类	登上龙虎榜 交易所处罚 评级利好 评级下调 政策利好

基于 CNN 搭建新闻事件分类器。新闻事件分类器的训练过程与基于 CNN 的文本分类过程类似，详细过程可参考笔者前期研究工作[32]，其主要思路是：根据划分的 82 个新闻事件对股票新闻进行标注，训练 CNN 模型，模型包括输入层、卷积层、池化层和全连接层操作，每一层的输出是下一层的输入。首先采用 Word2vec 训练新闻标题，将得到的词向量矩阵作为卷积层的输入，卷积层利用滤波器对新闻标题的词向量矩阵进行卷积操作，产生特征图。池化层对特征图进行采样，抽取每个特征图中最重要的特征传入全连接层。最后，全连接层通过 softmax 函数获得新闻标题最终分类结果，输出新闻标题的事件类型。

通过 CNN 新闻分类器对特定股票每天的新闻进行统计。每条新闻输入到新闻分类器后将输出一个事件类型，再统计每天各个事件出现的频率，得到表 5-3 所示的新闻事件特征矩阵。S_1 到 S_q 表示 q 个新闻事件，这里 $q=82$，s_{ij} 表示在日期 T_i 出现事件特征 S_j 的频次。

表 5-3　新闻事件特征矩阵

	S_1	S_2	$\cdots$	S_j	$\cdots$	S_q
T_1	s_{11}	s_{12}	$\cdots$	s_{1j}	$\cdots$	s_{1q}
$\cdots$	$\cdots$	$\cdots$	$\cdots$	$\cdots$	$\cdots$	$\cdots$
T_i	s_{i1}	s_{i2}	$\cdots$	s_{ij}	$\cdots$	s_{iq}
$\cdots$	$\cdots$	$\cdots$	$\cdots$	$\cdots$	$\cdots$	$\cdots$
T_n	s_{n1}	s_{n2}	$\cdots$	s_{nj}	$\cdots$	s_{nq}

3. 新闻文本情感特征提取

新闻事件是对客观事件的描述,而新闻文本的情感表征新闻事件的情感极性,例如消极或者积极。新闻文本的情感极性判断需要考虑上下文的语境信息,Bi-LSTM 采用 2 个 LSTM 网络进行训练,一个训练序列从文本前面开始,一个训练序列从文本后面开始,这两个训练序列连接到同一个输出层。Bi-LSTM 能够整合每个点的过去和未来信息,相比于单个 LSTM 在文本情感极性判断上更有优势。图 5-2 为利用 Bi-LSTM 计算新闻标题情感分值的过程。

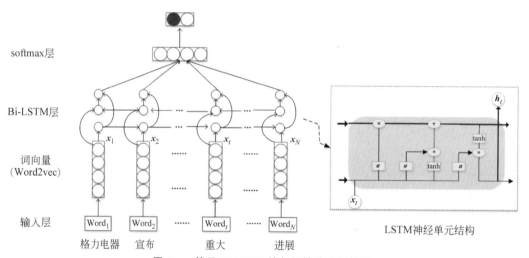

图 5-2　基于 Bi-LSTM 的新闻情感分析模型

对数据预处理后的每一条新闻标题 d,最长裁剪 N 个词语,并设置 LSTM 的处理步长为 N。对于长度不足 N 的新闻标题,进行左置零补齐。针对每一个采样时刻($t \leqslant N$),将词语 w_t 通过 Word2vec 训练得到的词向量 x_t 输入到一个包含 L 个神经元的 LSTM 神经网络层。该神经网络层输出一个维度为 L 的隐含状态向量 h_t。每一个神经元设置三种门限结构,即遗忘门、输入门和输出门,基于过去的隐含状态向量 h_{t-1} 和当前输入 x_t,决定需要遗忘哪些信息、输入哪些新的信息以及对哪些新的记忆信息编码输出得到 h_t。具体地,在时刻 t,LSTM 层的计算如公式(5-2)～公式(5-6)所示[33]。

$$f_t = \sigma(W_f \cdot [h_{t-1}, x_t] + b_f) \tag{5-2}$$

$$i_t = \sigma(W_i \cdot [\boldsymbol{h}_{t-1}, \boldsymbol{x}_t] + \boldsymbol{b}_i) \tag{5-3}$$

$$\boldsymbol{C}_t = f_t \Theta \boldsymbol{C}_{t-1} + i_t \Theta \tanh(W_c \cdot [\boldsymbol{h}_{t-1}, \boldsymbol{x}_t] + \boldsymbol{b}_i) \tag{5-4}$$

$$o_t = \sigma(\boldsymbol{W}_o \cdot [\boldsymbol{h}_{t-1}, \boldsymbol{x}_t] + \boldsymbol{b}_o) \tag{5-5}$$

$$\boldsymbol{h}_t = o_t \Theta \tanh(\boldsymbol{C}_t) \tag{5-6}$$

首先,遗忘门基于 sigmoid 函数 σ 判断过去的记忆对于当前的记忆状态,有多大意义值得保留,通过公式(5-2)计算生成系数 f_t。接着,输入门判断当前的词输入向量 $\boldsymbol{x}_t$ 在多大意义上值得保留,根据公式(5-3)生成系数 i_t。然后,神经元根据公式(5-4)更新生成当前时刻的状态 $\boldsymbol{C}_t$。最后,输出门基于 $\boldsymbol{C}_t$ 判断新的记忆在多大意义上值得输出,输出的隐含状态 $\boldsymbol{h}_t$ 由公式(5-6)表示。公式(5-2)~(5-6)中,$\boldsymbol{W}_*$ 和 $\boldsymbol{b}_*$ 分别表示权重矩阵和偏置向量,Θ 为乘操作。

经过上述计算,得到新闻标题 d 在 $t=N$ 时刻上的隐含状态编码 h_N,基于 h_N 通过 softmax 函数得到 d 在不同情感类别 $\{1,-1\}$,即 $\{$正向,负向$\}$ 上的概率分布向量为

$$\boldsymbol{y}_d = \mathrm{Softmax}(\boldsymbol{W}_o \cdot \boldsymbol{h}_N + \boldsymbol{b}_o) \tag{5-7}$$

基于 $\boldsymbol{y}_d$,计算新闻标题 d 的情感倾向(Sentiment Orientation)为

$$so_d = (1, -1) \cdot \boldsymbol{y}_d \tag{5-8}$$

其中,$so_d \in [-1, 1]$,当 $so_d > 0$,情感倾向为积极(正向),否则情感倾向为消极(负向)。

设在日期 T_i 一共有 m_i 条新闻,每条新闻的情感极性用 so_j 来表示,$j = 1, 2, \cdots, m_i$, $so_j \in [-1, 1]$。则在 T_i 当天的新闻情感总分值计算为

$$S_i = \frac{1}{m_i} \sum_{j=1}^{m_i} so_j \tag{5-9}$$

将新闻情感向量 $\boldsymbol{S} = [S_1, S_2, \cdots, S_i, \cdots, S_n]^{\mathrm{T}}$ 作为一列特征添加到表 5-3 所示的新闻事件特征矩阵中,得到股票新闻特征矩阵。

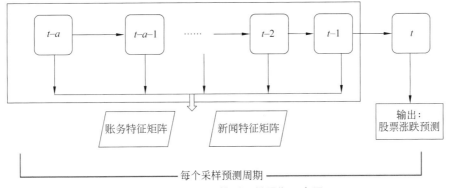

图 5-3　股票预测模型采样周期示意图

4. 股票走势预测

股票预测将财务特征矩阵、股票新闻特征矩阵按照日期合并,作为股票走势预测模型的输入。股票走势预测作为前向时序建模预测,不用考虑后向序列的影响,因此采用 LSTM 而非 Bi-LSTM 作为股票涨跌预测。

将财务特征矩阵、新闻特征矩阵直接拼接在一起作为 LSTM 模型的输入可能会导致梯度消失问题[12]，因此本节采用 2 个 LSTM 神经元，将财务特征矩阵和新闻特征矩阵分别输入到两个 LSTM 中，再将结果进行向量合并，输入到全连接神经网络中，最后输出涨跌结果。当采样间隔为 a 天，将根据过去 $t-a$ 至 $t-1$ 天的数据，预测第 t 天的股票涨跌，如图 5-3 所示。

5.1.4　实验分析

1. 实验数据集

为了评估所提模型对不同行业和板块的适用性，实验分别选取家用电器行业和通信行业的两支股票：格力电器(000651.SZ)和中兴通讯(000063.SZ)作为实验对象。家用电器行业属于周期性行业，受到国内或国际经济周期性波动的影响较大。与此相反，通信行业属于防御性行业，受到经济周期性衰退和繁荣的影响较小，在股价表现上较为稳定。

实验一共选取了 12 个股票指标构成财务特征矩阵，分别是：开盘价、最低价、最高价、收盘价、主力资金净流入量、换手率、涨跌、涨跌幅、市盈率、市净率、深证 A 指以及板块指数。

财务数值数据主要来源于 Wind 金融数据库。Wind 是国内以金融证券数据为核心的大型金融工程和财经数据仓库，以科学的核查手段和先进的管理方法确保数据的准确性在 99.95% 以上。在 Wind 数据库中抓取 2010—02—02 到 2020—02—28 十年间，格力电器共 18 766 条新闻数据，29 352 条财务数据；中兴通讯共 18 796 条新闻数据，29 364 条财务数据。新闻事件分类器的标注数据来源为国泰安经济金融数据库中的新闻，一共对 27 800 条新闻数据进行事件标注，用于事件分类器模型的训练。

2. 新闻事件和情感分类器实验结果

(1) 参数设置和模型输入。

新闻事件分类器和情感分析模型的性能受到词向量维度、卷积窗口大小、迭代次数、过滤器数量等因素影响。在实验中通过十折交叉验证评估模型表现，选定最合适的参数组合。在本节数据集上表现最好的参数组合如表 5-4 所示。表中 Null 表示不需要这个参数设置。

表 5-4　模型参数设置

参　　数	CNN	Bi-LSTM
词向量维度	300	300
卷积核个数	96	Null
卷积核大小	3,4,5	Null
Dropout	0.5	0.5

参　　数	CNN	Bi-LSTM
Batch_size	128	128
迭代次数	10	20
标题截取长度	Null	15
单层 LSTM 神经元个数	Null	[256,256]

（2）评价指标。

计算精确率（Precision）、召回率（Recall）以及 $F1$ 值（F1-measure）作为实验评价指标。第 i 类新闻事件分类的精确率、召回率和值分别用 Pre_i、R_i 和 $F1_i$ 表示,计算公式为

$$Pre_i = \frac{TP_i}{(TP_i + FP_i)} \tag{5-10}$$

$$R_i = \frac{TP_i}{(TP_i + FN_i)} \tag{5-11}$$

$$F1_i = \frac{2 \times Pre_i \times R_i}{Pre_i + R_i} \tag{5-12}$$

其中,TP_i 为被正确分类到第 i 类的样本数量,FP_i 为被错误分类到第 i 类的样本数量,FN_i 为原本属于第 i 类,但是被分到其他类别的样本数量。

（3）实验结果。

表 5-5 列举了新闻事件分类的实验结果,为了验证基于 CNN 的新闻事件分类器的性能,将其与 SVM 算法以及基于最大熵（Maximum Entropy,Maxent）算法的新闻事件分类性能做比较。SVM 在传统的机器学习算法中表现优异,而 Maxent 是线性对数模型,具有较好的分类能力。实验将新闻事件数据集 90% 的数据共 25 020 条新闻作为训练集,10% 的数据共 2780 条新闻作为测试集。

表 5-5　新闻事件分类精确率对比

	SVM	Maxent	CNN
训练集	90.78%	72.02%	93%
测试集	85.23%	69.42%	87.7%

基于 CNN 新闻事件分类器在训练集中精确率达 93%,测试集中精确率达 87.7%,优于基于 SVM 算法和基于 Maxent 算法的新闻事件分类精确率。为了分析基于 CNN 的新闻事件分类器对不同新闻事件的分类效果。表 5-6 列举了各类新闻事件的准确率、召回率和 $F1$ 值,由于篇幅关系仅列出部分的事件类型。高召回率和高 $F1$ 值表示新闻事件预测的覆盖率和准确率都比较好。

从表 5-6 可以看出高召回率和高 $F1$ 值的事件类型大多属于公司公告类,公司公告的内容在不同公司之间的差异性不大,公告具有一定的模板性,分类效果较好。分类性能较差的新闻事件大部分是对价格走势的预测,走势好或者走势不好在不同行业、不同公司之

间新闻的内容差别比较大,因此识别起来准确率较低。

表 5-6　新闻事件分类的性能统计表

分类性能较好的新闻事件类型示例				分类性能较差的新闻事件类型示例			
新闻事件	精确率	召回率	F1 值	新闻事件	精确率	召回率	F1 值
登上龙虎榜	1.00	1.00	1.00	业绩下降	0.64	0.58	0.61
停牌	0.98	1.00	0.99	政策利好	0.81	0.65	0.72
工商变更	1.00	1.00	1.00	资本变更	1.00	0.22	0.36
中标	1.00	1.00	1.00	聘请高管	0.50	0.40	0.44
可转债	0.97	0.97	0.97	业绩增长	0.68	0.73	0.71
质押	1.00	1.00	1.00	预计下滑	0.67	0.61	0.64
交易所问询	0.94	1.00	0.97	利差消息	0.42	0.47	0.44
退市	1.00	1.00	1.00	利好消息	0.46	0.65	0.54

表 5-7 为新闻情感分类的实验结果。基于 Bi-LSTM 的新闻情感分类在训练集上的精确率为 99%,在测试集上精确率为 91%;基于 SVM 的新闻情感分类性能次之,在训练集和测试集上的精确率分别为 86.64% 和 81.13%;基于 Maxnet 的新闻情感分类效果最差。利用训练得到的新闻情感分类模型分别对格力电器和中兴通讯的新闻数据集进行情感分类、计算新闻情感分值,生成得到新闻的情感向量矩阵。

表 5-7　新闻情感分类精确率对比

	SVM	Maxent	Bi-LSTM
训练集	86.6%	82.8%	99.0%
测试集	81.1%	76.1%	91.0%

3. 股票走势预测结果

为了验证引入新闻信息后对股票预测模型性能的提高,实验将对比测试以下算法的性能。

(1) 未引入新闻特征的 LSTM:仅利用股票财务特征进行股票走势预测;

(2) 引入新闻事件的 LSTM:利用股票财务特征和如表 5-3 所示的新闻事件特征进行股票走势预测;

(3) 新闻事件/情感融合的 LSTM:利用股票财务特征、新闻事件特征以及情感特征进行股票走势预测。

(4) 新闻事件/情感融合的 GBDT:基于梯度提升决策树(Gradient Boosting Decision Tree,GBDT)模型[34]进行股票预测,输入与上述模型(3)相同,对比 LSTM 和

GBDT 在相同输入条件下的股票预测性能。GBDT 是一种泛化性很强的决策树算法,通过多次迭代训练多个回归树弱分类器,能有效避免过拟合、抵抗噪声。

设涨跌幅阈值为 1%,即:当涨跌幅高于阈值 0.01 时,判定为上涨样本,用数字 1 表示,当涨跌幅低于阈值 0.01 时,判定为下跌样本,用数字 0 表示。模型的采样间隔 $a=14$,输入第 $t-13$ 天至第 $t-1$ 天的数据,输出第 t 天的涨跌结果。不同模型的股票走势预测准确率如表 5-8 所示。

表 5-8　不同模型的股票走势预测准确率对比

股　票	采用财务特征的 LSTM	引入新闻事件的 LSTM	新闻事件/情感融合的 GBDT	新闻事件/情感融合的 LSTM
格力电器	0.6998	0.7545	0.6257	**0.7812**
中兴通讯	0.6467	0.7851	0.6545	**0.8127**

由表 5-8 可知,相对比仅采用财务特征的 LSTM 模型,引入新闻事件的 LSTM 模型以及新闻事件/情感融合的 LSTM 模型在股票预测走势准确率上都有提高,格力电器个股的预测准确率从 0.6998,提高到了 0.7545 和 0.7812,分别提高了 7% 和 11%;中兴通讯个股的预测准确率从 0.6467 提高到了 0.7851 和 0.8127,分别提高了 21% 和 22%。新闻短文本数据所包含的定性信息对股价走势预测有正面影响,其中事件特征相比于情感特征影响更大。进一步印证了金融新闻文本中情感较为隐晦的特点。相较于 GBDT 模型,LSTM 模型在股价走势预测上更具优势,准确率得到一定提升。

同时,观察模型对于行业和模块的适用性,在仅采用财务特征矩阵的 LSTM 模型上,家电行业相对于通信行业表现更好,然而在融合新闻和财务特征的 LSTM 模型上,通信行业相对于家电行业表现更好。因此,所提模型对通信行业的适用性更高一些,也符合防御性行业相对于周期性强的行业股价更为稳定的预期。

为了直观展示所提模型在预测股价走势中的效果,图 5-4 和图 5-5 分别描绘了所提模型对 2019 年格力电器和中兴通讯两支股票的预测结果。图中,实线为实际收盘价,符号为预测收盘价。由于股价预测为二分类问题,输出结果为上涨或者下跌。为了能呈现股票走势预测效果,假设采样间隔为 13 天,若第 14 天预测结果为上涨,则预测收盘价设置为第 13 天实际收盘价与第 13 天和第 14 天的实际收盘价差值之和,反之,设置为第 13 天实际收盘价与第 13 天和第 14 天的实际收盘价差值之差。从图 5-4 和图 5-5 看出,对个股走势的预测结果和实际情况的走势基本一致,说明该模型在预测个股走势方面具有较好的性能。

4. 股票走势的影响因素分析

(1) 影响股票走势的特征重要性分析。

本小节讨论不同特征对股票走势预测模型的影响。GBDT 模型在个股走势预测上的效果次于所提模型,但是其自带的特征排序功能可对输入的特征组合进行重要性打分。

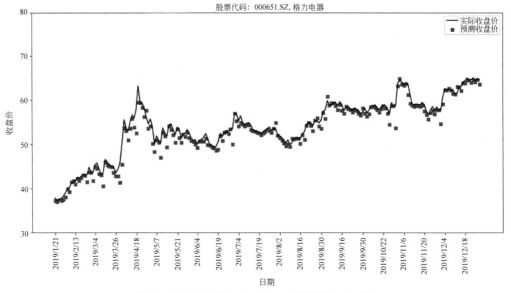

图 5-4   格力电器（000651.SZ）走势预测示例图

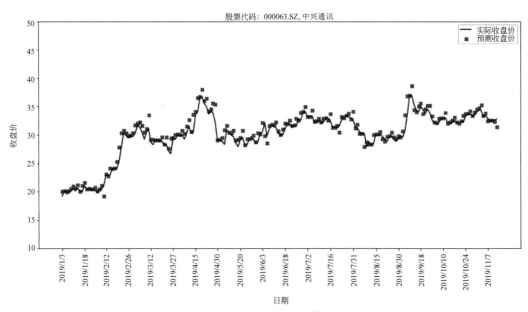

图 5-5   中兴通讯（000063.SZ）走势预测示例图

图 5-6 展示了 GBDT 对格力电器和中兴通讯两个股票数据的不同特征进行重要性打分的结果。由于输入特征的维度较多,这里将 12 个股票的财务特征归纳为 5 类:股票价格特征的分数等于开盘价、收盘价、最高价、最低价、涨跌、涨跌幅的重要性分数之和;资金流向特征的分数等于主力资金净流入额、换手率的重要性分数之和;公司财务特征的分数等于市净率和市盈率的重要性分数之和;大盘及板块指数特征分数等于深证指数和板块指数的重要性分数之和;新闻和情感特征分数等于新闻事件和新闻情感特征的重要性分数之和。

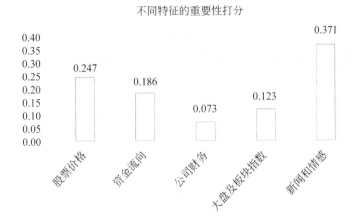

(a) 格力电器不同特征重要性曲线

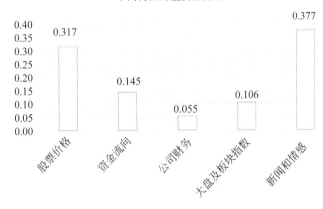

(b) 中兴通迅不同特征重要性曲线

图 5-6　GBDT 对不同特征的重要性排序结果

可以看出,格力电器的新闻事件和情感特征的重要性为 0.371,财务数值特征的重要性为 0.629。说明在影响股票走势预测上,历史财务数据仍是主要的参考量,然而媒体新闻的重要性也不可小觑。在所有的财务数值特征中,股票价格的重要性最大,为 0.247;公司财务特征的重要性排名最后,为 0.073。通过分析股票财务数值的源数据发现,股票的市净率和市盈率在季度期间没有太大起伏,不会对股价波动产生明显影响,因此财务特征的重要性最低,与实际吻合。

(2) 涨跌幅阈值分析。

这里讨论涨跌幅阈值对预测模型的影响。涨跌幅阈值的取值影响对股票上涨或者下跌的标注,从而影响预测模型的性能。实验中分别设置涨跌幅阈值从 1% 到 8%,以 0.01 为步长区间,测试不同模型在格力电器和中兴通讯两支股票上的预测效果。实验结果如图 5-7 所示。从实验结果中有几点发现:

① 首先,随着阈值取值从 0.01 增加到 0.08,模型的预测准确率并没有线性的增加或

者降低,而是随机的波动。阈值的取值会影响股票价格涨跌幅在 0.01~0.08 之间数据的标注,进而影响预测模型的准确率。阈值的设置是为了消除这部分数据的抖动对模型的影响,具体的取值可以结合经验以及实验测试得到。

② 其次,在所有阈值取值的情况下,引入新闻事件的 LSTM 和新闻事件/情感融合的 LSTM 的性能均优于采用财务特征的 LSTM 算法,验证了在股票走势预测模型中引入媒体新闻特征能够提高股票预测准确率。

③ 最后,对比图 5-7(a)和图 5-7(b)发现,随着涨跌幅阈值的变化,不同模型对格力电器股票走势预测的性能基本保持不变。通过检查股票财务数值的源数据发现,格力电器的股票涨跌幅在 0.01~0.08 之间的数据仅有 1.5%,占比较低,这部分数据的标注改变对模型的预测性能影响不大;而中兴通讯的股票涨跌幅在 0.01~0.08 之间的数据有 5%,因此阈值的取值变化对模型的预测性能影响更大一些。

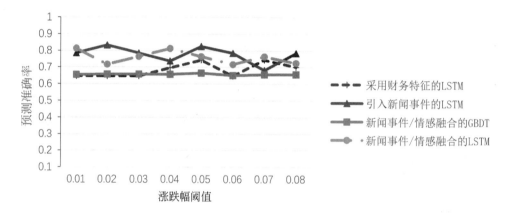

(a) 中兴通讯股票走势预测性能随着阈值变化曲线

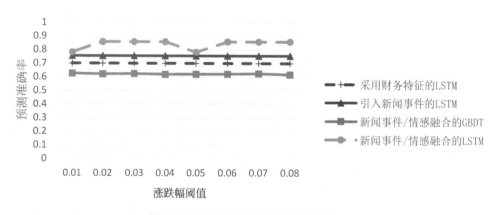

(b) 格力电器股票走势预测性能随着阈值变化曲线

图 5-7　涨跌幅阈值对股票走势预测模型的影响

5.1.5　结论

本节提出了一种基于 CNN-BiLSTM 多特征融合的股票走势预测模型,通过挖掘媒体新闻信息中的新闻事件和情感倾向,作为影响股票走势的市场信号融入股票预测模型中提高预测准确率。实验选取来自家用电器行业和通信行业的两支股票作为对象验证所提模型的效果。

结果表明,与现有算法比较,所提模型在家用电器和通信行业这两支股票的预测准确率相比现有算法分别提高了 11% 和 22%。所提模型对通信行业的适用性更高一些,也符合防御性行业(如通信行业)与周期性强的行业(如家用电器行业)相比,股价更为稳定的预期。本节还研究了影响股票走势预测模型的特征重要性。分析表明,股票价格特征的重要性最大,新闻特征次之,公司财务特征重要性最小。

通过媒体新闻事件和情感倾向的非数值股票信号挖掘,优化了现有的股票预测模型。以融合股票更多的相关控制变量提高股票预测准确率作为研究的发展方向,未来工作可以考虑在以下两个方面开展:一是研究提高预测精度对模型的影响,现有模型主要是进行涨跌二元的分类,考虑到股票投资中涨幅大小对投资获利影响差别较大,未来可以研究预测精准度细分为四类时(小涨、大涨、小跌和大跌)对模型的影响。二是在预测模型中融入更多股票相关的控制变量,例如收益率、崩盘风险等,并比较这些控制变量对股票预测性能的影响。

5.2　情感分析在微博转发规模预测中的应用

情感分析技术能够应用到政务微博的转发规模预测,本节提出一种基于深度融合特征的政务微博转发规模预测模型,利用情感分析技术研究并评估影响政府微博传播规模的重要特征,实现政务微博信息舆论走向的把握。

针对政务微博的特点,提出一种深度融合特征的政务微博转发预测方案,引入卷积神经网络(Convolutional Neural Network,CNN)和梯度提升决策树(Gradient Boosting Decision Tree,GBDT),将发布者特征、时间特征及内容特征深度融合,预测政务微博的转发规模并对影响转发规模的特征进行重要性排序,找出影响政务微博转发规模的最重要特征。实验表明,引入文本语义特征显著提升了转发规模的预测准确率,所提模型将政务微博转发规模的预测准确率从现有算法的 84.2% 提升至 93.3%。特征重要性实验结果表明,文本语义特征在影响政务微博转发规模的所有特征中最为重要。深度融合发布者特征、时间特征及内容特征的 CNN+GBDT 模型能够显著提高政务微博转发规模预测的准确率。

5.2.1　微博转发规模预测研究背景

随着互联网发展和信息技术普及,微博已成为国内最大的政务媒体平台。政务微博作为政府发布公共信息、与民众互动的重要平台,在信息"上情下达"、有效"引导舆论"和提升政府管理效率上起到重要作用[35]。政务微博指代表政府机构、因公共事务而设立的微博。根据《2018 年度人民日报·政务指数微博影响力报告》显示,截至 2018 年 6 月,经过认证的政务微博达 17.58 万个。2018 年上半年政务微博的总粉丝已经达到 29 亿,2018

本节代码

年政务微博的总阅读量超过 3 890 亿[36]。

微博转发行为是政务微博信息扩散的最重要方式,是研究微博信息传播的关键问题之一。研究政务微博的转发行为,对于监测舆情、科学引导网络舆论和净化网络谣言具有重大意义。转发行为预测是一个二元分类问题,具有简单、直接的特点,然而却与微博自身的影响力、微博内容、用户兴趣、发布时间等因素息息相关。转发行为预测的难点在于如何捕获更多有意义的影响因素,并且有机地组合在一起提高预测准确率。

现有研究中,微博转发行为的预测模型采用的特征大多是用户特征和内容特征。仇学明等[37]研究用户特征对微博转发行为的影响,特征包括用户影响力、粉丝平均标签数、粉丝活跃度等。类似地,刘玮等[38]从微博能见度和用户行为特征上研究微博转发预测问题,进一步考虑转发行为的动态性和用户历史行为的规律性对转发行为的影响。近年来,研究学者尝试研究同时考虑用户特征和内容特征的混合模型。马晓峰等[39]提出基于混合特征的转发预测方法,考虑局部社会影响力特征、用户特征及微博内容主题特征对转发行为的影响。李志清[40]提出基于 LDA 主题特征的微博转发预测模型,通过 LDA 生成微博的主题特征,并结合微博特征、用户特征后利用 SVM 方法预测转发行为。

但是,现有工作仅仅从主题特征颗粒度方面提取微博的内容特征,没有从语义层面考虑微博内容上下文之间的关联,如文献[39]采用 TF-IDF 方法计算微博主题内容的高频词,文献[40]采用 LDA 模型提取主题关键词作为内容特征。考虑到微博文本的信息长度较短、文本形式变化多样、蕴含信息丰富,仅仅利用 LDA 模型和 TF-IDF 方法提取关键词很难作为微博文本的语义特征。

考虑到现有研究工作的优缺点,本节针对政务微博的特点,例如:几乎不存在基于"好友关系"的裂变式传播而主要以官方发布信息为主,微博内容信息很大程度上决定了其转发规模大小,创新性地引入卷积神经网络[41]和梯度提升决策树[42],从语义层面考虑微博内容上下文的关联,实现对微博内容特征、用户特征和时间特征多维度信息的深度融合,大大提高了政务微博转发规模预测的准确率。在此基础上,本节还进一步分析不同特征组合、不同机器学习模型在政务微博转发规模预测问题上的表现。

5.2.2　相关研究工作

预测微博转发规模的关键在于找出影响转发量的关键因素,对此国内外学者做出了大量研究。Petrevic 等[43]研究 Twitter 的转发规律,提取用户特征,包括粉丝数、关注数、发布 Twitter 数,以及 Twitter 文本特征,例如是否含 URL、文本长短、对应话题标签等,使用机器学习方法进行预测。曹玖新等[44]基于用户属性、社交关系网络以及内容特征对转发规模进行预测。马晓峰等[39]提出一种基于影响力特征、微博作者特征以及微博话题特征的混合特征转发预测法,其中,话题特征由 TF-IDF 方法与 LDA 模型抽取话题特征组合得到。陈江等[45]提出一种融合热点话题的微博转发预测方法,考虑了微博所涉及的热点话题内容及传播趋势对用户转发行为的影响。Weng 等[46]注意到转发行为与微博影响力的关系,提出一种基于发布者用户影响力的 TwitterRank 算法。李倩等[47]在此基础上进一步研究活跃邻居节点数、活跃邻居结构及相邻用户之间的互动等对转发行为的影响。

随着近年来中国"全媒体"政务公开进程的推进,政务微博扮演的角色越来越重要,因此政务微博的传播特征也成为微博转发行为的研究热点。周莉等[48]通过研究突发事件中政务微博的表现,发现政务微博在突发事件中以发布原创微博为主,态度多为中立,并且政务微博在突发事件爆发期与高潮期发布的微博更容易引发公众的大量关注与转发。陈然等[49]结合聚类分析与可视化分析方法,从政务微博的转发次数、转发层级、微博自身传播力以及意见领袖的参与程度等方面研究政务微博的传播方式。张漫锐等[50]以人气较高的政务微博"@江宁公安在线"作为研究对象,提出一种微博影响力计算方法,并将其作为政务微博传播规模的评价指标,从而分析各项微博特征与传播效果的相关性。李倩倩等[51]利用 LDA 提取政务微博主题特征,并结合微博体裁、表现形式、发布者行政级别、粉丝数、发布时间等预测政务微博转发规模。

可以看到,现有的微博转发预测研究主要由人工选择、定义特征,除了用户特征、时间特征等较为简单的离散特征,内容特征往往由 LDA 模型或 TF-IDF 方法提取得到。然而,对于蕴含信息极为丰富,形式变化莫测的微博文本,简单的主题或关键词很难全面概括其内容特征,需要进一步挖掘更深层次的信息。

5.2.3　基于深度融合特征的政务微博转发规模预测模型

政务微博转发规模预测是一个二分类问题,转发量超过某预定阈值的为"高转发"规模,反之则为"低转发"规模。基于深度融合特征的政务微博转发规模预测的基本流程如图 5-8 所示。基本思路是:利用 CNN 模型提取微博文本语义层面的文本特征,再通过 GBDT 模型实现对政务微博的内容特征、发布者特征和时间特征的深度融合,预测微博转发规模,并将不同特征对政务微博转发规模的重要性进行排序。

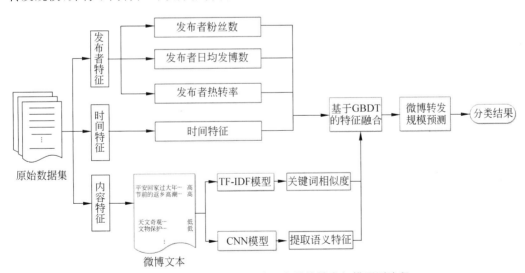

图 5-8　基于深度融合特征的政务微博转发规模预测流程

（1）从微博账户中提取出微博文本、发布者特征、时间特征作为原始数据集。

（2）获取内容特征:一方面利用微博文本训练 CNN 模型,提取高转发微博文本的语义特征;另一方面利用现有 TF-IDF 方法提取高转发政务微博的高频关键词;将二者组合在一起作为文本内容特征。

(3) 将 GBDT 模型融合所有的发布者特征、时间特征以及内容特征,实现对政务微博的转发规模预测。

1. 政务微博的转发特征提取

政务微博的转发特征提取对转发预测模型的准确性至关重要。研究发现,政务微博与普通微博用户最大的不同之处在于政务微博与其他用户之间的关系及用户之间的交互方式。在普通微博用户中,通常存在基于“好友关系”的转发网络,即互相关注、经常互动的用户更有可能转发彼此的微博。然而,政务微博的定位与普通微博用户不同,其粉丝数与关注数相差巨大,与普通用户的互动也比较随机,几乎不存在基于“好友关系”的裂变式传播。目前,政务微博主要以官方发布信息为主,因此其转发规模主要受到政务微博自身特征、所发布微博内容的影响。

因此,本小节在现有对微博转发预测问题的研究基础上,结合政务微博的特点,选取发布者特征、内容特征以及时间特征作为政务微博的转发特征。

(1) 发布者特征。

① 发布者粉丝数。

粉丝数是衡量用户影响力的重要因素之一。对于政务微博来说,粉丝数通常反映了其受众的规模。例如,国家级政务微博的粉丝数通常高于地方级政务微博。因此,国家级政务微博所发布的政务信息通常能够被更多人阅读并转发。选取发布者粉丝数作为预测转发规模的重要特征之一。

② 发布者日均发博数。

日均发博数反映政务微博账号的活跃度。根据人民日报的定义,发博数是政务微博“服务力”的重要体现。发博数指标越高,说明政务机构通过微博平台服务了越多的网民,从而吸引更多网民进行互动转发。政务微博账号 u 的日均发博数 $\mathrm{Daily}(u)$ 计算公式为

$$\mathrm{Daily}(u) = \frac{\mathrm{Posts}(t)}{\mathrm{Days}(t)} \tag{5-13}$$

其中,$\mathrm{Posts}(t)$ 表示时间段 t 内发布的微博个数,$\mathrm{Days}(t)$ 表示时间天数。

③ 发布者热转率。

发布者热转率在一定程度上反映了政务博主的受欢迎程度与其发布信息的认可度。给定预定义的转发阈值 ξ,将某微博内容的转发数大于或等于 ξ 值的定义为高转发微博,低于 ξ 值的定义为低转发微博。统计历史发布微博内容的高转发占比,即热转率,对预测新发布微博内容的转发规模具有很大的参考价值。政务微博账号 u 在时间段 t 内的热转率 $\mathrm{Popularity}(u,t)$ 计算公式为

$$\mathrm{Popularity}(u,t) = \frac{\mathrm{Highposts}(u,t)}{\mathrm{Post}(u,t)} \tag{5-14}$$

其中,$\mathrm{Highposts}(u,t)$ 表示在时间段 t 内,账户 u 的高转发微博条数,$\mathrm{Post}(u,t)$ 表示在时

间段 t 内,账户 u 所发布的微博总数量。

（2）内容特征。

① CNN 文本语义打分。

现有的研究工作通常选择微博的主题、题材、是否包含多媒体信息等作为微博的内容特征。然而,这些信息不能体现微博文本的语义特征。相关研究表明,高转发微博文本内容之间具有一定的相似性,从而吸引用户们频繁转发。CNN 在文本语义特征提取、处理短文本分类问题中表现优异[41],可作为判别高转发文本之间语义相似性的手段。CNN 模型对微博文本预测其高转发概率的过程如图 5-9 所示,包括输入层、卷积层、池化层和全连接层。每一层的输出是下一层的输入。卷积层作为特征提取层,通过滤波器提取局部特征,经过卷积核函数运算产生特征图,输出到池化层。池化层属于特征映射层,提取每张特征图中的典型特征,最后通过全连接层映射得到输出分类向量。

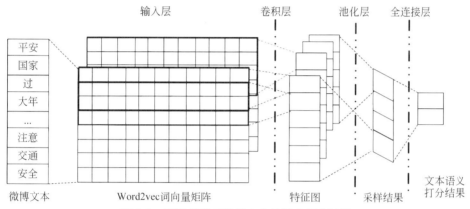

图 5-9　CNN 模型对微博文本的语义打分过程

采用 Word2vec 训练微博文本,将词向量设定为 m 维,对于句子长度为 n 的微博文本,得到一个 $n \times m$ 的词向量矩阵作为卷积层的输入。利用 $h \times k$ 的滤波器对微博文本的词向量矩阵 $\boldsymbol{E}_{[1:n]}$ 进行卷积操作,公式为

$$c_i = g(\boldsymbol{w} \cdot \boldsymbol{E}_{[i:i+h-1]} + b) \qquad (5\text{-}15)$$

其中,c_i 代表特征图中第 i 个特征值;$g(\cdot)$ 是卷积核函数,一般采用收敛速度较快的 ReLU 函数;$w \in \mathbf{R}^{h \times k}$ 为滤波器;h 为滑动窗口大小;b 为偏置值。$\boldsymbol{E}_{[i:i+h-1]}$ 表示由第 i 行到第 $i+h-1$ 行组成的局部 Word2vec 矩阵。将滤波器用于每个窗口大小为 h 的 Word2vec 矩阵序列 $\{\boldsymbol{E}_{[1:h]}, \boldsymbol{E}_{[2:h+1]}, \cdots, \boldsymbol{E}_{[n-h+1:n]}\}$,得到该主题的特征图 $\boldsymbol{C}$ 如公式（5-16）所示。

$$\boldsymbol{C} = [c_1, c_2, \cdots, c_{n-h+1}] \qquad (5\text{-}16)$$

池化层采用 Max-over-time Pooling 方法对特征图进行采样,主要思想是抽取每个特征图中最重要的值传入全连接层。最后通过 softmax 函数获得最终的分类结果。在模型中,通过修改 CNN 代码输出,不直接输出文本分类结果,而是输出微博文本属于高转发微博和低转发微博的概率,并将高转发概率值作为微博文本的 CNN 文本语义打分结果。

② 关键词相似度。

除了方法①中的 CNN 文本语义打分,关键词相似度也是内容特征的重要组成。相关研究工作[56]表明:高转发规模的微博通常含有一些共性的关键词,这些关键词往往反映公众普遍的兴趣点与关注点,可以作为预测转发规模的依据。

对所有微博文本数据构建词袋模型,得到所有特征词构成的集合 V。对于 V 中的每一个单词,利用 TF-IDF 方法计算其在高转发微博和低转发微博中的 TF-IDF 值。将 V 中的特征词按照高转发 TF-IDF 值进行排序,筛选出所有高转发 TF-IDF 值大于低转发 TF-IDF 值的特征词,构成高转发微博的关键词集合 $V_h = (v_1, v_2, \cdots, v_n)$ 和对应的关键词向量 $\boldsymbol{x} = \{x_1, x_2, \cdots, x_n\}$,其中,$v_i$ 表示为第 i 个特征词,x_i 为特征词 v_i 的高转发 TF-IDF 值,n 为 V_h 中特征词的个数。该选取方法一方面使得 V_h 包含了高转发微博中的高频特征词,另一方面很好地避免了某个特征词因为在高、低转发中的出现频率都很高而失去区分度。

对于待预测转发规模的新微博文本内容 $\boldsymbol{d} = \{d_1, d_2, \cdots, d_m\}$,根据 V_h 中的关键词,生成一个 n 维向量:对于 V_h 中的每一个特征词,如果该单词在新微博文本中出现,则表示为对应的 TF-IDF 值;若未出现,则表示为 0。即 $\boldsymbol{d}$ 生成一个 n 维向量 $\boldsymbol{y} = \{y_1, y_2, \cdots, y_n\}$,其中,$y_i$ 计算方法如公式(5-17)所示。

$$y_i = \begin{cases} x_i & v_i \in \boldsymbol{d} \\ 0 & v_i \notin \boldsymbol{d} \end{cases} \tag{5-17}$$

对于新微博文本 $\boldsymbol{d}$ 的关键词向量 $\boldsymbol{y} = \{y_1, y_2, \cdots, y_n\}$,利用余弦相似度[52]计算其关键词相似度值,如公式(5-18)所示。

$$\cos(\theta_d) = \frac{\sum_{i=1}^{n} (x_i \times y_i)}{\sqrt{\sum_{i=1}^{n} (x_i)^2} \times \sqrt{\sum_{i=1}^{n} (y_i)^2}} \tag{5-18}$$

(3) 时间特征。

时间特征反映不同发布时间段对微博转发规模的影响。相关研究[49]表明,微博信息发布后会先经历一段高转发窗口,随后随着发布时间增长,其转发概率逐渐下降直至为 0。因此,微博发布时间不同,高转发窗口内接收到信息的用户数量也不同,从而影响微博的转发量。

根据微博用户的活跃时间段特征,将一天 24 小时划分为 5 个时间段,分别是:凌晨(00:00—06:00)、早晨(06:00—11:00)、中午(11:00—13:00)、下午(13:00—18:00)、晚上(18:00—00:00)。时间特征作为离散特征难以直接融合到转发规模分类特征中去,因此采用证据权重(Weight of Evidence,WOE)[53]对离散的时间特征进行编码,提升模型预测的准确率。

WOE 是一种常见的对离散特征进行编码的方式,通过对自变量进行标准化处理,增加了变量的可理解性与可比较性。对于离散时间段 i,其 WOE 编码值的公式为

$$\mathrm{WOE}(i) = \ln\left(\frac{p(y_i)}{p(n_i)}\right) \tag{5-19}$$

其中，$p(y_i)$ 表示时间 i 内的高转发微博文本数占所有高转发微博文本数的比例，$p(n_i)$ 表示时间段 i 内低转发微博文本数占所有低转发微博文本数的比例。

2. 融合特征的 GBDT 转发规模分类器

GBDT[42] 是一种泛化性能很强的机器学习算法，通过多次迭代训练出多个回归树弱分类器，并将弱分类器的结果累加作为最终预测结果。与传统的决策树相比，能够降低单棵树的复杂性，有效避免过拟合。同时，由于加入正则项，GBDT 能够更好地抵抗噪声，对于处理杂乱无章的微博信息十分适用。因此，本节选用 GBDT 作为转发规模分类器。根据数据多维特征向量 $\boldsymbol{x}_i$，GBDT 尝试输出预测结果 $\hat{y}_i$，计算公式为

$$\hat{y}_i = \sum_{m=1}^{M} f_m(\boldsymbol{x}_i), \quad f_m \in F \tag{5-20}$$

其中，M 表示弱分类器个数，$f_m(\boldsymbol{x}_i)$ 表示单个弱分类器 m 的分类结果，F 为包含所有弱分类器的函数空间。

在 GBDT 训练过程中，目标为最小化函数，计算公式为

$$\min \sum_{i=1}^{n} l(y_i, \hat{y}_i) + \sum_{m=1}^{M} \Omega(f_m) \tag{5-21}$$

其中，l 为模型的损失函数，一般采用平方损失函数，每一个弱分类器在前一个弱分类器的残差基础上进行训练，使得残差沿着梯度方向减小，达到尽快收敛到最优解的目的。Ω 代表弱分类器(决策树)的复杂度，一般与树的节点数量、深度等有关。

对于单棵决策树，一般采用贪心策略生成树的结构。先通过线性扫描方式确定每个特征的最佳分裂点，再找出对于当前节点收益最大的特征作为分裂特征，根据其最佳分裂点完成叶子节点的分裂。

GBDT 模型能够很好地融合发布者特征、时间特征以及内容特征，对政务微博的转发规模进行分类预测，并使用其自带的 GBDT 打分函数对各个特征进行重要度打分，基本原理是先计算节点依据某特征分裂带来的平方损失减少值，得到该特征在每棵树中的重要度，再取平均值作为该特征的全局重要度。

5.2.4　实验分析

1. 实验数据集和参数设置

（1）实验数据集。

实验数据集根据《2018 年度人民日报政务指数·微博影响力报告》[2] 中列举的政务微博影响力榜单，使用 Python 爬虫抓取榜单中不同领域排名前 20 的国家级政务微博近一年的数据，共 15 000 条数据，爬取数据项包括：微博内容、发布时间、点赞数、转发数、评论数、发布者、粉丝数等等。数据集示例如表 5-9 所示。

表 5-9　原始数据集示例

微博编号	传播规模	微博内容	发布时间	点赞数	转发数	评论数	发布者	粉丝数
1	高	平安回家过大年	2019-01-18 07:30	536	5 813	474	公安部交通安全微发布	5 309 399

续表

微博编号	传播规模	微博内容	发布时间	点赞数	转发数	评论数	发布者	粉丝数
2	低	爱心护考，交警同行	2018-06-07 15:13	32	64	6	公安部交通安全微发布	5 309 399
3	高	曾经，在故宫，观画…	2018-07-25 11:34	10 753	5 138	1149	故宫博物院	6 282 823

转发规模阈值的取值主要参考相关法律规定[①]中提到的"利用信息网络诽谤他人同一诽谤信息实际被转发次数达到 500 次以上的可构成诽谤罪"，设置转发数 500 为转发规模阈值，超过 500 则标注为高转发微博，低于 500 则标注为低转发微博。在实验数据集中，一共有 4 831 条高转发微博，高、低转发微博比例大致为 1∶2。

为确保 CNN 文本语义打分与 GBDT 转发规模分类器相互独立、互不干扰，使用 11 000 条数据训练 CNN 模型，用剩下的 4000 条数据进行测试，得到测试集的文本语义打分结果。之后再将 4000 条数据进一步划分，使用 3200 条作为 GBDT 转发规模分类器的训练集，800 条作为测试集。同时，为降低数据分布对实验结果的影响，在划分时使各数据集中的高低转发比例均与原数据集保持一致，为 1∶2。

（2）参数设置和模型输入。

CNN 模型的性能受到词向量维度、卷积窗口大小、迭代次数、过滤器数量等因素影响。在实验中通过十折交叉验证评估 CNN 模型表现，选定最合适的参数组合。在本节数据集上表现最好的参数组合如表 5-10 所示。

可见，文本分类器训练集准确率达 98%，测试集准确率达 84%。测试集数据经过 CNN 模型预测得到微博文本属于高转发规模的概率，将该概率值作为文本语义打分特征与其他特征一起传入转发规模分类器。

表 5-10   CNN 模型参数设置

参数	参数值	参数	参数值
词向量维度	300	batch_size	64
卷积核个数	256	迭代次数	20
卷积核大小	5	激活函数	ReLU
Dropout	0.5		

融合所有特征后作为 GBDT 转发规模分类器输入的数据集格式举例如表 5-11 所示。其中，CNN 文本语义打分列是利用 CNN 模型对微博文本的语义打分结果，值越大表明该文本包含的信息更容易被受众转发，发布时间段的值为采用 WOE 对离散时间段编码后得到的编码值。粉丝数、日均发博数以及热转率特征之间的数量级相差较大，分别采用归一化预处理，将值映射到[0,1]区间。

---

① 《最高人民法院、最高人民检察院关于办理利用信息网络实施诽谤等刑事案件适用法律若干问题的解释》

表 5-11　转发规模分类器输入的数据集示例

特征 传播类别	CNN 文本 语义打分	关键词 相似度	粉丝数	日均发博数	热转率	时间特征
高	1.000	0.317	0.167	0.357	0.147	−1.204
高	1.000	0.553	0.167	0.357	0.147	−0.223
低	0.125	0.030	0.024	0.571	0.018	−0.223
低	0.476	0.065	0.024	0.571	0.018	−0.223

2. 高转发关键词提取

根据模型所提方法提取高转发关键词和关键词向量,部分高转发关键词结果及其 TF-IDF 值如表 5-12 所示。

表 5-12　部分高转发关键词结果

高关键词	TF-IDF	高关键词	TF-IDF	高关键词	TF-IDF	高关键词	TF-IDF
中国	0.082	走近	0.013	故事	0.010	价值观	0.008
驾驶	0.031	检察	0.013	保护	0.010	汽车	0.008
一线	0.029	微观	0.012	最高检察院	0.010	希望	0.008
发布	0.028	群众	0.012	事故	0.010	央视	0.007
民警	0.028	公益	0.012	努力	0.010	致敬	0.007
交警	0.025	司机	0.012	英雄	0.009	力量	0.007
检察官	0.025	建设	0.012	总书记	0.009	大队	0.007
好人	0.024	车辆	0.011	最高人民法院	0.009	执勤	0.007
公安部	0.023	报告	0.011	司法	0.009	儿童	0.007
转发	0.021	精神	0.011	故宫	0.009	宣传	0.007
文明	0.020	平安	0.011	改革开放	0.009	危险	0.007
老人	0.020	生活	0.011	社会	0.008	行车	0.007
孩子	0.019	十九大	0.010	一带一路	0.008	扶贫	0.007
时代	0.018	生命	0.010	网络	0.008	驾驶证	0.006
交通安全	0.017	关注	0.010	法律	0.008		
高速	0.014	青年	0.010	学习	0.008		
微博	0.014	监督	0.010	文化	0.008		

可以发现,容易获得高转发规模的话题特征包括,出现关键词最多的交通出行类(驾驶、交警、交通安全、高速等),法治案件类(民警、好人、公安部、老人、孩子、生命等)。此外,政务微博作为政府管理的媒体平台,热门转发微博中也时常出现各种政治热点名词,

如十九大、一带一路、改革开放等。可以推断,如果一条政务微博中出现了一个或多个高转发关键词,那么将有更大的概率获得高转发规模。

3. 转发规模预测实验结果

(1) 评价指标和对比算法。

以表 5-13 的混淆矩阵为基础,计算准确率(Accuracy)、召回率(Recall)、精确度(Precision)以及 $F1$ 值作为实验评价指标。其中,TT 表示高转发微博中被正确预测为高转发的数量,TF 表示高转发微博中被错误预测为低转发的数量,FT 表示低转发微博中被错误预测为高转发的数量,FF 表示低转发微博中被正确预测为低转发的数量。因此,有 $Accuracy = \dfrac{TT+FF}{TT+TF+FT+FF}$,$Recall = \dfrac{TT}{TT+TF}$,$Precision = \dfrac{TT}{TT+FT}$,$F1 = \dfrac{2 \times Recall \times Precision}{Recall+Precision}$。

表 5-13　混淆矩阵

混淆矩阵		预测值	
		高转发	低转发
实际值	高转发	TT	TF
	低转发	FT	FF

本小节提出的融合 CNN 打分结果和各个离散特征作为 GBDT 分类器输入的预测模型简称为 CNN+GBDT。为验证 CNN 文本语义打分的重要性,选取三种对比算法如下所示。

① SVM:不考虑 CNN 对文本语义特征的转发概率打分,选取表 5-11 中剩余的特征作为 SVM 算法的特征输入。

② CNN+SVM:采用与 CNN+GBDT 相同的特征集合,选取 SVM 而非 GBDT 算法作为转发规模分类器的预测算法。

③ GBDT:与对比算法的特征选取相同,但使用 GBDT 算法作为预测算法。

(2) 实验结果。

为降低随机实验结果的影响,使用留出法随机划分 100 次训练集与测试集,选取 100 次实验的平均值作为各评价指标的最终结果,如表 5-14 所示。

表 5-14　实验结果对比

	准确率	召回率	精确度	$F1$ 值
CNN+SVM	0.905	0.823	0.886	0.861
SVM	0.833	0.695	0.781	0.737
CNN+GBDT	0.933	0.869	0.925	0.918
GBDT	0.842	0.683	0.817	0.768

　　实验结果表明,本节提出的引入 CNN 文本语义打分的特征组合大大提升了模型分类预测性能,两种分类器准确率分别提升 0.072 和 0.091,GBDT 准确率更是达到 0.933。同时,为了更直观地对比 4 种算法的性能,4 种算法在 100 次实验中的准确率、召回率、精确度和 $F1$ 值的实验结果对比如图 5-10～图 5-13 所示。

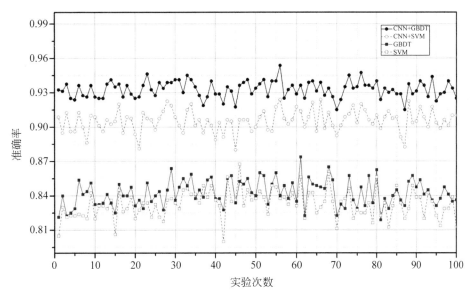

图 5-10　4 种算法的准确率性能对比

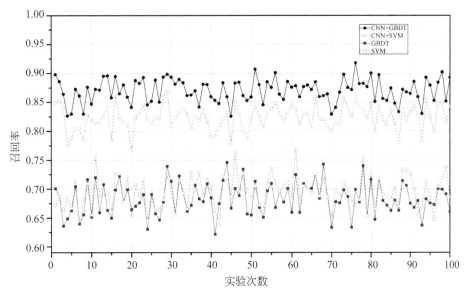

图 5-11　4 种算法的召回率性能对比

　　实验结果表明,所提 CNN＋GBDT 模型的性能优于 CNN＋SVM,其次是 GBDT 模型,性能最差的是 SVM 算法。所提模型的平均准确率达 0.933,平均召回率达 0.869,平均精确度达 0.925,平均 $F1$ 值达 0.918。主要是由于 GBDT 在训练时以残差为基础,相当

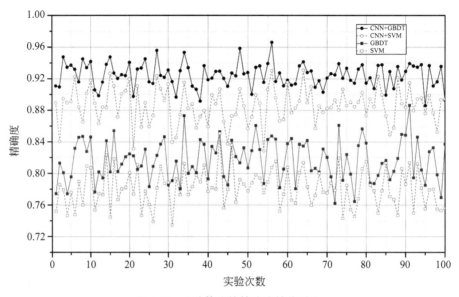

图 5-12　4 种算法的精确度性能对比

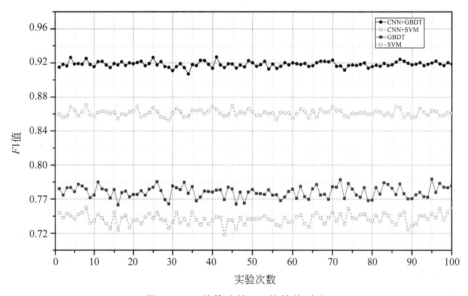

图 5-13　4 种算法的 *F*1 值性能对比

于变相增大了错分样本的训练权重,使得模型的误分率降低,准确率升高。

4. 特征重要性分析

采用对比实验法和 GBDT 自带特征排序结果进行对比验证,讨论不同特征对于转发规模预测准确性的影响。

(1)对比实验法。

对比实验法选取不同的特征组合,测试 GBDT 算法以及 SVM 算法的转发规模预测性能,从而推断特征的重要性,结果如表 5-15 和表 5-16 所示。其中,内容特征为表 5-11中的第 2、3 列,发布者特征为表 5-11 中的 4、5、6 列,时间特征为表 5-11 的第 7 列。

表 5-15　不同特征组合下 GBDT 模型表现

指标 特征组合	准确率	召回率	精确度	F1 值
发布者特征＋内容特征＋时间特征	0.933	0.869	0.925	0.918
发布者特征＋时间特征	0.832	0.667	0.800	0.733
内容特征＋时间特征	0.886	0.787	0.861	0.852
发布者特征＋内容特征	0.931	0.867	0.922	0.912

表 5-16　不同特征组合下 SVM 模型表现

指标 特征组合	准确率	召回率	精确度	F1 值
发布者特征＋内容特征＋时间特征	0.905	0.823	0.886	0.861
发布者特征＋时间特征	0.814	0.681	0.742	0.712
内容特征＋时间特征	0.852	0.693	0.837	0.760
发布者特征＋内容特征	0.897	0.806	0.877	0.843

实验结果表明,内容特征对模型效果的提升最为显著,其次是发布者特征,而时间特征则不那么重要。

(2) GBDT 自带特征排序结果。

GBDT 算法能够对输入的特征组合进行重要性排序。GBDT 算法对 6 个特征进行重要性排序的结果如图 5-14 所示。

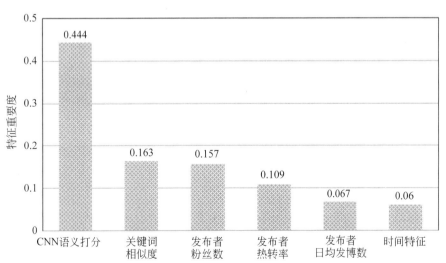

图 5-14　GBDT 对不同特征的重要性排序结果

可以看出,内容特征(CNN 语义打分＋关键词相似度)最为重要,特征重要度为 0.607;发布者特征(发布者粉丝数＋发布者热转率＋发布者日均发博数)次之,特征重要度为 0.333;发布时间重要性最差,特征重要度为 0.060,与对比实验法的结论相同。此外,在所有特征中,CNN 文本语义打分重要程度最高,为 0.444,远超其他特征,进一步说明本节引入 CNN 文本语义打分的方法是十分有效的。

上述特征的重要性排名结果可以为政务微博的运营与建设提供一些参考和建议,可以总结为以下 3 个方面。

(1)切合时事热点、贴近人民关切的内容是政务微博获得高转发的先决条件,例如,2018 年 4 月,商务部下属政务微博"@商务微新闻"针对中美贸易战事件发表了一系列微博,坚定不移地表达了中国立场,相关微博获得了大规模转发扩散,也赢得了公众一致好评。2018 年 6 月,演艺圈曝出的"阴阳合同"逃税事件在网络上引发大量关注,"@国家税务总局"第一时间作出回应,表示将严格调查有关人员纳税情况,依法查处违规行为。此举被网友称道,并获得大量转发。

(2)除了精彩的内容,政务博主自身的影响力与人气也十分重要。例如,"@共青团中央""@中国警方在线"等政务博主每日发布大量优质微博,且与粉丝保持良好互动,逐渐成为粉丝较多的人气政务微博,其新发布的微博有较大概率获得高转发。

(3)发布时间也会在一定程度上影响政务微博的转发规模,但针对本节收集到的数据集测试发现,时间的影响并不显著。

5.2.5   结语

实现对政务微博转发规模的准确预测以及研究影响转发规模的各项因素,一方面能够帮助政府预判舆情走向,提前做好应对准备;另一方面有助于政府了解民众的各种偏好与兴趣点,提高政务微博质量。

针对政务微博的特点,本节提出一种深度融合特征的政务微博转发预测模型,引入卷积神经网络和梯度提升决策树将发布者特征、时间特征及内容特征有机组合一起,预测政务微博的转发规模,并对影响转发规模的特征进行重要性排序,找出影响政务微博转发规模的最重要特征。实验结果表明,所提模型的转发规模预测准确率较现有算法提升 10％左右。最后,对影响转发规模的特征进行重要性分析,发现:内容特征＞发布者特征＞时间特征。而在所有特征中,本节提出的 CNN 文本语义打分重要程度排名第一,再次证明其在政务微博转发规模预测中发挥的重要作用。

本节未考虑间接转发对微博转发规模的影响,未来将研究间接转发特征的量化,优化所提模型。

5.3   情感分析在新闻舆情倾向预测中的应用

情感分析能够应用在新闻舆情报导的情感倾向预测中,通过分析网络新闻报道的主题演化曲线,把握新闻主题的内容和情感随时间演变过程,了解媒体舆论方向。本节提出一种基于 Topic2vec 的词向量表达方式来改进新闻主题的语义空间距离,并引入卷积神经网络学习 Topic2vec 的主题特征词向量矩阵,实现大量新闻主题的聚类,从而描绘相同主题的内容强度和情感演变曲线,判别主题关注事件及关键子主题。

实验数据集为 2015—2017 年美国有线电视新闻网对中国的新闻报道,实验结果表明:该方法能够发现主题及其情感在全局时间跨度的演化趋势所提的新闻主题演变模型使同类主题在语义空间更为接近,与现有工作相比能够提升约 10% 主题分类准确率,使得分析新闻主题在全局时间跨度的演化变为可能。

5.3.1 新闻舆情倾向预测研究背景

网络新闻报道传达着媒体对事件的观点、立场甚至情感信息,对网络舆情的传播产生重大影响。研究网络新闻报道的主题和情感倾向,对于网络舆情的传播和新闻专题追踪有着重要意义。新闻报道的主题内容与强度随着时间发生变化,一般经历从提出、发展、到衰亡的过程。如何从大量新闻报道中获取新闻主题随时间的演化,追踪感兴趣的话题,是文本挖掘领域研究的热点。

LDA 模型[54]是一种能有效捕捉文本隐藏主题的无监督方法,被广泛用于主题识别研究中。现有工作基于 LDA 模型,引入时间变量来探测话题以及追踪话题的发展,例如 ToT(Topic over Time)模型[55]。这些模型在主题演化研究中取得了一定的成果,但忽略了主题的情感信息。

在主题演变过程中,结合主题的内容强度和情感值能更深刻地揭示主题的演变规律。例如,美国有线电视新闻网对 2015 年天津滨海新区大爆炸事件的报道,首次报道时,内容强度很大,情感表现为震惊、可怕;后续报道瑞海国际公司的失职造成此次重大事故时,内容强度稍弱,情感表现为指责。现有对主题情感的分析多采用静态的方法,如 JST(Joint Sentiment/Topic Model)模型[56]和 Reverse-JST 模型[57],无法捕捉主题的内容强度及情感变化信息[58]。

有别于传统的纸媒,网络新闻主题随着事件的发展,多个主题间彼此交叉、相互影响。例如在高校"性侵"事件中,"陈小武事件"与"沈阳事件"的主题报导彼此影响。因此,除了关注新闻主题自身的发展演变,也应关注引起主题变化的因素,构建多个主题的关联关系,揭示主题发展的全貌。然而,新闻主题事件的发生具有随机性和不可预测性,在时间轴上并不连续,给多主题的关联关系影响分析带来一定的挑战。

本节研究新闻主题的演变关系,从新闻主题的内容强度和情感倾向两个维度描绘主题的演变发展以及探索影响主题发展变化的关键子主题因素。由于新闻主题具有多样性和随机性特点,需要在大量的新闻主题中找到同类主题,才能进一步挖掘同类主题的演化规律。本节创新性地提出基于 Topic2vec 的主题特征词向量表达,使得主题的特征词向量不仅能表现主题的特征词概率分布,还包括丰富的语义信息,同类主题在语义空间上距离更为接近;并首次将 CNN 方法引入到新闻主题的演变分析中。CNN 模型可以从主题的 Topic2vec 词向量表达中学习到先验知识,与现有方法比较大大提高了主题分类准确率。最后,定义主题关联规则,计算相同主题的内容强度及情感倾向,判别主题的演化关系和演化规律。

5.3.2　相关研究工作

现有对文本主题和情感的研究,已有较多的方法和成果,但早期工作大多将主题抽取和情感分析分开研究。例如概率潜在语义分析(Probabilistic Latent Semantic Analysis,PLSA)[59]和 LDA 主题抽取模型,能够从大量文本中抽取潜在的语义主题。而情感分析的主要任务是情感信息抽取和情感信息分类,目前主要有基于规则、基于统计和机器学习的方法。

JST 模型为首个同时研究文本主题和情感信息的模型。JST 在 LDA 的基础上增加了一层情感层,同时得到主题和情感的单词分布。随后,大量的主题情感混合模型相继被提出,大致可分成两种研究思路:一种是将主题和情感描绘成一个单一的语言模型,认为模型中的每个词同时包括主题和情感属性,例如 HASM(Hierarchical Aspect Sentiment Model)模型[60]和 JST 模型[56];另一种则是认为模型中的每个词要么是情感词,要么是主题词,只能二选一,如 Ma 等[61]提出的 TSU(Topic Sentiment Unification)模型。总的来看,这些模型描绘的是某个时间点的主题情感信息,忽略了话题和情感的动态性,不能描绘主题内容和情感随着时间的演变规律。

近年来研究者们尝试研究文本的主题和情感演化规律。例如,eToT 模型[58]参考JST 对 LDA 模型的扩展,在 JST 基础上增加时间层。eToT 模型假设每个主题的内容和情感在时间上是连续分布的,因此得到的主题高频词是贯穿整个时间周期的常用词,主题提取并不理想。黄卫东等[62]提出一种基于 PLSA 的网络舆情话题情感分析模型,该模型要求输入是某一特定话题的文本,例如"异地高考话题",通过 PLSA 得到不同时间段上的子话题及其情感。然而新闻领域的主题突发性强,无法事先预知,PLSA 不适用于新闻领域的主题情感演化研究。

相比于主题情感的演化研究,主题的演化研究取得了一些成果。现有主题演化工作在 LDA 模型基础上,引入时间变量来探测、追踪话题的发展。根据引入时间变量方法的不同,可分为 3 类:第 1 种方法将时间作为可观测变量结合到 LDA 模型中,代表模型为ToT 模型[55];第 2 种方法先在整个文档集中用 LDA 获取所有主题,然后利用文本的时间信息分析话题在离散时间上的演化,例如 Topic Entropy[63]模型;第 3 种方法将文本集合先按一定时间粒度离散到相应的窗口,再在每个窗口上运用 LDA 获取演化,例如 ODTM(Online Dynamic Topic Model)[64]模型。表 5-17 对这 3 种方法进行总结比较。方法 1 和2 适用于研究主题数目固定的文本,方法 3 能够检测到新话题,可于新闻领域的话题提取,但需要设计合适的时间粒度。这 3 种主题演化研究方法没有考虑主题的情感信息,但其研究思路对主题及其情感的演化仍有借鉴意义。

表 5-17　基于 LDA 话题演化方法比较

	引入时间方式	代表模型	话题数目	优　　点	缺　　点
方法 1	作为可观测连续变量	ToT	固定	得到主题的连续时间分布,不需考虑时间粒度	主题数目固定,要求主题在所有时间分布

	引入时间方式	代表模型	话题数目	优　　点	缺　　点
方法 2	按时间后离散	Topic Entropy	固定	获得全局的主题信息,较为全面	主题数目固定,不能检测到新主题
方法 3	按时间先离散	ODTM	不固定	主题数目可变,可以检测到新主题	需设计合适的时间粒度

由于新闻领域报道的不确定性和多样性特征,新闻主题的数据是可变的并随时有新话题产生,因此本节借鉴上述方法 3 的思想,采用按时间先离散方式,将新闻文本按时间粒度离散到相应窗口后,引入卷积神经网络方法关联不同时间窗口的相同主题,实现不连续时间分布的新闻主题关联提取,使进一步分析主题内容和情感演变成为可能。

5.3.3　结合卷积神经网络和 Topic2vec 的主题演变模型

图 5-15 描述了所提模型的基本分析流程。基本思路是:采用按时间先离散的方法,根据时间将新闻文本划入相应时间窗口,将每个窗口的主题表示为 Topic2vec 语义向量形式。基于 Topic2vec 语义表达,利用卷积神经网络实现不同时间窗口序列上相同主题的分类。最后,定义主题关联规则,计算相同主题的内容强度及情感倾向,判别主题的演化关系和演化规律。

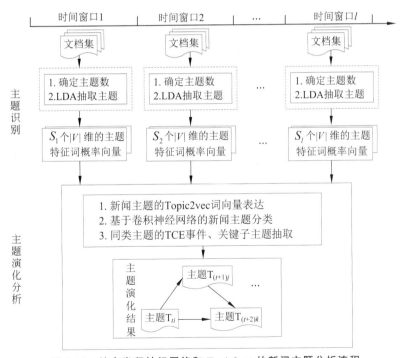

图 5-15　结合卷积神经网络和 Topic2vec 的新闻主题分析流程

1. 新闻主题的 Topic2vec 词向量表达

新闻报道的主题表现为媒体对某一特定事件及其所有相关事件的新闻报道集合(以下简称主题)。给定 D 个新闻报道文本,将时间序列划分为 l 个时间窗口,C_t 表示第 t 个时间窗口的新闻报道集合。

采用 LDA 模型对 $C_t(t \in [1,l])$ 抽取主题,可计算出文本-主题概率分布 $\boldsymbol{\theta}_t$ 和主题-词分布 $\boldsymbol{\varphi}_t$。其中,$\theta_{mi}^t \in \boldsymbol{\theta}_t$ 为集合 C_t 中的文本 d_m 属于主题 T_i 的概率。$\varphi_{ik}^t \in \boldsymbol{\varphi}_t$ 为 C_t 中的主题 T_i 出现单词 v_k 的概率。基于 LDA 模型[54],定义时间窗口 t 内第 i 个主题的主题-特征词分布向量为

$$T_{ti} = \{(v_1, \varphi_{i1}^t), (v_2, \varphi_{i2}^t), \cdots, (v_k, \varphi_{ik}^t), \cdots, (v_{|V|}, \varphi_{i|V|}^t)\} \tag{5-22}$$

其中,V 为 D 个新闻报道中所有特征词构成的集合,$v_k \in V$ 是与主题相关的特征词;$i \in [1, s_t]$,s_t 为文本集合 C_t 包含的主题数;对 l 个时间窗口分别抽取主题,得到总的主题集合 $\text{TopicSet} = \{T_{11}, T_{12} \cdots, T_{1s_1}; \cdots; T_{t1}, T_{t2}, \cdots, T_{ts_t}; T_{l1}, \cdots, T_{ls_l}\}$。

主题-特征词概率分布向量仅仅描述了特征词在主题中的共现统计关系而没有体现特征词对主题语义的贡献;实际上,相似主题的特征词在语义上一般较为接近。此外,经 LDA 抽取得到的主题表示为 $|V|$ 维的特征词向量,$|V|$ 值一般较大,容易造成计算维度灾难。因此,本节基于主题-特征词概率分布向量,结合 Word2vec 模型考察主题特征词的语义关系,提出新闻主题的 Topic2vec 词向量表达方式,相似主题在 Topic2vec 词向量空间中距离更为接近。具体步骤如下。

(1) 特征词截取。基于公式(5-22)的主题特征词概率表示,将每个主题的特征词按权重从大到小排序,取权重最大的前 n 个特征词。将包含 n 个特征词的主题表示为 $T_{[1:n]}$,$\boldsymbol{m}$ 表示主题 $T_{[1:n]}$ 对应的特征词权重向量,$\boldsymbol{m} \in \mathbf{R}^{n \times 1}$。$m_i \in \boldsymbol{m}$ 为第 i 个特征词的权重值,$1 \le i \le n$。实验表明,n 取 25 时能抽取涵盖主题含义的大部分特征词。

(2) 特征词语义表达。将经过特征词截取的主题集合作为 Word2vec 的输入。利用 Word2vec 考察每个特征词的上下文信息,将每个特征词映射到 k 维的语义空间。对于每个主题 $T_{[1:n]}$,包含 n 个词,特征词 i 表示为 k 维的向量 $\boldsymbol{x}_i$。因此,每个主题得到一个 $n \times k$ 的特征语义矩阵。本节将主题中第 i 个词到第 j 个词组成的特征语义矩阵记为 $\boldsymbol{X}_{[i:j]}$。同理,包含 n 个特征词的特征语义矩阵记做 $\boldsymbol{X}_{[1:n]}$。

(3) 生成主题的 Topic2vec 词向量表达。经过特征词截取和特征词语义表达后,每个主题表示为一个 $n \times k$ 维的特征语义矩阵 $\boldsymbol{X}_{[1:n]} = [\boldsymbol{x}_1, \boldsymbol{x}_2, \cdots, \boldsymbol{x}_n]'$,其中,$\boldsymbol{x}_i$ 的特征权重值为 m_i。每个主题的 Topic2vec 词可表示为 $\boldsymbol{E}_{[1:n]} = [\boldsymbol{e}_1, \cdots, \boldsymbol{e}_i, \cdots, \boldsymbol{e}_n]'$,其中,$\boldsymbol{e}_i = f(\boldsymbol{x}_i, m_i)$,并定义权重语义转换函数 $f(\cdot)$ 为

$$f(\boldsymbol{x}_i, m_i) = c_1 \beta^{m_i} \boldsymbol{x}_i \tag{5-23}$$

其中,c_1 和 β 为权重调节因子。

2. 基于卷积神经网络的主题分类

图 5-16 为基于主题 Topic2vec 词向量的卷积神经网络模型,从大量主题集合中实现对相似主题的分类关联,包括输入层、卷积层、池化层和全连接层。每一层的输出是下一

层的输入。卷积层作为特征提取层,通过滤波器提取局部特征,经过卷积核函数运算产生特征图,输出到池化层。池化层属于特征映射层,提取每张特征图中的典型特征,最后通过全连接层映射得到输出分类向量。

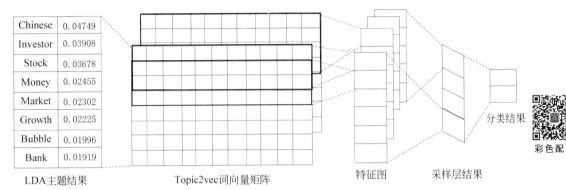

图 5-16　基于卷积神经网络的主题关联图

结合主题的 Topic2vec 词向量表达,利用大小为 $h \times k$ 的滤波器对主题的 Topic2vec 矩阵 $\boldsymbol{E}_{[1:n]}$ 进行卷积操作,计算公式为

$$c_i = g(\boldsymbol{w} \cdot \boldsymbol{E}_{[i:i+h-1]} + b) \tag{5-24}$$

其中,c_i 代表特征图中第 i 个特征值;$g(\cdot)$ 为卷积核函数;$w \in \mathbf{R}^{h \times k}$ 为滤波器;h 为滑动窗口大小;b 为偏置值。$\boldsymbol{E}_{[i:i+h-1]}$ 表示由第 i 行到第 $i+h-1$ 行组成的局部 Topic2vec 矩阵。将滤波器用于每个窗口大小为 h 的 Topic2vec 矩阵序列 $\{\boldsymbol{E}_{[1:h]}, \boldsymbol{E}_{[2:h+1]}, \cdots, \boldsymbol{E}_{[n-h+1:n]}\}$,得到该主题的特征图 $\boldsymbol{C}$ 为

$$\boldsymbol{C} = [c_1, c_2, c_3, \cdots, c_{n-h+1}] \tag{5-25}$$

池化层采用 Max-over-time Pooling 方法对特征图进行采样,主要思想是抽取每个特征图中最重要的值,得到主题对应于该滤波器 w 的特征值 $\hat{c}$:

$$\hat{c} = \max\{\boldsymbol{C}\} \tag{5-26}$$

上述公式(5-24)～(5-26)描述利用一个滤波器从一个主题抽取得到一个特征值的过程。由于主题的特征关联到词的前后文信息,因此通过改变窗口大小 h 值设计不同的滤波器对主题进行信息提取,获得主题丰富的局部特征。

对应于 TopicSet 集合中的所有主题,设计 k 个长度分别为 $\{h_1, h_2, \cdots, h_k\}$ 的滤波器,得到下采样层的输出特征变量 $\boldsymbol{F}$ 为

$$\boldsymbol{F} = [\hat{c}_{1,1}^{h_1}, \cdots \hat{c}_{1,s_1}^{h_1}, \cdots, \hat{c}_{l,s_l}^{h_1}, \hat{c}_{1,1}^{h_2}, \cdots, \hat{c}_{1,s_1}^{h_2}, \cdots, \hat{c}_{l,s_l}^{h_2}, \cdots, \hat{c}_{1,1}^{h_k}, \hat{c}_{1,s_1}^{h_k}, \cdots, \hat{c}_{l,s_l}^{h_k}], \quad \boldsymbol{F} \in \mathbf{R}^{s \times k} \tag{5-27}$$

其中,s 为 TopicSet 集合的总主题数。将下采样层输出的特征向量作为全连接层的输入,然后利用 softmax 输出主题分类结果。设主题的类别总数为 Y,TopicSet 中的每个主题分配到一个父主题。

3. 主题演变分析

定义 1　主题内容强度。利用归一化分配(Normalized Assignment,NA)值衡量主

题内容强度随时间的变化，NA 值越大，表示父主题 Γ_y 的内容强度越大。基于 LDA 的文本-主题概率分布，定义 Γ_y 在时间窗口 t 的主题内容强度值为

$$NA(\Gamma_y,t)=\frac{\sum_{m=1}^{|C_t|}I_{yi}^t\theta_{mT_{ti}}^t}{||C_t|},\quad t\in[1,l] \tag{5-28}$$

其中，$|C_t|$ 为时间窗口 t 内的新闻文本数；T_{ti} 为时间窗口 t 内的第 i 个主题；$\theta_{mT_{ti}}^t\in\boldsymbol{\theta}^t$ 为文档 d_m 属于主题 T_{ti} 的概率。I_{yi}^t 取 0 或 1，$I_{yi}^t=1$ 表示 $T_{ti}\in\Gamma_y$。

定义 2　主题情感强度。父主题 Γ_y 在每个时间窗口上情感极性 w 的分布强度。情感极性 w 取正面、中性和负面三分类。定义 Γ_y 在时间窗口 t 的情感强度分布（Sentiment Strength）为

$$SS(\Gamma_y,t)=\frac{\sum_{m=1}^{|C_t|}I_{yi}^t\theta_{mT_{ti}}^t\times s(d_m,w)}{|C_t|},t\in[1,l] \tag{5-29}$$

其中，$s(d_m,w)$ 为文档 d_m 在情感极性 w 上的概率分布，$s(d_m,w)$ 的计算基于 Hutto 等提出的基于情感词典和规则的 VADER 情感模型[65]。

定义 3　主题关注事件（Topic Concern Event，TCE）。定义二元组 $e=(\Gamma_y,t)$ 为时间上 t 上的 TCE，如果 Γ_y 满足以下条件之一。

（1）$NA(\Gamma_y,t)-\overline{NA}_y$ 的差值超过阈值 ε_1。其中，$\overline{NA}_y$ 为父主题 Γ_y 在整个时间窗口的平均内容强度。

（2）$|\overline{S}S(\Gamma_y,t)-\overline{S}S_y|$ 的差值超过阈值 ε_2。其中，$\overline{S}S(\Gamma_y,t)$ 为父主题 Γ_y 在时间 t 的情感强度值，由公式（5-29）计算统计平均得到。$\overline{S}S_y$ 为 Γ_y 在整个时间窗口的平均情感强度。如果 $\overline{S}S(\Gamma_y,t)-\overline{S}S_y>0$，$e$ 为积极情感的 TCE；反之 e 为消极情感的 TCE。

ε_1 和 ε_2 的合理选取可避免主题强度的随机扰动，实验中取最大内容（情感）强度与平均强度差值的 1/10。

定义 4　关键子主题。在父主题 Γ_y 的演化路径中，各子主题交互影响、关联，引发父主题的 TCE 事件 e。定义关联规则，将与 TCE 事件 e 关联程度最高的 Γ_y 的子主题定义为关键子主题 T_{ti}^*。定义以下 3 条关联规则。

（1）时间关联：子主题 T_{ti} 和事件 e 发生在同一时间窗口。

（2）重要性关联：T_{ti} 对 e 的重要性由值 $\sum_{m=1}^{|C_t|}\theta_{mT_{ti}}^t$ 衡量。

（3）内容关联：定义 T_{ti} 和 e 的内容关联程度为 $CR(T_{ti},e)=\left|\dfrac{V(T_{ti})\bigcap V(e)}{V(T_{ti})\bigcup V(e)}\right|$。其中，$V(T_{ti})$ 和 $V(e)$ 分别表示 T_{ti} 的特征词集合和 Γ_y 在 e 上的特征词集合。

在主题的演化过程中，以关键子主题为核心，勾勒主题的演化发展。KL 距离（Kullback-Leibler Distance）[66] 能有效衡量两项概率分布之间的距离。已知主题的特征词概率分布，利用 KL 距离计算 T_{ti}^* 与其他子主题 $T_{(t+\Delta)j}$ 的趋同性为

$$\mathrm{KL}(T_{ti}^{*}||T_{(t+\Delta)j}) = \sum_{k=1}^{M} \varphi_{ik}^{t} \log \frac{\varphi_{ik}^{t}}{\varphi_{jk}^{t+\Delta}} \tag{5-30}$$

由于 KL 距离的不对称性,通常有 $\mathrm{KL}(T_{ti}^{*}||T_{(t+\Delta)j}) \neq \mathrm{KL}(T_{(t+\Delta)j}||T_{ti}^{*})$。考虑主题的发展规律,如果 $\Delta > 0$ 且 $\mathrm{KL}(T_{ti}^{*}||T_{(t+\Delta)j}) > \mu$,则主题 $T_{(t+\Delta)j}$ 为 T_{ti}^{*} 的后向主题;反之,如果 $\Delta < 0$ 且 $\mathrm{KL}(T_{(t+\Delta)j}||T_{ti}^{*}) > \mu$,则主题 $T_{(t+\Delta)j}$ 为 T_{ti}^{*} 的前向主题。μ 为主题关联阈值。

5.3.4　实验分析

为了验证所提模型的有效性,实验基于 Gooseeker 数据爬取平台从美国有线电视新闻网抓取了从 2015 年 1 月 1 号至 2017 年 6 月 30 号与中国相关的新闻报道作为文本集,共 1325 篇新闻报道。抓取新闻报道的题目、发布时间和内容。对文本集的每一篇文档进行数据预处理,具体步骤包括:数据清洗,根据空格分词,再使用正则表达式去除标点符号和长度小于 3 的单词,以及所有被大量使用但是没有实际意义的停用词。实验将时间窗口设置为 1 个月,时间序列可划分为 30 个时间窗口,根据报导时间将文档划入到相应的窗口。

1. 主题识别结果

利用 LDA 抽取每个时间窗口的主题,每个窗口的最优主题数由困惑度(Perplexity)[67]确定,一共得到 155 个主题。选取每个主题中分布概率最高的 25 个单词作为主题内容的特征词。

表 5-18 列举了 LDA 主题抽取的部分结果(以 2015 年部分结果为例),列举出主题的标识、类别、特征词(仅列举前 10 个)及特征词的权重值。例如,主题标识 $T_{3,1}$ 表示 2015 年第 3 个时间窗口的第 1 个主题。从表 5-18 可看出:

(1) LDA 能够识别新闻报道的主题,主题的类别涵盖了军事、政治、经济和民生几个方面。

(2) 每个主题中分布概率最高的 25 个主题特征词能够表达该主题的内容。以 $T_{5,3}$ 为例,前 10 个特征词为:sea(海洋),south(南方),navy(海军),military(军事),island(岛屿),flight(飞行),aircraft(航空器),dispute(抵抗),claim(声称),reef(暗礁)。显然,该主题与中国南海军事相关。

(3) LDA 结果包含大量时间上存在延续的主题,例如,$T_{5,3}$ 和 $T_{10,1}$ 为南海军事的持续报道,$T_{7,4}$ 和 $T_{10,4}$ 为股市经济。LDA 结果也包括一些没有延续性、含义不清的主题,例如主题 $T_{9,4}$。因此,需要对 LDA 结果进行主题分类,去掉含义不清的主题,提取出存在演变关系、有跟踪价值的主题。

综上所述,LDA 结果能够识别新闻主题的内容,为了验证所提模型对 LDA 主题的分类效果,采用人工标注将 LDA 的主题标注为政治、经济、军事和民生四大类。实验旨在通过训练集中已标注的主题类别,预测测试集中每个具体主题的类别,实现新闻主题类别的预测,找到同类主题,从而描绘同类主题的内容和情感演变。

表 5-18   LDA 主题抽取的部分结果

标　识	T₅.₂		T₅.₃		T₁₀.₁		T₇.₄	
类　别	民生类（飞船发射）		军事类（南海问题）		军事类（南海问题）		经济类（股市）	
特征词	space	0.0671	sea	0.0215	sea	0.0199	market	0.0233
	mission	0.0288	south	0.0184	island	0.0189	economy	0.0191
	shenzhou	0.0205	navy	0.0136	south	0.0147	stock	0.01637
	astronaut	0.0192	military	0.0136	Build	0.0121	growth	0.0130
	Chinese	0.0091	island	0.0132	Warn	0.0079	month	0.0103
	launch	0.0071	flight	0.0110	Aircraft	0.0079	rate	0.0088
	opportunity	0.0071	aircraft	0.0088	Dispute	0.0073	currency	0.0085
	center	0.0064	dispute	0.0071	Issue	0.0068	Global	0.0075
	station	0.0064	Claim	0.0066	military	0.0068	Bank	0.0075
	spaceflight	0.0052	Reef	0.0066	surveillance	0.0063	treasury	0.0067

标　识	T₁₀.₄		T₆.₆		T₉.₄	
类　别	经济类（股市）		民生类（长江沉船）		民生类（混杂）	
特征词	market	0.0412	Ship	0.0563	GDP	0.0475
	stock	0.0293	Yangtze	0.0228	dinosaur	0.0368
	economy	0.0208	River	0.0196	Sale	0.0245
	bank	0.0117	Sink	0.0149	quarter	0.0231
	rate	0.0107	eastern	0.0146	smartphone	0.0223
	government	0.0096	cruise	0.0142	brand	0.0192
	month	0.0096	capsize	0.0138	democracy	0.0169
	economist	0.0085	report	0.0102	Status	0.0138
	crash	0.0081	rescue	0.0095	product	0.0101
	fall	0.0061	passenger	0.0081	feather	0.0101

2. 主题关联分类结果

LDA 得到 155 个主题，每个主题包括 25 个特征词，每个特征词的词向量采用 Google 开源的 Word2vec 的 Skip-gram 模型[68]训练产生，词向量维度 k 取 300 维。利用上述所提的 Topic2vec 词向量表达方法对特征词的词向量进行修正，使同一主题的特征词在语义空间上更为接近。

表 5-19 为本节采用卷积神经网络模型的参数设置。采用十字交叉验证训练模型，共进行 10 次实验，利用两种方式分配训练集和测试集合：①随机分配，将主题集合平均分

为 10 等份,每次实验随机取出 9 份组成训练集,剩余 1 份为测试集;②按时间分配,为了验证主题在时间上的延续性,将时间轴上前 9/10 的主题作为训练集,剩余 1/10 作为测试集。每次实验将训练集随机分成 9 等份。

表 5-19　卷积神经网络参数设置

可 调 参 数	值	可 调 参 数	值
激活函数	ReLU	滤波器滑动窗口大小 h	3,4,5
dropout	0.6	训练迭代次数	50
Batch	15		

图 5-17 和图 5-18 对比验证了 Topic2vec 的词向量表达使同类主题在语义上距离更接近,利用 ISOMAP[69] 展示在 Word2vec 和 Topic2vec 词向量表达下,每个主题在 2 维语义空间的嵌入分布。图上的每一个点代表一个 LDA 主题在 2 维平面的嵌入结果。相同类别的主题用相同的颜色进行标注,蓝色表示军事类主题,黄色代表经济类主题,绿色标注政治类主题,红色代表民生类主题。

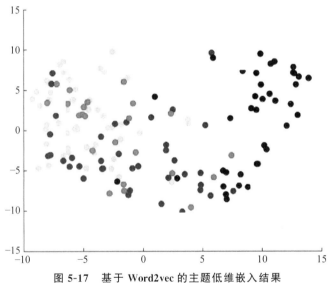

彩色配图

图 5-17　基于 Word2vec 的主题低维嵌入结果

在图 5-17 中,军事类主题(蓝色)分布在空间的右边部分,较好地与其余 3 类主题区分;而其余 3 类主题在 Word2vec 表达下较难区分。在图 5-18 中,同类主题在语义空间的分布更为清晰:蓝色军事类主题更为聚集,黄色经济类主题更偏向在空间的左边分布,红色民生类主题相比图 5-17 更靠空间下方分布,而绿色政治类主题倾向于分布在空间的上方。可见基于 Topic2vec 的词向量表达通过修改每一个具体主题的特征词矩阵,使其同时包含主题的语义信息和特征词在主题的共现概率信息,因此相同主题在语义空间更为接近。例如,同为"股市暴跌"的两个主题(体现为图 5-18 的两个点)距离更为接近,从而使同类主题更为聚拢。

同时也应看到,图 5-18 中不同类别主题在语义空间仍有交叉,原因在于:一方面,

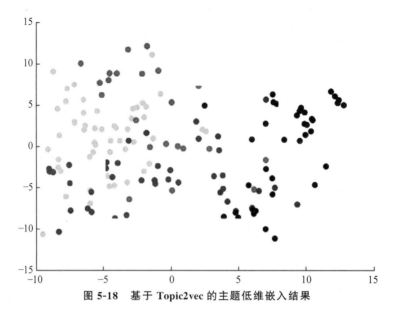

图 5-18　基于 Topic2vec 的主题低维嵌入结果

Topic2vec 只是对语义表达进行修正,无法实现主题的聚类;另一方面,不同类别主题的特征词会有交叉,例如,单词 government(政府)会同时出现在经济、军事类主题中。

表 5-20 对比所提模型与两种方案的主题分类效率:①基于 Word2vec 的主题模型;②SVM-LDA:基于支持向量机(Support Vector Machine,SVM)算法的主题分类,采用 LDA 的主题概率矩阵作为 SVM 算法的输入。

设置不同主题分类数验证所提模型在不同分类数目时的效果。4 类主题包括了所有的主题,3 类(2 类)主题是从所有主题中选择其中的 3 类(2 类)作为训练/测试数据。分析表 5-20 可以得到以下几点结论。

表 5-20　两个模型的实验测试结果

测试集分配	模　型	4 类准确率	3 类准确率	2 类准确率
随机分配	Word2vec	60.67%	68.89%	83.33%
	SVM-LDA	57.98%	63.54%	82.76%
	Topic2vec	**73.33%**	**82.22%**	**95.00%**
按时间分配	Word2vec	53.33%	54.55%	85.71%
	SVM-LDA	56.79%	64.23%	83.47%
	Topic2vec	**66.67%**	**72.72%**	**100%**

(1)测试集分配方法对模型的分类效果影响较大,例如,在 Word2vec 的 3 类主题中,随机分配的准确率是 68.89%,而按时间分配的准确率是 54.55%。实验时有必要设置不同的测试集验证模型的效果。此外,测试集分配对 SVM-LDA 影响较小,原因是 SVM-LDA 没有采用主题的分布式词向量表达,测试集的分配不影响每个主题在 SVM-LDA 中的表示。

（2）Topic2vec 的主题分类效果均优于 Word2vec，SVM-LDA 次之。不管设置几类主题以及选择哪种测试集分配方法，基于 Topic2vec 的模型分类准确率最高。例如，在随机分配测试集，设置 2 类主题时，Topic2vec 的分类准确率为 95％；Word2vec 的分类准确率仅为 83.33％；SVM-LDA 的分类准确率最低，为 82.76％。

（3）主题类别数目越少，主题的分类准确率越高。在实验测试中，2 类主题的分类准确率最高，在按时间分配的 Topic2vec 模型下可达到 100％。当主题类别数增加时，不同主题之间的交叉干扰会增加，从而降低分类的准确率。

3. 主题演化分析

图 5-19 为主题随时间演变趋势图，分别描绘了每类主题的内容强度、情感强度随时间演变曲线。图中的主纵轴为主题内容/情感强度，次纵轴为主题的新闻报道数量。

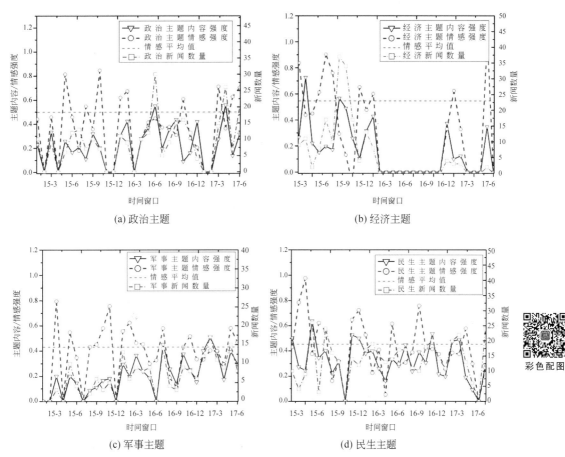

图 5-19　主题随时间演变趋势图

图中的倒三角曲线为新闻主题内容强度，主题内容强度范围取[0,1]，强度越大，说明该主题的关注度越高。可以看到，主题内容强度变化与新闻报道数量变化（方块曲线）基本吻合，说明所提模型能够正确刻画主题内容强度的变化。内容强度在某些窗口为 0，说明在该窗口没有该主题的报道。

图中的圆形曲线为主题的情感强度曲线,无图形虚线为每类主题的情感强度平均值。经济类主题的情感平均值最高,其次是政治类、民生类和军事类。

在主题曲线中,如果某个时间窗口内的主题内容强度为0,则其情感值也为0,因为如果主题没有被报道,则不存在情感态度。在四类主题的情感曲线中,政治、经济、军事和民生的情感强度最高点在2015-9、2017-5、2015-3和2015-3。分别对应的子主题事件是习主席第一次访美,我国"一带一路"战略引起媒体热议,我国宣布增加军事支出进行军事建设、CNN媒体对中国的军事现代化进行高度肯定,以及中国宣布全面放开"二胎"。由此可见,通过主题的内容强度和情感曲线能够捕捉主题被媒体热议的程度以及媒体对主题事件的态度。

在主题随时间演变的曲线中,利用所提模型判别主题的TCE事件和关键子主题。图5-20以经济类主题2015年5月的TCE事件与军事类主题2015年11月的TCE事件为例,展示关键子主题的关联图。T1505和T1511是对应TCE事件的关键子主题。图中每个节点表示一个子主题,黄色、蓝色和绿色节点分别表示经济、军事和政治类子主题;有向弧表示前向/后向主题关系。弧线上的值为主题的KL距离,值越小表示主题间的关联越紧密。

彩色配图

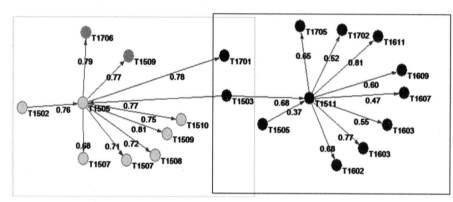

图5-20 TCE事件的关键子主题分析实例

以T1505和T1511为核心,不同时间窗口的子主题相互交叉影响。T1511为南海军事问题,其演变的前向、后向主题均为南海军事相关的子主题(如图所示,与T1511关联的节点均为蓝色)。比较有意思的是,与T1505关联的子主题中,除了黄色的经济类节点,包括2个绿色节点(T1509和T1706)和2个蓝色节点(T1503和T1701)。分析后得知,T1505主题为俄罗斯增加1000亿元新储备金支持金砖国家。T1509和T1706分别与中日关系、和中美关系相关,与T1505存在一定关联。T1503主题为"我国宣布增加军事支出支持军事建设",因此与经济节点T1505和军事节点T1511均有关联。

上述实验表明,在主题的演变过程中,不同子主题相互关联、交叉影响。通过抽取主题的TCE事件、构建关键子主题的关联图,能够得到主题演变发展的全貌。

5.3.5 结语

本节提出一种结合卷积神经网络和 Topic2vec 的新闻主题演变模型,创新性地引入卷积神经网络研究新闻主题随时间的演变关系,判别主题关注事件和关键子主题,挖掘更多的网络舆情信息。实验以 2015 年至 2017 年美国 CNN 网站对中国相关的新闻报道为数据对所提模型进行验证。实验表明,通过 Topic2vec 词向量表达,相同主题在语义空间上更为接近。所提模型的主题分类准确率较现有工作有 10% 的提升。通过新闻主题的内容强度和情感分值曲线,能够找到媒体热议的事件及对该事件的态度。

下一步工作将研究不同时间窗口长度对主题演化结果的影响以及基于可变时间窗口的主题演化分析。

5.4 本章小结

本章选取的单语情感分析的 3 个应用案例,是笔者在情感分析领域的实践研究成果,包括情感分析在股票走势预测中的应用、情感分析在微博转发规模预测中的应用以及情感分析在新闻舆情倾向预测中的应用。分别阐述了情感分析技术在这三个应用案例的研究背景、国内外研究现状、提出的模型思路以及实验分析等。

5.5 参考文献

[1] Sun X Q,Shen H W,Cheng X Q. Trading Network Predicts Stock Price[J]. Scientific Reports,2015,4:1-6.

[2] Adebiyi A A,Adewumi A O,Ayo C K. Comparison of ARIMA and Acritical Neural Networks Models for Stock Price Prediction[J]. Journal of Applied Mathematics,2014(1):1-7.

[3] Birz G. Stale Economic News,Media and the Stock Market[J]. Journal of Economic Psychology,2017,61(3):384-412.

[4] Chong E,Han C,Park F C. Deep Learning Networks for Stock Market Analysis and Prediction:Methodology,data representations,and case studies[J]. Expert Systems with Applications,2017,83:187-205.

[5] Akita R,Yoshihara A,Matsubara T. Deep Learning for Stock Prediction Using Numerical and Textual Information[C]. In Proceeding of 2016 IEEE/ACIS 15th International Conference on Computer and Information Science. Piscataway,NJ:IEEE,2016:978-984.

[6] Usmani M,Adil S H,Raza K. Stock Market Prediction Using Machine Learning Classifiers and Social Media,news[C]. In Proceeding of 2016 3rd International Conference on Computer and Information Sciences. Piscataway,NJ:IEEE,2016:322-327.

[7] Hajek P. Combining Bag-of-words and Sentiment Features of Annual Reports to Predict Abnormal Stock Returns[J]. Neural Computing and Applications,2018,29(7):343-358.

[8] Li J,Lin Y F. Time Series Data Prediction Based on Multi-time Scale RNN[J]. Comput. Appl. Software Shanghai,2018,35(62):33-37.

[9] Zhang Y S,Yang S T. Prediction on the Highest Price of the Stock Based on PSO-LSTM Neural

Network[C]. In International Conference on Electronic Information Technology and Computer Engineering (EITCE). Piscataway, NJ: IEEE, 2019: 1565-1569.

[10] Althelaya K A, El-Alfy E, Mohammed S. Stock Market Forecast Using Multivariate Analysis with Bidirectional and Stacked (LSTM, GRU)[C]. In 2018 21st Saudi Computer Society National Computer Conference (NCC). Piscataway, NJ:IEEE, 2018: 1301-1307.

[11] Zhao Z, Rao R, Tu S, et al. Time-Weighted LSTM Model with Redefined Labeling for Stock Trend Prediction[C]. In 2017 IEEE 29th International Conference on Tools with Artificial Intelligence. Piscataway, NJ: IEEE, 2017: 1210-1217.

[12] 孔翔宇, 毕秀春, 张曙光. 财经新闻与股市预测——基于数据挖掘技术的实证分析, 财经新闻与股市预测[J]. 数理统计与管理, 2016, 35(2): 215-224.

[13] Oncharoen P, Vateekul P. Deep Learning for Stock Market Prediction Using Event Embedding and Technical Indicators[C]. In 2018 5th Proceeding of International Conference on Advanced Informatics: Concept Theory and Applications. Piscataway, NJ: IEEE, 2018: 19-24.

[14] Tsai C F, Lin Y C, Yen D C, et al. Predicting Stock Returns by Classifier Ensembles[J]. Applied Soft Computing, 2011, 11(2): 2452-2459.

[15] 张梦吉, 杜婉钰, 郑楠. 引入新闻短文本的个股走势预测模型[J]. 数据分析与知识发现, 2019, 3(5): 11-17.

[16] Luan Y D, Lin S F. Research on Text Classification Based on CNN and LSTM[C]. In 2019 International Conference on Artificial Intelligence and Computer Applications (ICAICA). Piscataway, NJ: IEEE, 2019: 435-442.

[17] Ashima Y, Dinesh K V. Sentiment Analysis Using Deep Learning Architectures: A Review[J]. Artificial Intelligence Review, 2020, 53(6): 4335-4385.

[18] Rapach D, Zhou G. Forecasting stock returns[J]. Handbook of Economic Forecasting, 2013, 2: 328-383.

[19] Chen K, Zhou Y, Dai F. A LSTM-based Method for Stock Returns Prediction: A Case Study of China Stock Market[C]. In Proceeding of IEEE International Conference on Big Data. Piscataway, NJ: IEEE, 2015: 2823-2824.

[20] Gandhmal D P, Kumar K. Systematic Analysis and Review of Stock Market Prediction Techniques[J]. Computer Science Review, 2019: 34-47.

[21] 张玉川, 张作泉, 黄珍. 支持向量机在选择优质股票中的应用[J]. 统计与决策, 2008, 000(004): 163-165.

[22] Kara Y, Boyacioglu M A, Bayken K. Predicting Direction of Stock Price Index Movement Using Artificial Neural Networks and Support Vector Machines: The sample of the Istanbul Stock Exchange[J]. Expert Systems with Applications, 2011, 38(5): 5311-5319.

[23] 尼克·威尔金森. 行为经济学[M]. 贺京同, 那艺, 译. 北京: 中国人民大学出版社, 2012.

[24] Bruce J V, Adrian G, Geoff H. Do News and Sentiment Play a Role in Stock Price Prediction? [J]. Applied Intelligence, 2019, 49: 3815-3820.

[25] Chen W, Zhang Y, Yeo C K, et al. Stock Market Prediction Using Neural Networks through News on Online Social Networks[C]. In Proceeding of 2017 International Smart Cities Conference. Piscataway, NJ: IEEE, 2017: 23-29.

[26] Vargas M R, Anjos C D, Bichara G, et al. Deep Learning for Stock Market Prediction Using Technical Indicators and Financial News Articles[C]. In Proceeding of 2018 International Joint

Conference on Neural Networks. Piscataway，NJ：IEEE，2018：1-8.

[27] 岑咏华，谭志浩，吴承尧. 财经媒介信息对股票市场的影响研究：基于情感分析的实证[J]. 数据分析与知识发现，2019，3(9)：98-114.

[28] Zhao W T，Wu F，Fu Z Q, et al. Sentiment Analysis on Weibo Platform for Stock Prediction[C]. In International Conference on Artificial Intelligence and Security (ICAIS)，Hohhot. Piscataway，NJ：IEEE，2020：323-333.

[29] Basu S. The Investment Performance of Common Stocks in Relation to Their Price/earnings Ratio：A Test of the Efficient Market Hypothesis[J]. The Journal of Finance，1977，32(3)：663-682.

[30] French K R，Fama E F. Size and Book-to-market Factors in Earnings and Rreturns[J]. The Journal of Finance，1995，50(1)：131-155.

[31] Cheadle C，Vawter M P，Freed W J，et al. Analysis of Microarray Data Using Z Score Transformation[J]. The Journal of Molecular Diagnostics，2003，5(2)：73-81.

[32] 徐月梅，刘韫文，蔡连侨. 基于深度融合特征的政务微博转发规模预测模型[J]. 数据分析与知识发现，2020，4(2/3)：18-28.

[33] Staudemeyer R C，Morris E R. Understanding LSTM—a Tutorial into Long Short-term Memory Recurrent Neural Networks[J]. arXiv preprint arXiv:1909.09586，2019：1-42.

[34] Friedman J H. Greedy Function Approximation：A Gradient Boosting Machine[J]. Annals of Statistics，2001，29(5)：1189-1232.

[35] 刘泱育. 我国地方政务微博"上情下达"传播效能研究——基于 31 个省会城市政务微博传播中央政府工作报告的实证分析[J]. 新闻大学，2017(1)：78-84.

[36] 人民网舆情数据中心. 2018 年度人民日报政务指数·微博影响力报告[R/OL]. http://yuqing.people.com.cn/NMediaFile/2019/0121/MAIN201901211335000329860253572.pdf.

[37] 仇学明，肖基毅，陈磊. 基于用户特征的微博转发预测研究[J]. 南华大学学报：自然科学版，2016，30(4)：100-105.

[38] 刘玮，贺敏，王丽宏，等.基于用户行为特征的微博转发预测研究[J].计算机学报，2016，39(10)：1992-2006.

[39] 马晓峰，王磊，陈观淡. 基于混合特征学习的微博转发预测方法[J]. 计算机应用与软件，2016，33(11)：249-252，257.

[40] 李志清.基于 LDA 主题特征的微博转发预测[J]. 情报杂志，2015，34(9)：158-162.

[41] Kim Y. Convolutional Neural Networks for Sentence Classification[C]. In Proceedings of the 2014 Conference on Empirical Methods in Natural Language Processing，Doha，Qatar. Stroudsburg，PA：The Association for Computational Linguistics，2014:1746-1751.

[42] Friedman J H. Greedy Function Approximation：A Gradient Boosting Machine[J]. The Annals of Statistics，2001，29(5)：1189-1232.

[43] Petrovic S，Osborne M，Lavrenko V. RT to WIN! Predicting Message Propagation in Twitter [C]. In Proceedings of the 5th International AAAI Conference on Web and Social Media. Palo Alto，CA：AAAI，2011，5(1)：586-589.

[44] 曹玖新，吴江林，石伟，等. 新浪微博网信息传播分析与预测[J]. 计算机学报，2014，37(4)：779-790.

[45] 陈江，刘玮，巢文涵，等.融合热点话题的微博转发预测研究[J]. 中文信息学报，2015，29(6)：150-158.

[46] Weng J，Lim E P，Jiang J，et al. TwitterRank：Finding Topic Sensitive Influential Twitters[C]. Proceedings of the 3rd ACM International Conference on Web Search and Data Mining. New York，NY：ACM，2010：261-270.

[47] 李倩，张碧君，赵中英. 微博信息转发影响因素研究[J]. 软件导刊，2017，16(1)：15-17.

[48] 周莉，李晓，黄娟. 政务微博在突发事件中的信息发布及其影响[J]. 新闻大学，2015(2)：144-152.

[49] 陈然，刘洋. 基于转发行为的政务微博信息传播模式研究[J]. 电子政务，2017(7)：108-117.

[50] 张漫锐，刘文波. 政务微博传播效果影响因素研究——以"江宁公安在线"为例[J]. 今传媒，2017，25(10)：72-73.

[51] 李倩倩，姜景，李瑛，等. 我国政务微博转发规模分类预测[J]. 情报杂志，2018，37(1)：95-99.

[52] Maning C D，Schütze H，Raghavan P. 信息检索导论[M]. 王斌，译. 北京：人民邮电出版社，2011.

[53] Ilia I，Tsangaratos P. Applying Weight of Evidence Method and Sensitivity Analysis to Produce a Landslide Susceptibility Map[J]. Landslides，2016，13(2)：379-397.

[54] Hoffman M，Bach F R，Blei D M. Online Learning for Latent Dirichlet Allocation[C]. In Proceedings of the Neural Information Processing Systems Conference，2010：1-9.

[55] Chen F，Chiu P，Lim S. Topic Modeling of Document Metadata for Visualizing Collaborations over Time[C]. In Proceedings of the 21st International Conference on Intelligent User Interfaces，California，USA. New York，NY：ACM，2016：108-117.

[56] He Y，Lin C. Joint Sentiment/Topic Model for Sentiment Analysis[C]. In Proceedings of the 18th ACM conference on Information and knowledge management，Hong Kong，China. New York，NY：ACM，2009：375-384.

[57] Lin C，He Y，Everson R，et al. Weakly Supervised Joint Sentiment-Topic Detection from Text[J]. IEEE Transactions on Knowledge and Data Engineering，2012，24(6)：1134-1145.

[58] Zhu C，Zhu H，Ge Y，et al. Tracking the Evolution of Social Emotions with Topic Models[J]. Knowledge and Information Systems，2016，47(3)：517-544.

[59] Hofmann T. Probabilistic Latent Semantic Indexing[J]. ACM SIGIR Forum-SIGIR Test-of-Time Awardees 1978-2001，2017，51(2)：211-218.

[60] Kim S，Zhang J，Chen Z，et al. A Hierarchical Aspect-Sentiment Model for Online Reviews[C]. In Proceedings of the Twenty-Seventh AAAI Conference on Artificial Intelligence. Palo Alto：AAAI Press，2013：526-533.

[61] Ma C，Wang M，Chen X. Topic and Sentiment Unification Maximum Entropy Model for Online Review Analysis[C]. In Proceedings of International World Wide Web Conference，Florence，Italy. New York，NY：ACM，2015：649-654.

[62] 黄卫东，陈凌云，吴美蓉. 网络舆情话题情感演化研究[J]. 情报杂志，2014，33(1)：102-107.

[63] Hall D，Jurafsky D，Manning C D. Studying the History of Ideas using Topic Models[C]. In Proceedings of the Conference on Empirical Methods in Natural Language Processing. Honolulu，Hawaii. Stroudsburg，PA：The Association for Computational Linguistics，2008：363-371.

[64] Iwata T，Yamada T，Sakurai Y，et al. Online Multiscale Dynamic Topic Models[C]. In Proceedings of the 16th ACM SIGKDD International Conference on Knowledge Discovery and Data Mining，Washington，DC，USA. New York，NY：ACM，2010：663-672.

[65] Hutto C J，Gilbert，E E. VADER：A Parsimonious Rule-based Model for Sentiment Analysis of

Social Media Text[C]. In Proceedings of the Eighth International AAAI Conference on Weblogs and Social Media，Ann Arbor，MI. 2014：216-225.

[66]　Jonathon S. Notes on Kullback-Leibler Divergence and Likelihood[J]. Information Theory，2015：1-4.

[67]　Zhao W，Chen J J，Perkins R. A Heuristic Approach to Determine an Appropriate Number of Topics in Topic Modeling[C]. In Proceedings of the 12th Annual MCBIOS Conference，Little Rock，AR，USA. London：BioMed Central，2017：123-131.

[68]　Mikolov T，Sutskever I，Chen K，et al. Distributed Representations of Words and Phrases and Their Compositionality[J]. Advances in Neural Information Processing Systems，2013，26(13)：3111-3119.

[69]　Yang B，Xiang M，Zhang Y. Multi-manifold Discriminant Isomap for Visualization and Classification[J]. Pattern Recognition，2016，55(1)：215-230.

下篇　多语语言情感分析

第 6 章

多语言情感分析任务

6.1　多语言情感分析的研究背景

与传统的单语情感分析研究相比,多语言情感分析(Multi-lingual Sentiment Analysis)研究需要解决的主要问题是屏蔽不同语言间的语法、语用等差异,搭建不同语言之间的知识关联以实现不同语言间的资源共享。一般来说,多语言情感分析研究具有两个方面的意义。

一方面,将资源丰富语言(例如英语)中积累的方法模型、标注数据集、情感词典等成果用于开展其他语种的情感分析研究,避免重复的资源建设和方法模型构建。这对于自然语言处理模型在小语种,尤其是在低资源语言(Low-resource Language)上的快速部署具有非常重要的意义。

另一方面,通过联合多种语言的信息,使其互相帮助提升这些语言的处理能力。不同语言之间本身存在混合使用、词汇共享的特点,尤其是同一语言族之间的语言这种特点更加明显。例如,英语和德语都同属于日耳曼语系,因此固有词汇很像,通过共享词汇作为桥梁建立语言之间的关联和语义统一,能够提升单语言的处理性能。例如,研究发现通过多种语言的联合预训练能够弥补资源稀缺语言缺少训练数据的缺陷,帮助多语言 BERT (Multi-lingual BERT,Multi-BERT)模型学习到资源稀缺语言更好的表示[1]。

多语言情感分析研究的重点是语言间的知识共享以及迁移学习。表 6-1 总结了现有多语言情感分析研究的主要任务和采用的主要方法。从研究任务上,多语言情感分析研究主要包括多语言情感词典构建(Multi-lingual Sentiment Lexicon Construction)、跨语言词向量(Cross-lingual Word Embedding)生成以及跨语言情感分析(Cross-lingual Sentiment Analysis)模型。这些任务根据是否需要目标语言的标注数据,又分为有监督、半监督和无监督的方法。

表 6-1　多语言情感分析研究的主要任务和采用的主要方法

研究的任务	研究的内容	采用的方法	方 法 分 类
多语言情感词典构建	利用源语言的情感词典来构造目标语言的情感词典	基于机器翻译	有监督
		基于同义词集	
		基于平行语料库	
		基于跨语言词向量	—

续表

研究的任务	研究的内容	采用的方法	方 法 分 类
跨语言词向量生成	获得不同语言在同一语义空间的词向量表示	借助双语平行语料库或双语词典	有监督
		基于小样本的启发式双语种子词典	半监督
		借助大规模非平行语料资源	无监督
跨语言情感分析模型	借助一种/多种源语言帮助另一种语言开展情感分析工作	基于机器翻译	有监督
		基于双语词典/平行语料	
		基于结构对应学习	
		基于跨语言映射	—
		基于多语言预训练模型	无监督

（1）多语言情感词典构建。

多语言情感词典构建，也称跨语言情感词典构建，是指利用源语言的情感词典来构造目标语言的情感词典。"源语言"指已经获得的情感词典所使用的语言，一般为英语；"目标语言"指需要生成情感词典所用的语言。多语言情感词典构建的目标是利用自动方法从已知的源语言情感词典，生成既全面又比较准确的目标语言的情感词典，从而构建不同语言的情感词典。

多语言情感词典对于多语言的情感分析任务有着举足轻重的作用，是多语言情感分析中不可或缺的语义资源。特别地，如果能够预先建立双语情感词典，则不需要依赖源语言和目标语言的训练数据即可开展跨语言情感分析研究：基于双语情感词典计算目标语言文本中各个单词的情感分值，将得到的文本情感分值作为判断文本情感极性的重要依据。例如，Zabha 等使用中文-马来语双语情感词典，利用情感得分统计（Term Counting）的方法对马来语 Twitter 数据进行情感分析研究[2]。

相较于有监督的情感分析方法，基于情感词典的情感分析不需要借助大量的已标注训练数据，属于一种无监督的方法，天然地具有一定优势。

从研究方法上，双语情感词典构建的主要方法包括：基于机器翻译、基于同义词词集、基于平行语料库以及基于跨语言词向量的方法。其中，早期的双语情感词典构建主要采用前面三种方法，随着 MUSE 和 Vecmap 等跨语言词向量模型的提出[3,4]，近年来的双语情感词典主要使用基于跨语言词向量的方法。在这些方法中，基于机器翻译、同义词词集平行语料库的双语词典构建都属于有监督的方法；基于跨语言词向量的情感词典构建方法中，跨语言词向量的生成也包括有监督、半监督和无监督的方法。具体地，本书将在第 8 章重点探讨和分析多语言情感词典构建的相关研究。

（2）跨语言词向量生成。

跨语言词向量研究是为了获得不同语言在同一语义空间的词向量表示。研究表明，不同语言之间的词向量结构具有相似性，不同语言中语义相近的单词在各自的向量空间中的分布也相似[5]。因此，通过学习从源语言（目标语言）到目标语言（源语言）的映射，或者学习源语言和目标语言到同一词向量的映射,能够获得不同语言在同一空间的跨语言词向量表示。

跨语言词向量能够获得不同语言的统一表示,因此在下游的跨语言自然语言处理任务中扮演着重要角色,不仅可以作为双语情感词典构建的基础,也可以作为桥梁将多语言任务转换为单语言任务,是实现不同语言间知识迁移和资源共享的关键。因此,跨语言词向量研究是近年来自然语言领域的研究热点之一。

从研究方法上,根据是否借助双语平行语料库和双语词典,现有的跨语言词向量生成可以分为有监督、半监督和无监督的方法。有监督的跨语言词向量生成,借助大量的双语平行语料库或者双语词典,优点是将平行文本蕴含的词向量空间信息作为参考,有效保证跨语言词向量映射的效果;半监督的跨语言词向量生成,基于小样本的启发式双语种子词典作为映射锚点,学习双语之间的转移矩阵,优点是只需要用到小样本的种子词典,缺点是利用种子词典对齐词空间的映射矩阵来代替整个空间的映射矩阵,不一定能代表源目标语言整个空间的映射矩阵;无监督的跨语言词向量生成,借助大规模的非平行语料资源学习双语之间的转换矩阵,优点是无需人工标注数据,缺点是存在初始解不鲁棒问题,在缺少监督信息的情况下,容易陷入局部最优解。具体地,本书将在第 7 章重点探讨和分析跨语言词向量生成的相关研究。

(3) 跨语言情感分析模型。

跨语言情感分析模型的研究与机器学习和深度学习的发展密不可分,是指实现跨语言情感分析所使用的技术或者模型研究。注意到,跨语言情感分析模型与多语言情感词典构建和跨语言词向量表示并不是割裂存在的,可以借鉴已构建的多语言情感词典或者采用已生成的跨语言词向量表示,作为跨语言情感分析模型的先验知识。

例如,基于已生成的跨语言词向量表示,将两种语言的文本在同一语义空间中"对齐"后,跨语言情感分析可以采用支持向量机等传统机器学习模型,也可以采用卷积神经网络等深度学习模型,利用源语言的标注数据训练模型后,用于预测目标语言的待预测数据。

从研究方法上,跨语言情感分析模型包括基于机器翻译、基于平行语料库或双语情感词典、基于结构对应学习、基于跨语言词向量表示以及基于预训练模型的方法。

基于机器翻译的跨语言情感分析是使用机器翻译引擎将文本从一种语言直接翻译到另一种语言,从而实现多语言文本到单一语言文本的转换。研究发现,基于机器翻译的方法存在词汇覆盖(Vocabulary Coverage)问题,即由于不同语言之间的语义表达和书写风格不同,使得从单一源语言翻译的文本不能覆盖目标语言所有的词汇。

基于平行语料库和基于双语情感词典的跨语言情感分析存在共性之处,通过句子级/篇章级的平行语料库或者通过单词级的双语情感词典,建立两种语言的单词对应关系,从语义和概念上弥合源语言和目标语言之间的术语分布和结构差异,避免机器翻译的噪声问题。同时需注意到,基于平行语料库或双语词典的方法属于有监督的方法,需要大量并行或标记数据,或者构建完备的双语情感词典,往往不易获得。

基于结构对应学习(Structural Correspondence Learning,SCL)的跨语言情感分析方法由Blitzer 等在 2006 年提出,是早期进行跨语言文本情感分析的主要方法之一。其主要思想是基于轴心词(Pivots)发现源语言和目标语言之间的对应关系(Correspondences),并将不同语言的文本映射到同一特征空间(Feature Space)中,利用映射关系实现两种语言之间的知识迁移[6]。

自 2013 年起,随着分布式词向量表示模型(例如 Word2vec)被提出,跨语言情感分析研究进入了新的阶段,不只是停留在对基于机器翻译或基于平行语料库等有监督(Supervised)的跨语言情感分析方法的改进,而是从有监督的跨语言情感分析方法逐渐发展到弱监督(Weakly-Supervised)、完全无监督(Fully-Unsupervised)的跨语言情感分析方法。在这个阶段,基于跨语言词向量表示的方法以及基于多语言预训练模型的方法是跨语言情感分析研究的重点。

基于跨语言词向量表示的方法一般借助语言模型(Language Model)对目标语言的特征进行提取,或者利用生成对抗网络(Generation Adversarial Network,GAN)、自动编码器-解码器(Auto Encoder-Decoder)等模型挖掘两种源语言和目标语言表示之间存在的关系,提取出与语言无关的特征,使得源语言的标注数据能够用于对目标语言进行情感分析。例如,Feng 提出一个端到端的基于自动编码-解码器的跨语言、跨领域情感分析(Cross Lingual Cross Domain Sentiment Analysis,CLCDSA)模型,该模型利用自动编码-解码器作为语言特征提取器,对语言进行建模,并从大量无标注的源语言和目标语言中提取语言无关特征。CLCDSA 在英-法、英-德以及英-日的亚马逊评论数据集上分别取得 84.6%、88.0% 和 81.9% 的情感分类准确率[7]。

随着 BERT、GPT-3 等预训练模型相继提出并被应用到跨语言情感分析领域,基于预训练的多语言情感分析取得了快速的发展。例如,Devlin 等于 2018 年提出了多语言 BERT(Multi-lingual BERT,Multi-BERT)模型,使用 104 种语言的单语维基百科页面数据进行训练[8]。Pires 等对 Multi-BERT 进行大量探索性的实验,发现 Multi-BERT 模型在零样本跨语言任务中表现出色,尤其是当源语言和目标语言相似时表现最佳[9]。2019年,Facebook 提出跨语言预训练(Cross-lingual Language Model Pretraining,XLM)模型[10],XLM 模型虽然取得比 Multi-BERT 模型更好的效果,但是依赖于双语平行句对。因此,2020 年,作为 XLM 模型的改进,Facebook 提出 XLM-RoBERTa[11]。XLM-RoBERTa 的模型结构与 RoBERTa 一致,使用了规模更大的 Common Crawl 多语言语料库,能够处理100 种语言。具体地,本书将在第 9 章重点探讨和分析跨语言情感分析模型的相关工作。

6.2　多语言情感分析的应用场景

多语言情感分析的应用包括两个方面,一个是沿袭了单语言情感分析应用的场景,应用在传统的商业智能、推荐系统、互联网舆情监测等领域;另一个是帮助小语种进行情感资源的建设,加快自然语言处理模型在低资源语言上的部署。

6.2.1　商业智能和推荐系统

多语言情感分析的应用场景在一定程度上与单语言情感分析相同,都可以应用到商业智能、推荐系统、互联网舆情等领域。但是,由于多语言情感分析的性能、所需的算力资源和耗费的时间复杂度都远远低于单语言情感分析,因此在应用的深度和广度上都不及单语言情感分析,甚至有些还处在研究探索阶段,尚未大规模产业化应用。下面,对应于单语言情感分析的应用场景,谈谈多语言情感分析的具体应用。

在商业智能中,随着企业全球部署、全球购买以及全球运输战略的提出,多语言情感分析在多语言聊天机器人、多语言产品评论分析中具有很广阔的应用市场。聊天机器人是一种服务型机器人产品,可以自动与人类进行对话、通过语音或者书面语言理解并且响应回答人类的问题,常用于智能家庭陪伴、客服虚拟助理等。情感是聊天机器人的一个重要特征,不具备情感识别或情感理解的对话机器人,无法实现高质量的智能家庭陪伴或提供具备高质量服务的智能客服。

经济全球化时代,各国经济文化交流日益频繁,人员流动繁多,世界移民的总数达到前所未有的规模。相比于单语言聊天机器人,多语言聊天机器人更受移民家庭的追捧,能够满足家庭教育中对母语和移民国家语言的双重对话需求。此外,对于一家全球范围内运行业务的公司来说,多语言客服机器人相比单语言客服机器人更适合作为机器客服问答。例如,以一家在全球范围内销售产品的公司为例,公司的一位潜在用户希望了解更多的产品功能,于是使用了德语进行对话查询,如果该聊天机器人不能够很好地识别德语对话文本中的情感,有可能会失去这个潜在的用户。

目前的对话机器人产品对用户的情感对话处理不够精准,尤其针对多语言背景下不同文化背景、不同国家群体开发的多语言聊天机器人,其性能有待提高。正如在本书绪论中提到的,由于情感表达容易受到文化背景、年龄以及教育程度的影响,为多语言情感的识别和理解增加了难度和挑战,这也是多语言聊天机器人相比单语言聊天机器人在未来研究中亟需解决的问题。

上述问题和挑战同时也体现在推荐系统的多语言情感分析应用方面。推荐系统作为一种信息过滤系统,旨在根据用户的偏好和约束为用户提供排序的个性化推荐列表,包括电影、音乐、新闻、书籍、搜索查询等。精准的推荐系统能够有效解决信息过载问题,提升和改善用户体检;错误的推荐则可能影响用户的使用体验。情感分析作为一种技术手段,能够用于分析推荐系统中的用户偏好,从而提升推荐系统的性能。具备多语言情感分析的推荐系统,对于跨国公司、跨境电商来说尤为重要。

例如,对于一家包括不同国家地区潜在用户的跨境电商公司来说,不同国家的用户群体具有不同的喜好,如果仅仅根据某一个国家地区的评论反馈,将产品推广应用到不同的国家地区,显然无法实现精准的商品推荐。为了能够给不同国家地区的客户提供精准推荐,可以借助多语言情感分析,区分语言进行用户评论的情感倾向分析,生成不同国家语言群体的用户画像,从而有针对性地进行用户产品推荐,满足不同国家客户群体的要求。

特别地,情感分析应用在多语言推荐系统时,应更加关注推荐系统中存在的冷启动问题和隐私保护问题。一方面,不同语言用户的产品评论信息,天然地存在着数据不均衡的问题,例如,跨境电商新开辟一个海外市场时,可能缺乏对这个市场的用户信息和喜好的了解,更缺乏这个市场用户的评论信息。因此,推荐系统中的冷启动问题在多语言推荐系统中更加普遍。另一方面,现有推荐系统的各种算法和研究都是基于 *GroupLens:An Open Architecture for Collaborative Filtering of Netnews* 提出的形式化模型,以用户评分和历史使用数据为基础,在不同的国家和地区应用并收集用户的评分和历史使用数据时,需要特别注意隐私保护问题。

6.2.2　多语言互联网舆情

多语言互联网舆情研究在互联网国际舆情监测和网际空间安全中发挥着重要的作用。例如,通过对多语言信息进行观点抽取和情感判别,分析和把握不同国家和不同媒体对我国重大热点和突发事件的立场态度,横向对比分析不同语言群体的舆情演化规律和传播特点。

多语言互联网舆情研究一般包括舆情信息采集、舆情智能分析、舆情监测和预警以及舆情应对处置等方面。多语言情感分析技术在舆情智能分析中发挥着重要作用,能够对多语言信息进行观点挖掘、情感倾向分析、情绪原因发现、情感信息抽取等,全方面感知和发现舆情传播的规律和现状。此外,通过描绘情感分析结果随着时间发展的演变曲线,得到动态的舆情监测结果。

现在,对于非英语语言尤其是面对社交媒体多种语言数据的主题和情感识别仍处于起步研究阶段,主要集中在少数几种语言。例如,学者们为了了解不同国家的民众对欧洲议会选举的意见,曾收集在 2014-5-1—2014-5-14 期间发布在 Twitter 上超过 120 万条 3 种语言(英语、德语和法语)的相关推文。通过对不同语言的推文进行积极、中立和消极情感倾向分析,发现不同语言群体对欧盟的立场有一定差异。其中,英语语言的 Twitter 对话中,情感倾向分布为 39% 消极、30% 中立和 31% 积极;法语语言的 Twitter 对话中,情感倾向分布为 39% 消极、28% 中立和 33% 积极,结果与英语语言 Twitter 的分析结果类似。然而,德语语言的 Twitter 对话中,支持欧盟的声音更多一些,超过 39% 为积极支持。可以看到,多语言信息的情感分析在国家安全和不同国家语言群体的观点挖掘方面有着切实可行的应用。

同时也应看到,由于多语言信息的观点抽取和情感判别需要解决不同语言语义之间的鸿沟,同一句子在不同语言下单词的顺序不同、语义结构也不同,给多语言信息处理带来挑战。对国际舆情发展的感知和把握,需要解决多语言信息处理的基础研究问题,包括多语言信息的新闻主题识别、多语言新闻情感判别以及演变发展等。

6.2.3　多语言情感资源建设

根据 Ethnologue 数据库统计分析,全球现有 7179 种语言,然而开展计算语言学研究的语言数量少于 30 种。大多数语言由于缺少计算资源或者语言学标注资源,使得在该语言下的自然语言处理研究进展缓慢。因此,多语言情感分析研究的开展对于推动多语种情感资源建设,具有很大帮助。

根据语言所具备的计算资源或标注资源的数量多少,可以将语言区分为低资源(Low-resource)语言、中等资源(Moderate-resource)语言和高资源(High-resource)语言。关于什么是低资源语言有着不同的定义。研究学者 Maxwell 和 Hughes 曾经用低密度(Low-density)去形容低资源语言,并列举了许多不同类型的语言标注资源,例如平行语料库、命名实体识别所需的标注文本、诸如 FrameNet 的语义标注文本、字典和词汇资源等,认为缺少这些标注资源的语言是低密度语言[12]。本书将在第 9 章重点探讨高、中、低资源语言的定义及其分类。

近年来,多语种的情感资源建设取得了很多的成果,已有一些资源库和工具包已经公开开源使用,这里简单列举几个较为成熟的资源库和工具包。

(1)亚马逊网站的多语言产品评论数据集。

亚马逊网站的多语言产品评论数据集是建设最早的多语言情感分类数据集。一共包括英语、中文、日语、法语和德语五种语言的已标注分值的产品评论,是用户对 DVD、书籍、音乐三种产品的评论文本及其评分。其中,产品评分用 1 星、2 星、4 星和 5 星表示,星值越大表示评分越高。每种语言的用户产品评论各有多 12000 条,其中,DVD 评论 4000条、书籍评论 4000 条以及音乐评论 4000 条。

(2)维基百科多语言语料库。

在自然语言处理领域,维基百科多语言语料库是建设较早的多语言网页数据库,包括了 40 种语言的维基百科页面数据,原始的 XML 格式的维基百科页面数据可以参考本节二维码。

资源库和
工具包

(3)fastText 多语言词向量表示。

fastText 是 Facebook 开源的多语言词向量表示资源库,是基于维基百科多语言页面数据训练得到的单语言词向量表示,一共提供了 157 种语言的词向量表示,将每个单词表示成为 300 维的向量。相关研究指出,单语言词向量表示对多语言自然语言处理任务的性能也有直接影响。相比于 Word2vec 词向量表示模型,fastText 模型适用的语种更多,并且在训练过程中采用的是维基百科的多语言页面数据,因此在语言语义表示和对齐上更为出色,更适用于多语言自然语言处理任务。

(4)MUSE 多语言双语词典。

多语言双语词典是多语言情感分析中非常重要的资源。MUSE(Multilingual Unsupervised and Supervised Embeddings)词典是由 Facebook 建设并开源的大规模高质量双语词典,包含了英语-西班牙语、英语-德语、英语-法语、英语-中文和英语-日语等语言对在内的 110 种与英语对应的双语词典,每个词典包含两种语言下最常用的 6500 个单词对。

6.3　多语言情感分析的实现步骤

多语言情感分析的实验步骤与单语言情感分析类似,都是针对输入信息进行情感分析后输出结果,例如,输出情感极性分类结果或者情感信息抽取结果等。

区别于单语言情感分析,多语言情感分析的输入一般为多种语言的信息,因此首先要实现多种语言信息的语义对齐,然后才能进行情感分析任务。一般来说,有两种实现步骤:①先语言对齐再特征表示;②语言对齐和特征表示同步。一般来说,基于机器翻译或者基于平行语料库等跨语言情感分析方法属于先语言对齐再特征表示的方法;多语言预训练模型则是将语言对齐和特征表示同步的方法。

图 6-1 展示的是先语言对齐再特征表示的多语言情感分析实现步骤。首先,基于输

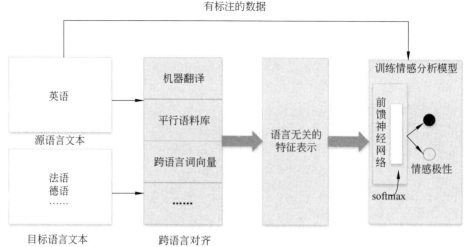

图 6-1   先语言对齐再特征表示的多语言情感分析实现步骤

入的源语言和目标语言数据,进行跨语言对齐。对齐的手段有很多,包括机器翻译、平行语料库或者跨语言词向量表示等方法。例如,利用机器翻译手段将源语言的带标注数据翻译成目标语言即可实现源语言和目标语言的对齐,然后利用翻译后的标注数据训练目标语言分类器,实现对目标语言的未标记数据预测。基于平行语料库的方法,一般是通过平行语料库中的单词对齐及同义词、反义词等信息建立节点间联系,即可清晰构建出语言间的关系。

通过跨语言对齐后,多语言情感分析等价于单语言情感分析。因此,后续的步骤跟单语言情感分析类似,进行语言无关的特征抽取和特征表示后,用源语言的标注数据训练情感分析模型,用于对目标语言进行情感分析预测。

图 6-2 以生成对抗网络为例,展示语言对齐和特征表示同步的多语言情感分析实现步骤。在这些步骤里,语言对齐和特征表示同时在一个模型中实现。这种方法一般借助生成对抗网络或者多语言预训练模型实现。这两种方法的共同点是都需要先将源语言和目标语言进行向量化表示,一般采用 Word2vec 单词词向量表示模型或者 fastText 单语言词向量表示模型获得。下面分别谈谈基于生成对抗网络以及基于多语言预训练模型的两种不同实现思路。

基于生成对抗网络的跨语言情感分析的核心思想是生成-对抗[13]。通过生成-对抗的迭代训练,使得情感分类器能够获得源语言和目标语言的语言无关特征,从而实现源语言到目标语言的跨语言情感分析。

具体地,语言生成器作为特征提取器,提取文本特征;语言鉴别器负责判别特征是来自于源语言还是目标语言;二者组成生成对抗网络并进行训练。每次迭代中,鉴别器首先提升鉴别语言能力,而特征提取器随后尽力混淆语言鉴别器,训练结果是特征提取器使得语言鉴别器完全无法鉴别语言,即认为它能提取语言无关特征,能将该特征运用于跨语言的情感分类。最后,特征提取器和情感分类器组合并输入源语言的带标注数据进行训练,最终实现对目标语言的情感分析。

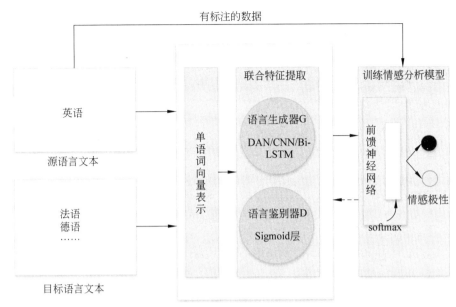

图 6-2　语言对齐和特征表示同步的多语言情感分析实现步骤

　　基于预训练的跨语言情感分析,通过在预训练阶段使用多种语言的大量无标注数据进行训练,学习到海量并且通用的语言特征。例如,多语言 BERT 模型由 Pires 等 2019 年提出[9],是在 BERT 模型的基础上使用维基百科的 104 种语言数据训练得到的多语言预训练模型。通过 104 种语言数据的预训练,Multi-BERT 模型学习到处理不同语言时的"对齐"能力。例如,英文的"good"单词和中文的"好"单词在 Multi-BERT 模型的词向量表示上接近。通过跨语言的语义对齐,Multi-BERT 学习到一种语言的特性后,将其应用到另一种语言以实现零样本(Zero-shot)的跨语言迁移。

6.4　本章小结

　　本章重点阐述了多语言情感分析的研究背景、应用场景和一般实现步骤。情感分析从单语言发展到多语言是全球化背景下的发展趋势。区别于单语言情感分析,多语言情感分析研究需要解决的主要问题是屏蔽不同语言间的语法、语用等差异,搭建不同语言之间的知识关联以实现不同语言间的资源共享。

　　多语言情感分析研究的问题包括多语言情感词典构建研究、跨语言词向量表示研究以及跨语言情感分析模型研究。这些任务根据是否需要目标语言的标注数据,又分为有监督、半监督和无监督的方法。本章分别总结了这些研究的主要内容和方法。

　　多语言情感分析的应用一方面沿袭了单语情感分析应用的场景,在跨境电商、多语言聊天机器人、多语言客服助理、多语言互联网舆情中发挥着重要作用;另一方面是帮助小语种进行情感资源的建设,加快自然语言处理模型在低资源语言上的部署。本章总结了现有常用的多语言情感资源库。

　　最后,本章节讲解了多语言情感分析实现的一般步骤,主要包括先语言对齐再特征表示以及语言对齐和特征表示同步两种方法。多语言情感词典构建研究、跨语言词向量表示研究以及跨语言情感分析模型研究将在接下来的 3 个章节具体讲解。

6.5 参考文献

［1］ Wu S，Dredze M. Beto，Bentz，Becas：The Surprising Cross-Lingual Effectiveness of BERT［C］. In Proceedings of the 2019 Conference on Empirical Methods in Natural Language Processing and the 9th International Joint Conference on Natural Language Processing （EMNLP-IJCNLP）. Stroudsburg，PA：Association for Computational Linguistics. 2019：833-844.

［2］ Zabha N I，Ayop Z，Anawar S，et al. Developing Cross-lingual Sentiment Analysis of Malay Twitter Data Using Lexicon-based Approach［J］. International Journal of Advanced Computer Science and Applications，2019，10(1)：346-351.

［3］ Conneau A，Lample G，Ranzato M A，et al. Word Translation without Parallel Data［C］. In International Conference on Learning Representations. OpenReview.net，2018.

［4］ Artetxe M，Labaka G，Agirre E. Generalizing and Improving Bilingual Word Embedding Mappings with a Multi-step Framework of Linear Transformations［C］. In Proceedings of the Thirty-Second AAAI Conference on Artificial Intelligence (AAAI-18). Palo Alto，CA：AAAI，2018，32(1).

［5］ Mikolov T，Le Q V，Sutskever I. Exploiting Similarities among Languages for Machine Translation［J］. arXiv preprint arXiv：1309.4168，2013.

［6］ Blitzer J，McDonald R，Pereira F. Domain Adaptation with Structural Correspondence Learning ［C］. In Proceedings of the 2006 Conference on Empirical Methods in Natural Language Processing. Sydney，Australia：SIGDAT. Stroudsburg，PA：Association for Computational Linguistics，2006：120-128.

［7］ Feng Y，Wan X. Towards a Unified End-to-end Approach for Fully Unsupervised Cross-lingual Sentiment Analysis［C］.In Proceedings of the 23rd Conference on Computational Natural Language Learning （CoNLL）Hong Kong，China. Stroudsburg，PA：Association for Computational Linguistics，2019：1035-1044.

［8］ Devlin J，Chang M W，Lee K，et al. Bert：Pre-training of Deep Bidirectional Transformers for Language Understanding［C］. In Proceedings of the 2018 Conference of the North American Chapter of the Association for Computational Linguistics，Stroudsburg，PA：Association for Computational Linguistics，2019：4171-4186.

［9］ Pires T，Schlinger E，Garrette D. How Multilingual is Multilingual BERT？［C］In Proceedings of the 2019 Conference of the North American Chapter of the Association for Computational Linguistics，Stroudsburg，PA：Association for Computational Linguistics，2019：4996-5001.

［10］ Lample G，Conneau A. Cross-lingual Language Model Pretraining［J］. arXiv preprint arXiv：1901. 07291，2019.

［11］ Conneau A，Khandelwal K，Goyal N，et al. Unsupervised Cross-lingual Representation Learning at Scale［C］. In Proceedings of the 58th Annual Meeting of the Association for Computational Linguistics. 2020：8440-8451.

［12］ Mike Maxwell，Baden Hughes. Frontiers in Linguistic Annotation for Lower-density Languages

[C]. In Proceedings of the Workshop on Frontiers in Linguistically Annotated Corpora 2006. 2006：29-37.

[13] Goodfellow I，Pouget-Abadie J，Mirza M，et al. Generative Adversarial Nets[C]. In Proceedings of the 27th International Conference on Neural Information Processing Systems. United States：MIT Press，2014：2672-2680.

第7章
多语言情感分析的技术基础
——跨语言文本表示

7.1 跨语言词向量的定义

不同语言之间的词向量结构具有相似性。跨语言词向量（Cross-lingual Word Embedding，CLWE）通过学习从源语言（目标语言）到目标语言（源语言）的映射，或者学习源语言和目标语言到同一词向量的映射，获得不同语言在同一语义空间下的词向量表示。

跨语言词向量与单语词向量类似，是一种定长、连续、稠密的单词向量表示，但是二者使用范围与内在含义存在一定差异：首先，跨语言词向量主要应用于跨语言自然语言处理任务，而单语词向量主要应用于单语自然语言处理任务；其次，跨语言词向量不仅表示单词的语义信息，还蕴含双语的单词相似信息。

跨语言词向量认为，不同语言中语义相近的单词在各自的向量空间中分布也相似[1]。图 7-1 展示了一组中英文单词在跨语言词向量空间的分布情况。经过跨语言映射后，语义相近的中英文单词，具有相近的距离或相似的分布。例如，中文单词"坏"与英文单词"bad""awful"的语义空间比较接近。

彩色配图

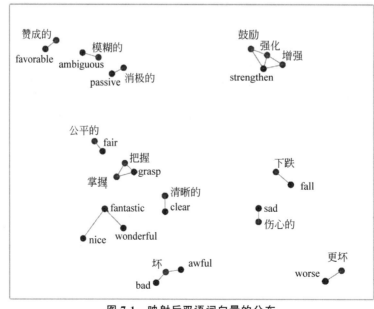

图 7-1 映射后双语词向量的分布

跨语言词向量模型能够获得不同语言的统一表示,因此在下游的跨语言自然语言处理任务中扮演重要作用:不仅是跨语言信息检索、双语情感词典构建的基础,也是实现不同语言间知识迁移和资源共享的关键,能够解决大部分非英语语言面临的语料资源匮乏问题,近年来成为多语言信息处理领域的研究热点。

跨语言词向量生成根据是否借助标注语料的信息可以分为有监督、半监督和无监督的方法。表 7-1 总结了这三种方法不同的研究思路、优缺点、人工需求以及可移植性。下面分别具体阐述有监督、半监督和无监督的跨语言词向量模型的主要思路和方法。

表 7-1 跨语言词向量模型的分类和对比

	研究思路	优点/缺点	人工需求	可移植性
有监督方法	借助大量的双语平行语料库或者双语词典	**优点**:将平行文本蕴含的词向量空间信息作为参考,有效保证映射的效果 **缺点**:双语平行语料难以获得,尤其是大规模的双语平行语料	强	弱
半监督方法	基于小样本的启发式双语种子词典作为映射锚点,学习双语之间的转移矩阵	**优点**:只需要用到小样本的种子词典、较易获得 **缺点**:本质上利用种子词典对齐词空间的映射矩阵来代替整个空间的映射矩阵,不一定能代表源-目标语言整个空间的映射矩阵	中	中
无监督方法	无需人工标注数据,借助大规模的非平行语料资源学习双语之间的转换矩阵	**优点**:无需借助平行语料库/双语词典 **缺点**:存在初始化不鲁棒问题,对于初始解要求比较高,不同的初始解对结果影响较大;在缺少监督信息的情况下,容易陷入局部最优解	低	强

7.2 跨语言词向量模型概述

近年来,许多工作致力于研究跨语言词向量模型。早期的跨语言词向量模型主要采用有监督方法,依赖于源语言和目标语言之间昂贵的人工标注语料,例如双语平行语料库或者双语词典[2-4],实现源语言和目标语言单语词向量空间的对齐。然而,对于大多数非英语语言,尤其是小语种语言,这样的平行语料和双语词典并不容易获得。因此,半监督的跨语言词向量模型被提出来,尝试用更小规模的语料或者种子词典减少对跨语言监督信息的依赖,并在一些语言对上取得了较好的结果。例如,在英语-法语双语词典构建任务中获得了 37.27% 的翻译准确率,在英语-德语双语词典构建任务中获得了接近于 40% 的翻译准确率[5]。这些半监督方法非常依赖于种子词的选取,容易出现过拟合现象。近年来,无监督的方法成为跨语言词嵌入向量生成的研究热点[6-8],其主要原因在于无监督方法无需借助任何平行语料库或者种子词典,适用的语种范围更广泛。

下面分别阐述有监督、半监督和无监督的跨语言词向量模型的主要实现思路。

7.2.1 有监督的跨语言词向量模型

有监督的跨语言词向量模型,主要依靠双语平行语料库或者双语词典作为监督信息,对齐源语言和目标语言的单语词向量空间。一般来说,源语言和目标语言的单语词向量表示可以通过 fastText 模型或者 CBOW 模型获得。相关研究指出,单语词向量表示的选择对跨语言词向量的对齐也有影响。相比在 WaCky 数据集上训练得到的 CBOW 单语词向量表示,使用基于维基百科页面数据训练的 fastText 单语词向量更有助于得到高质量的跨语言词向量表示[9]。

最早的有监督跨语言词向量模型由 Mikolov 于 2013 年提出[1],通过最小化向量间的欧式距离来学习两种语言间的线性变换。下面以双语词典的监督信息为例,描述有监督的跨语言词向量生成过程。

已知双语词典表示为 $D = \{x_i, y_i\}_{i \in (1,n)}$,其中,$x_i$ 和 y_i 互为源语言和目标语言的翻译词对,n 为双语词典的单词对个数。将双语词典中的每一个单词表示为 d 维的向量。令 X 表示源语言的单语词向量空间,Y 表示目标语言的单语词向量空间,则 X 和 Y 都是大小为 $n \times d$ 的矩阵。通过学习源语言和目标语言单语词向量空间的相似性,获得两种语言间的映射矩阵 W,使得 WX 与 Y 这两个空间尽可能相近,即优化为

$$W^* = \underset{W}{\arg\min} \| WX - Y \| \tag{7-1}$$

其中,W 为 $d \times d$ 维矩阵。对公式(7-1)的优化求解是一个迭代过程。求解过程中,已知双语词典中互为翻译词对的源语言单词和目标语言单词 x_i 和 y_i,在迭代过程中求解公式(7-1)的最优值 W^*,有效保证跨语言的映射效果。

公式(7-1)的优化目标是计算矩阵 W,将源语言的词向量映射至目标语言的词向量空间中。如果是将源语言和目标语言的词向量映射至同一共享空间,则相对应于源语言和目标语言的单语词向量空间,需要分别计算转移矩阵 W_X 和 W_Y,将目标函数(7-1)修改为 $\underset{W_X, W_Y}{\arg\min} \| W_X X - W_Y Y \|$。本章节以从源语言到目标语言的映射为例叙述。

研究表明,在跨语言词向量的迭代过程中,对映射矩阵 W 施加正交(Orthogonal)约束能够获得更好的性能[10]。如果映射矩阵 W 为正交,能够最大程度保证单语词向量的语种内特性,使得源语言单语词向量不会因映射过程而丧失全部单语特征,从而获得更好的跨语言词向量。若 W 为正交矩阵(Orthogonal Matrix),则满足 $WW^{\mathrm{T}} = W^{\mathrm{T}}W = E$,其中,$E$ 是单位矩阵。Samuel 等的研究发现也侧面印证了这个观点,他们以英语-意大利语为例,发现向量空间的线性变换应当是正交的,即进行了向量空间的旋转。线性变换后两个语种的词向量分布没有改变,同一个语种内的两个单词之间的向量距离保持不变,只是对两个向量空间分别进行了旋转操作。经过旋转到的共享向量空间满足不同语种中的同义单词之间的向量相似度最高[10]。

如果 W 满足正交矩阵约束,这种变换可以使用奇异值分解(Singular Value Decomposition, SVD)得到。首先,构造相似性矩阵 $S = YWX^{\mathrm{T}}$,相似性矩阵 S 表示在满足正交变换 W 下,源语言词向量与所有可能的目标语言词向量间的余弦相似度,即 $S_{ij} = \cos(\theta_{ij})$。因此,对于公式(7-1)求欧氏距离的最小化,等价于求向量余弦相似度的最大化,表示为

$$W^* = \arg\max_{W} \sum_{i=1}^{n} y_i^{\top} W x_i \tag{7-2}$$

对于公式(7-2)的求解,利用双语词典分别生成两个有序矩阵 X_D 和 Y_D,使得 $\{X_D,$ $Y_D\}$ 的第 i 行对应于双语词典的第 i 个词对。X_D 和 Y_D 都是大小为 $n \times d$ 的矩阵。令矩阵 $M = X_D^{\top} Y_D$,M 为与词向量维度相等的方阵。对 M 进行奇异值分解操作得到对应矩阵 U、Σ 和 V,如公式(7-3)所示。其中,U 和 V 的每一列均为标准正交向量,Σ 则为一个包含奇异值的对角矩阵。利用上述得到的三个矩阵,经公式(7-4)得到跨语言词向量映射矩阵的最优解 W^*。

$$\mathrm{SVD}(M) = U\Sigma V^{\top} \tag{7-3}$$

$$W^* = V \cdot U^{\top} \tag{7-4}$$

由上述分解可见,对转换矩阵施加正交约束,使用奇异值分解计算映射矩阵能够有效减少运算时间。

上述内容阐述了使用单词数规模为 n 的双语词典作为监督信息,获得跨语言词向量映射矩阵 W 的一般过程。为了提高有监督的跨语言词向量的生成质量,有学者开展了一系列研究:通过源语言和目标语言对情感表达的语言差异进行建模[11]、借助由机器翻译获得的 2000 个单词对计算从源语言到目标语言向量空间的转换矩阵[12]、基于标注的双语平行语料将情感信息编码到跨语言词向量中[13]、研究更细粒度如方面级(Aspect-level)的跨语言词嵌入[14]以及探索语料中的单词次序(Word Order)调整对跨语言词向量的影响[15]。表 7-2 总结了这些有监督的跨语言词向量模型的特点、所采用的数据集、测试的语种以及性能评估,下面简单谈谈这几个研究的思路。

Chen 等[11]认为在现有的跨语言情感分析中语言的差异性(Language Discrepancy)被大大地忽略了,因此提出将情感表达中固有的语言差异建模为内在的双语极性关系(Intrinsic Bilingual Polarity Correlations,IBPCs),以便更好地进行跨语言情感分析。给定源语言文档及其翻译的对应文档,首先进行情感表达学习,再用卷积层提取其中的通用语义后,用正交变换从中提取两种单语情感并投影到共享的混合情感空间中。在这个混合情感空间中,语言差异被建模为源语言和目标语言在每个特定极性下的固定转移向量,因此基于目标语言文档与其翻译副本之间的转移向量来确定目标语言文档的情感。

表 7-2　有监督的跨语言词向量模型代表研究

作者	模型	特　　点	数据来源	语种	准确率/%
Chen 等 (2017)	RBST	将语言差异建模为源语言和目标语言在每个特定极性下的固定转移向量,基于此向量确定目标语言文档情感	亚马逊产品评论数据;微博评论数据	英-中	81.5
Abdalla 等 (2017)	SVM; LR 分类器	借助由机器翻译获得的单词对来计算从源语言到目标语言向量空间的转换矩阵	谷歌新闻数据集;西班牙十亿单词语料库;维基百科数据;谷歌万亿单词语料库;酒店评论数据集	英-中	F: 77.0
				英-西	F: 81.0

续表

作者	模型	特　点	数据来源	语种	准确率/%
Dong 等（2018）	DC-CNN	基于标注的双语平行语料库，将潜在的情感信息编码到跨语言词向量中	SST 影评；TA 旅游网站评论；AC 法国电视剧评论；SE16-T5 餐馆评论；AFF 亚马逊美食评论	英-西	85.93
				英-荷	79.30
				英-俄	93.26
				英-德	92.31
				英-捷	93.69
				英-意	96.48
				英-法	92.97
				英-日	88.08
Akhtar 等（2018）	Bilingual-SGNS	结合负采样的双语连续跳跃元语法模型构建跨语言词向量，用于细粒度方面级情感分析	印地语 ABSA 数据集；英语 SemEval-2014 数据集	英-印	多语言设置：76.29
					跨语言设置：60.39
Atrio 等（2019）	SVM；SNN；BiLSTM	对目标语言进行词序调整以提高短文本情感分析的性能	OpeNER 语料库；加泰罗尼亚 MultiBooked 数据集	英-西	Bi：F=65.1 4-C：F=35.8
				英-加	Bi：F=65.6 4-C：F=38.1

Abdalla 等[12]采用 Mikolov 提出的向量空间矩阵转换办法，借助由机器翻译获得的 2000 个单词对，计算从源语言到目标语言向量空间的转换矩阵。研究结果发现，当单词对的翻译质量较低时，情感信息仍然是高度保存的，不影响词向量转换矩阵的生成质量。Dong 等[13]在 Abdalla 等工作的基础上，为了更好地适应跨语言情感分析任务，提出在生成跨语言词向量的同时加入了情感信息。他基于标注的双语平行语料库，利用一种跨语言表达情感信息的方法，将这些潜在情感信息编码到嵌入向量中，以产生众多语言的情感嵌入向量。这些向量沿多个维度捕捉情感属性并允许模型适应不同的领域和环境，然后依靠一个双通道卷积神经网络（Dual-Channel Convolutional Neural Network，DC-CNN）将它们合并到网络中。

现有大部分的跨语言情感分析模型仅覆盖较粗糙的情感分析，例如句子级情感分析、文档级情感分析。Akhtar 等[14]关注更加细粒度的方面级情感分析，通过结合负采样的双语连续跳跃元语法的模型（Bilingual-SGNS）对两种语言进行词嵌入向量表示，使两种语言被映射到同一共享向量空间中，再将印地语中无法生成词嵌入向量覆盖的单词，翻译成英语生成词嵌入向量表示。在方面级的多语言情感分析任务中，该模型达到了 76% 的准确率；在实体级跨语言情感分析任务中，该模型也达到了 60% 以上的准确率。

Atrio 等[15]注意到语言之间的词序存在差异，并研究词序对跨语言情感分析研究的影响。他们以英语为源语言，以西班牙语和加泰罗尼亚语为目标语言的双语平行语料库作为数据集，对目标语言进行词序调整，包括名词-形容词调整（Noun-Adjective）和全部调整（Reordered）。研究发现，词序调整有助于短文本的情感分析任务，例如方面级或者句子级别,而不适用于文档级别的跨语言情感分析任务[16]。

7.2.2 半监督的跨语言词向量模型

有监督的跨语言词向量模型依赖于双语词典或者平行语料库,考虑到高质量、大规模可用的双语词典或者平行语料库难以获得,尤其是对于资源匮乏的语种。因此半监督或者弱监督的跨语言词向量模型被提出。半监督的跨语言词向量模型认为不同语言具有相似含义的词向量之间具有相似性。基于该假设,半监督方法舍弃了大量的平行语料和大样本的双语词典,利用小样本的启发式种子词典。半监督方法能够显著降低双语监督信息的要求,适合于资源匮乏的语言对。

与有监督的跨语言词向量模型类似,半监督模型的最终目标仍是为了得到跨语言映射矩阵 W,不同的地方在于:有监督的方法在优化迭代求解公式(7-1)的过程中,已知源语言中每一个单词 x 在对应目标语言的翻译词 y,借助该监督信息迭代计算 W。然而,半监督的方法通常只知道一个较小规模的种子词典,大小可能只有 25 个翻译词对,监督信息远远不够。因此,半监督的跨语言词向量生成方法需要在种子词典的启发下,在每一轮的迭代过程中扩充种子词典的大小;并根据每一轮计算得到 W 值,使用检索算法建立两种语言单词的对应关系,获取翻译词对,从而指导映射矩阵 W 的迭代优化。算法 7-1 描述了半监督跨语言词向量模型的实现步骤。

算法 7-1 半监督跨语言词向量模型的实现步骤

输入:源语言、目标语言的单语词向量 X 和 Y,小规模种子词典。

输出:映射矩阵 W^*。

实现:

① 根据小规模种子词典初始化词典矩阵 D:$D_{ij}=1$ 表示源语言第 i 个单词和目标语言第 j 个单词互为翻译词;

② 根据单语词向量 X,Y 以及词典矩阵 D,计算映射矩阵 W;

③ 根据单语词向量 X,Y 以及映射矩阵 W,更新词典矩阵 D;

④ 重复执行步骤②和步骤③直到收敛;

⑤ 输出映射矩阵 W^*。

在上述算法中,步骤②和③是关键步骤,需要经过多次迭代直到收敛。

其中,步骤②中对于映射矩阵 W 的计算,可使用 7.1 节中的公式(7-1)至公式(7-4),由于在半监督方法中初始时只有小规模词典,对于公式(7-2)的奇异值分解,需使用 $M=X^\top DY$ 替换原公式 $M=X_D^\top Y_D$。

步骤③对于词典矩阵 D 的更新,需要用到跨语言词向量检索算法。具体来说,得到映射矩阵 W 后,对于源语言的任意一个单词 x,通过 Wx 将其映射到空间 Y 中,然后利用检索算法找到该点的最近邻点 y,于是 y 就是 x 的互译词。可以使用余弦相似度计算 Wx 与目标语言词向量空间中单词 y 的距离,将 Wx 和 y 的距离记为 $\cos(Wx,y)$。基于相似度值再根据检索算法,匹配翻译词对。对于检索算法的选择,KNN 算法因其计算简便且容易实现,成为常被使用的检索方法。

然而,Dinu 等[17]发现,在计算最近邻时,KNN 算法在词向量维度较高时易发生枢纽度问题(Hubness Problem)而影响最近邻算法的效果。该现象最早被发现于 2010 年。Radovanović 等[18]在实验过程中发现,当维度增大时,一些高频词的词向量将总是被考虑为其他词向量的最近邻。这些词向量被称为枢纽(Hub),由于枢纽的存在,对于词向量 x,经过 KNN 算法得到的最近邻 y 可能并非其真实的最近邻,即 x 和 y 对应的单词并不互为翻译或意思相差较大。

因此,为解决上述提到的枢纽度问题,Conneau 等[9]提出了一种跨语言词向量生成时使用的检索算法——跨域相似度局部缩放检索算法(Cross-domain Similarity Local Scaling,CSLS)。

CSLS 算法中,已知源语言词向量 x,目标语言词向量 y 以及映射矩阵 W,令 $N_t(Wx)$ 表示映射后源语言词向量 Wx 在目标语言词向量空间中的 k 个最近邻向量,$N_s(y)$ 表示 y 在源语言词向量空间中的 k 个最近邻向量。CSLS 检索算法通过公式(7-5)和公式(7-6)计算 Wx 和 y 与其最近邻之间的平均相似度 $\gamma_t(Wx)$ 和 $\gamma_s(y)$ 为

$$\gamma_t(Wx) = \frac{1}{k} \sum_{y_t \in N_t(Wx)} \cos(Wx, y_t) \tag{7-5}$$

$$\gamma_s(y) = \frac{1}{k} \sum_{x_s \in N_s(y)} \cos(y, x_s) \tag{7-6}$$

得到平均相似度 $\gamma_t(Wx)$ 和 $\gamma_s(y)$,再利用公式(7-7)计算向量相似度 $CSLS(Wx, y)$。选出 $CSLS(Wx, y)$ 最大值,对应的两个词向量 x 和 y 被认为是最近邻,对应的两个单词被认为是互为翻译的单词对。

$$CSLS(Wx, y) = 2\cos(Wx, y) - \gamma_t(Wx) - \gamma_s(y) \tag{7-7}$$

由于 CSLS 检索算法额外考虑了双语单词之间的相似度,减少了分布在向量密集区域的单词对对相似度的影响,有效避免了枢纽度问题。

Samuel 也提出了一种 ISF(Inverted Softmax)算法解决枢纽度问题。ISF 算法在评估语言对相似度时会同时考虑源单词的邻域和目标单词的邻域。但由于存在源语言和目标语言的相似度更新方式不同,ISF 在更新过程中会引入噪声等问题,仍无法获得理想的结果[10]。

在半监督的跨语言词向量研究中,现有工作根据采用的种子词典以及生成转移矩阵的方法不同,提出了以下改进工作获得更好的跨语言词向量:利用单语词向量的相似度构造种子词[5]、基于多语言概率模型得到种子词典[16]、使用双语同根词[19]以及分别在生成的跨语言词向量中考虑 emoji 表情信息[20]和句子的情感信息[21]。

Peirsman 等[19]在构建双语词向量空间时舍弃了双语平行语料库和大样本双语词典,而是使用双语同根词(Cognates)构成小样本种子词典,并以此作为初始解构造双语词向量空间,生成双语词向量。

Vulić 等[16]认为两种语言的单词映射存在一一映射关系或者一对多映射关系。基于一一映射关系,Vulić 直接构造一一映射的种子词典作为初始解;基于一对多关系,则使用多语言概率主题模型(Multilingual Problematic Topic Modeling)生成一一映射的种子词典,并只保留对称翻译词对作为初始解进行跨语言词词向量的生成。

Artetxe 等[5]基于两种语言间的单语词向量相似度构造种子词典,将相似度最接近

的两个单词看作对应的翻译,并加入种子词典中。Artetxe 的研究表明,基于构造好的初始解,通过迭代自学习方法能够从 25 个单词对的种子词典中得到高质量的跨语言词词向量映射。同时也指出,初始解不够好时该方法容易陷入局部最优解,不适用于规模较小的跨语言词词向量生成。

Chen 等[20]认为微博和 Twitter 用户评论中的表情符号可以作为跨语言情感分析的纽带,提出一个基于表情的跨语言情感分析表征学习框架 Ermes。Ermes 在 Word2vec 词向量模型的基础上,使用 emoji 表情符号作为补充情感监督信息,基于注意力的堆叠双向 LSTM 模型,获得源语言和目标语言融合情感信息的句子表征。在这个过程中,需要借助机器翻译系统获得与源语言标注数据对应的目标语言伪平行语料。

Barnes 等[21]提出一种双语情感词嵌入(Bilingual Sentiment Embeddings,BLSE)表示,通过借助一个小的双语词典和源语言标注的情感数据,得到源语言和目标语言映射到同一个共享向量空间、同时携带情感信息的变换矩阵。实验以英语为源语言,西班牙语和加泰罗尼亚语为目标语言进行验证。BLSE 模型能够借助源语言的情感信息提升下游任务跨语言情感分析的性能,但是也容易在功能词的向量表示上分配太多的情感信息。

表 7-3 总结了上述半监督跨语言词向量模型的特点、所采用的数据集、测试的语种及其性能的评估。

表 7-3　半监督跨语言词向量模型的代表性工作

作者	模型	特点	数据来源	语种	准确率/%
Peirsman 等(2010)	Cross-lingual model of selectional preferences	使用双语同根词构成的小样本种子词典作为初始解构造双语词向量空间,生成双语词向量	TiGer 语料库;AMT	西-英	47.0
				德-英	48.0
Vulić等(2013)	MuPTM	利用多语言概率模型对单词间一对多的映射关系生成一一映射的种子词典,以此作为初始解生成跨语言词向量	维基百科文章	西-英	89.1
				意-英	88.2
Artetxe 等(2017)	Self-learning framework	基于两种语言单词词向量间的相似度构造种子词典	公共英-意数据集;ukWaC + Wikipedi + BNC;itWaC;Europarl;OPUS;SdeWaC;28 亿词 Common Crawl 语料库;RG-65 & WordSim-353 跨语言数据集	英-意	37.27
				英-德	39.60
				英-芬	28.16
Chen 等(2018)	Ermes	将 emoji 表情符号作为补充情感监督信息,获得源-目标语言融合情感信息的句子表征	亚马逊产品评论数据;Twitter 数据	英-日	80.17
				英-法	86.5
				英-德	86.6

续表

作者	模型	特点	数据来源	语种	准确率/%
Barnes 等 (2018)	BLSE	借助一个小的双语词典和源语言带标注的情感数据，得到双语映射到同一个共享向量空间、同时携带情感信息的变换矩阵	OpeNER；MultiBooked 数据集	英-西	Bi：F＝80.3
					4-C：F＝50.3
				英-加	Bi：F＝85.0
					4-C：F＝53.9
				英-巴	Bi：F＝73.5
					4-C：F＝50.5

对上述半监督的跨语言词向量模型进行简单总结。半监督的跨语言词向量模型，通常仅要求少量的双语平行语料或双语种子词典即可获得较好的跨语言词向量，对资源匮乏的小语种来说意义重大；但对初始启发式种子字典的质量要求较高，在种子词典迭代自学习不断扩充的过程中容易引入噪声而导致语义偏移。

此外，也应看到基于半监督的跨语言词向量模型，本质上是利用种子词典对齐词空间的映射矩阵来代替整个空间的映射矩阵，因此存在一定的局限性。尤其是对于语义距离比较远的两个语种，利用种子词典学到的映射矩阵来代替整个空间的映射矩阵，会引入较大的误差。例如，半监督的跨语言词向量模型在英语-日语语言对上的性能并不理想。因此，基于半监督方法的跨语言向量模型，应注意同时兼顾种子词典和词嵌入向量中丰富的信息，引导映射矩阵 W 的学习。

7.2.3　无监督的跨语言词向量模型

相较于有监督以及半监督的方法，无监督的跨语言词向量模型无需借助双语平行语料库或者双语词典，其主要思路是借助大规模的非平行语料资源，通过生成对抗网络、自动编码器-解码器等模型挖掘两种语言表示之间的关系，并通过上述模型学习得到双语之间的转换矩阵，将两种语言的词嵌入表示映射至同一语义空间中。图 7-2 展示了无监督的跨语言词向量模型的结构示意图。

Gouws 等[22]发现有监督及半监督的跨语言词向量模型普遍存在两个问题：第一是训练耗时过长，不适用于大规模数据集；第二是过于依赖双语平行语料库。因此，Gouws 首次尝试将无监督方法应用到跨语言词嵌入中，即无需双语种子词典，提出一种名为 BilBOWA 的跨语言词向量生成模型。该模型在英语-德语、德语-英语跨语言文本分类任务中分别取得了 86.5％和 75.0％的准确率，远高于 Hermann 等于 2013 年提出的 BiCVM 模型[23]以及 Chandar 等于 2014 年提出的 BAEs 模型[24]。同时，BilBOWA 优化了词向量映射矩阵的计算，大大缩短了训练时间，其训练时间仅需 BAEs[24]训练时间的 1/800。

Barone[25]首次尝试使用对抗性自动编码器（Adversarial Auto-Encoder，AAE）将源语言的词嵌入向量映射到目标语言词嵌入向量空间中。该方法能够在一定程度上更好地转换两种语言的语义信息，但是在不使用平行文本的训练时，实验结果并不理想。Shen 等[26]利用 AAE 学习双语的平行文本，通过线性变换矩阵将两种语言映射到同一共享向

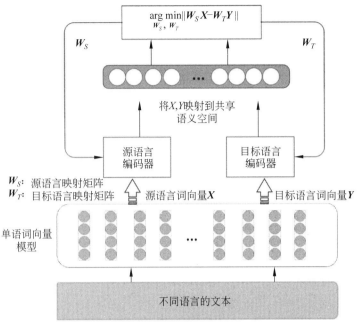

图 7-2　无监督的跨语言词向量模型的结构示意图

量空间,将其作为 BiGRU 模型的输入,获得最终的预测结果。将 AAE 引入 BiGRU 后,提升效果明显,在亚马逊评论数据集上的 F1 值达到了 78.6%。

　　Artetxe 等[28]在半监督跨语言词向量生成方法[5]基础上,提出一种无监督模型 Vecmap 来构造初始解,去掉对小规模种子词典的依赖。Vecmap 模型基于假设:不同语言中具有相同语义的单词应该具有相似的词向量分布,以此来构造初始解的单词对。该方法在英语-意大利语、英语-德语双语词典构建任务中均达到了 48% 的准确率,在英语-西班牙语双语词典构建任务中也获得了 37% 的准确率[28]。

　　Rasooli 等[29]在无监督的基础上考虑了语系家族对于跨语言词向量模型的影响,选取来自同一语言家族、资源丰富的语言作为多个源语言,通过多种源语言的方法缩小目标语言和源语言之间的差异,并采用标注投影和直接迁移这两种不同场景下情感分析的迁移方法,为那些没有标注情感训练数据、且机器翻译能力较小的语言,设置健壮的情感分析系统。Rasooli 等发现,使用同一语系家族的语言,能够提升跨语言情感分析任务的性能,例如,斯洛文尼亚语和克罗地亚语、英语和瑞典语。

　　上述研究表明,无监督的跨语言词向量模型已经能够获得较好的双语词嵌入向量,并且在下游情感分析任务上有着比较突出的表现。例如,BilBOWA 模型[22]在英语-德语的情感分类预测中达到了 85% 以上的准确率。TL-AAE-BiGRU 模型[26]在英语-中文、英语-德语的亚马逊评论数据集上达到 78% 以上的 F1 值。表 7-4 总结了这些无监督的跨语言词向量模型的特点、所采用的数据集、测试语种和性能评估。

表 7-4　无监督的跨语言词向量模型的代表性工作

作者	模型	特点	数据来源	语种	准确率/%
Gouws 等 (2014)	BiBOWA	利用粗糙的双语数据,基于优化过的词语相似度矩阵计算方法,无监督地生成跨语言词向量	路透社 RCV1/RCV2 多语语料库;EuroParl	英-德	86.5
				德-英	75.0
Barone 等 (2016)	AAE	首次使用对抗性自动编码器将源语言词向量映射到目标语言词向量空间中	维基百科语料库;路透社语料库;2015 News Commentary 语料库	英-意	—
				英-德	—
Shen 等 (2020)	TL-AAE-BiGRU	利用对抗自动编码器学习双语平行文本,通过线性变换矩阵将双语映射到同一向量空间	亚马逊产品评论	英-中	F:78.57
				英-德	
Artetxe 等 (2018)	Vecmap	利用无监督模型构造初始解,去除对小规模种子词典的依赖	公共英-意数据集(Dinu et al.);Europarl;OPUS	英-意	48.13
				英-德	48.19
				英-芬	32.63
				英-西	37.33
Rasooli 等 (2018)	NBLR+POSwemb;LSTM	使用多种源语言缩小语言间差异,并采用标注投影和直接迁移两种迁移方法为资源稀缺的语言构造健壮的情感分析系统	Twitter 数据;SentiPer;SemEval 2017 Task 4;BQ;EuroParl;LDC;GIZA++;维基百科文章	单源设置[1]	
				英-中	F:66.8
				英-德	F:51.0
				英-瑞典	F:49.0
				多源设置[2]	
				德	F:54.7
				波兰	F:54.6
				英	F:54.0

1. 英-克、英-匈、英-波斯、英-波兰等实验性能详见论文
2. 阿拉伯语、保加利亚语、中文、克罗地亚语等实验性能详见论文

尽管无监督的跨语言词向量模型无需借助双语平行文本或者双语词典,减少了对数据的依赖,在性能上也有较好的表现,但仍存在一定的缺点。Søgaard 等研究发现,无监督的跨语言词向量模型对于语言对的选择非常敏感[27]。对于部分语言对,依靠完全无监督的跨语言词向量模型难以得到高质量的双语词向量表示。此外,无监督的跨语言词向量生成模型基于假设:不同语言间相似语义的单词应具有相似的词向量表示,从而依靠单语的词向量推导得到跨语言词向量。这一假设对于语义和语法结构相差较大的语言对不一定成立,例如英语-日语、西班牙语-中文语言对。最后,无监督的跨语言词向量模型对初始解的要求较高,容易在迭代过程中陷入局部最优解,甚至较差解。

由于缺少双语平行语料库或小样本的种子词典,无监督跨语言词向量模型的初始解生成技术至关重要,下面简单介绍。

在无监督的跨语言词向量模型研究中,如何生成较好的初始映射一直都是一个棘手的难题。Artetxe 等在半监督跨语言词向量生成方法[5]的基础上,提出了一种初始映射生成技术[28]。该技术基于假设——单语向量空间呈等距(Isometric),认为源语言和目标语言的单语相似矩阵在某一种排列方式下在行维度上是对齐的。下面简单谈谈这种初始映射技术。

在单语词向量空间中,源语言词向量空间 X 和目标语言词向量空间 Y 在行列维度并不对齐,即 X 中第 i 个单词和 Y 中第 i 个单词不一定互为翻译,X 中的第 j 列和 Y 中第 j 列不一定代表同一个单词出现的概率。因此,直接进行初始映射生成仍需逐一对所有单词进行相似度计算,时间成本较高。Artetxe 等发现,使用单语相似矩阵 S_X 和 S_Y 可以较为有效地解决行列维度不对齐问题,使初始解生成无需耗费大量的计算时间。S_X 和 S_Y 计算方法如公式(7-8)所示。

$$S_X = X \cdot X^\mathrm{T}, S_Y = Y \cdot Y^\mathrm{T} \tag{7-8}$$

得到 S_X 和 S_Y 后,穷举各种排列方式找到能使源语言和目标语言单词对齐的排列方式成本明显较高。例如,若源语言词向量中包含 200 000 个单词,对应 S_X 的排列方式共有 200000! 种。因此,为减少计算量和时间成本并提高计算效率,可以将 S_X 和 S_Y 在行内进行排序,得到已排序的源语言相似矩阵 sorted(S_X) 和已排序的目标语言相似矩阵 sorted(S_Y)。根据单语向量空间等距假设,两种语言中对应翻译的单词应具有相同的相似度,继而可以对 sorted(S_X) 和 sorted(S_Y) 使用 KNN 算法或者 7.2.2 节提及的 CSLS 检索算法快速地找到对应翻译单词对。

7.3　语义和情感联合学习的跨语言词向量模型研究

模型代码

近年来,跨语言词向量表示被广泛应用于多语言情感分析任务中。跨语言词向量能够缩小语言差距,从而将双语或多语情感分析任务转换为单语情感分析任务。作为解决跨语言/多语言情感分析任务的有效手段,高质量的跨语言词向量模型也是多语言情感分析研究的重点方向之一。

传统的跨语言词向量在生成过程中并未考虑情感信息,对于跨语言情感分析任务针对性不强。在单语言情感分析中,仅依赖语义和句法信息生成的词向量,容易导致两个情感极性相反单词的词向量分布相近,例如单词“good”和“bad”。研究发现,由于在词向量生成过程中并未考虑情感信息,得到的词向量对于情感分析任务针对性不强,甚至可能降低情感分析的性能[30]。因此,相关研究尝试将情感信息嵌入单语词向量的生成过程中,使生成的词向量更有助于提升情感分析性能。在多语言背景下,跨语言情感词向量生成需要兼顾语言语义和情感语义特征,既要考虑源语言和目标语言词向量空间对齐问题,又需要在跨语言映射过程中保留语言和情感信息,使得跨语言情感词向量的生成更为复杂、面临更多挑战。

为了得到兼顾语言语义和情感语义的跨语言词向量,笔者提出一种无监督的跨语言情感词向量嵌入模型（Unsupervised Cross-lingual Sentiment Word Embedding），以下简称 SentiWE。该模型借助大量的目标语言无标注信息和源语言的标注语料，将源语言的先验情感信息嵌入到跨语言词向量中。考虑到经过初始解映射后，源语言和目标语言对应的单词词向量具有较高相似性，在源语言词向量中嵌入情感信息等效于在双语词向量中嵌入信息。基于源语言的先验情感信息，通过无监督的跨语言词向量自学习迭代，得到跨语言情感词向量表示。实验在 6 种语言和 2 种 NLP 任务上验证所提模型的性能，以英语为源语言，西班牙语、德语、法语、日语和中文为目标语言得到不同语言对的跨语言词向量表示。将 SentiWE 模型生成的词向量与现有的 VecMap 和 MUSE 模型比较，在双语词典构建和跨语言情感分类 2 种任务上验证所提模型的性能。

令 X 和 Y 表示源语言和目标语言的单语词向量空间，$X=\{x_1,\cdots,x_m\}$，$Y=\{y_1,\cdots,y_n\}$。其中，m 和 n 为源语言与目标语言词汇表中的单词总数。每个单词表示为 d 维的向量，$x_i,y_i\in\mathbb{R}^d$。

跨语言词向量生成需要解决的问题是，如何利用源语言和目标语言的大规模无标注文档，学习源语言和目标语言词向量空间的相似性，获得两种语言间的映射矩阵 W，使得 WX 与 Y 这两个空间尽可能相近。并且能够基于源语言的已标注数据集，预测目标语言文档的情感极性。令 $s=\{s_1,s_2,\cdots,s_N\}$ 表示源语言的情感标注数据集，s_i 表示 s 中的第 i 个文档，N 为数据集中的文档个数。s 中的文档情感标注用 $l=\{l_1,l_2,\cdots,l_N\}$ 表示，$l_i=0$ 表示文档 s_i 的情感极性为积极，$l_i=1$ 表示情感极性为消极。

SentiWE 模型整体结构示意图如图 7-3 所示，具体可分为单语词向量矩阵标准化、初始跨语言映射词典生成、先验情感信息嵌入和跨语言情感词向量映射四个部分。首先，SentiWE 模型对单语词向量矩阵进行标准化处理，其次利用无监督方法生成初始映射矩阵，然后以此为指导将先验情感信息嵌入跨语言词向量生成过程中，最后经过多次迭代得到跨语言词向量映射矩阵，进而将两种语言的单语词向量经映射矩阵映射后得到跨语言词向量表示。具体四个部分的操作如下所示。表 7-5 总结了 SentiWE 模型中使用到的主要符号及其含义。

（1）单语词向量矩阵标准化：将两种语言的单语词向量进行长度标准化和中心平均化操作，获得源语言的标准化单语词向量和目标语言的标准化单语词向量，从而将单词余弦相似度计算简化为词向量点积运算，节省时间成本。

（2）初始跨语言映射矩阵生成：根据双语语义信息对标准化的源和目标语言单语词向量进行初始映射，生成初始映射矩阵以及初始映射词典，并根据此初始解启发后续映射过程。

（3）先验情感信息嵌入：利用带标签的源语言评论数据集训练情感分类器，从情感分类器的训练过程中获取源语言单词的先验情感信息，将先验情感信息嵌入词向量映射中，生成先验情感信息映射矩阵 W_{senti}。

（4）跨语言情感词向量映射：将根据语义信息得到的词向量映射矩阵 W_{seman} 与情感词向量映射矩阵 W_{senti} 联合训练模型，得到跨语言情感词向量映射矩阵 W。

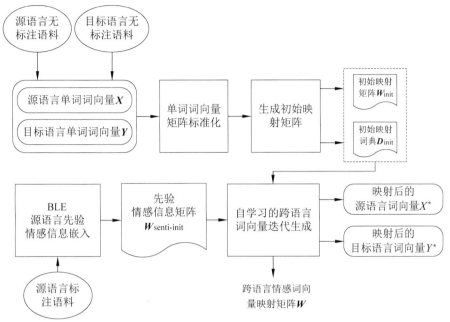

图 7-3　SentiWE 模型结构示意图

表 7-5　SentiWE 模型的主要符号及其含义

符　　号	含　　义
X	源语言词向量
Y	目标语言词向量
s	源语言情感标注数据集
W	跨语言词向量映射矩阵
D	每轮迭代映射词典
W_{senti}	先验情感信息映射矩阵
W_{seman}	语义信息映射矩阵

7.3.1　单语词向量矩阵标准化

首先,将源语言和目标语言的大规模无标注文档输入 Word2vec 或 fastText 单语词向量模型,得到源语言与目标语言的单语词向量 X 和 Y。

对 X 和 Y 进行词向量矩阵标准化操作,降低后续单词相似度的计算时间[34]。单语词向量矩阵标准化过程包括以下三个步骤。

(1) 长度标准化,如公式(7-9)所示,将单语词向量 x_i 和 y_i 转化为单位向量 x_i' 和 y_i':

$$x_i' = \frac{x_i}{\parallel x_i \parallel}, y_i' = \frac{y_i}{\parallel y_i \parallel} \tag{7-9}$$

(2) 平均中心化,如公式(7-10)所示,用中心化矩阵 C_x 和 C_y 将单位向量 x_i' 和 y_i' 转

化为中心化向量 $\widetilde{\boldsymbol{x}}_i$ 和 $\widetilde{\boldsymbol{y}}_i$：

$$\widetilde{\boldsymbol{x}}_i = \boldsymbol{C}_x \cdot \boldsymbol{x}_i', \quad \widetilde{\boldsymbol{y}}_i = \boldsymbol{C}_y \cdot \boldsymbol{y}_i' \tag{7-10}$$

（3）长度标准化，如公式（7-11）所示，将中心化向量 $\widetilde{\boldsymbol{x}}_i$ 和 $\widetilde{\boldsymbol{y}}_i$ 转化为标准化词向量 $\overline{\boldsymbol{x}}_i$ 和 $\overline{\boldsymbol{y}}_i$，防止平均中心化后使词向量变为非单位向量：

$$\overline{\boldsymbol{x}}_i = \frac{\widetilde{\boldsymbol{x}}_i}{\parallel \widetilde{\boldsymbol{x}}_i \parallel}, \quad \overline{\boldsymbol{y}}_i = \frac{\widetilde{\boldsymbol{y}}_i}{\parallel \widetilde{\boldsymbol{y}}_i \parallel} \tag{7-11}$$

经过以上三步操作后，得到源语言标准化词向量 $\overline{\boldsymbol{X}}$ 和目标语言标准化词向量 $\overline{\boldsymbol{Y}}$，其中 $\overline{\boldsymbol{X}} = \{\overline{\boldsymbol{x}}_1, \overline{\boldsymbol{x}}_2, \cdots, \overline{\boldsymbol{x}}_m\}$，$\overline{\boldsymbol{Y}} = \{\overline{\boldsymbol{y}}_1, \overline{\boldsymbol{y}}_2, \cdots, \overline{\boldsymbol{y}}_n\}$。Artetxe 指出，在跨语言映射矩阵满足正交约束情况下，标准化单语词向量 $\overline{\boldsymbol{x}}_i$ 和 $\overline{\boldsymbol{y}}_i$ 之间的向量内积等效于其余弦相似度，因此能够降低映射后的词语相似度计算时间成本[33]。

7.3.2 初始跨语言映射矩阵生成

在无监督的跨语言词向量模型中，由于缺少双语词典的监督信息，如何生成较好的初始映射一直都是一个棘手的难题。这里采用 Artetxe 等提出的初始映射生成方法。该方法基于假设——单语向量空间呈等距（Isometric），认为源语言和目标语言的单语相似矩阵在某一种排列方式下在行维度上是对齐的[29]。算法 7-2 描述了初始跨语言映射矩阵生成的具体步骤。

算法 7-2　初始跨语言映射矩阵的生成

输入：源语言与目标语言的标准化单语词向量 $\overline{\boldsymbol{X}}$ 和 $\overline{\boldsymbol{Y}}$；

输出：初始映射矩阵 $\boldsymbol{W}^o$ 及初始映射词典 $\boldsymbol{D}^o$；

过程：

① 计算源语言和目标语言的单语相似矩阵 s_x 和 s_y；

② 将 s_x 和 s_y 进行行内排序，得到排序后的源语言相似矩阵 $\mathrm{sorted}(s_x)$ 和目标语言相似矩阵 $\mathrm{sorted}(s_y)$；

③ 基于 $\mathrm{sorted}(s_x)$ 和 $\mathrm{sorted}(s_y)$，利用 CSLS 算法为源语言的每一个单词 v_i^s 检索找到对应的翻译词对 v_i^t；

④ 根据检索的翻译词对，计算初始映射矩阵 $\boldsymbol{W}^o$ 及初始映射词典 $\boldsymbol{D}^o$。

首先，计算源语言和目标语言的单语相似矩阵 s_x 和 s_y 如下。

$$s_x = \overline{\boldsymbol{X}} \cdot \overline{\boldsymbol{X}}^{\mathrm{T}} \tag{7-12}$$

$$s_y = \overline{\boldsymbol{Y}} \cdot \overline{\boldsymbol{Y}}^{\mathrm{T}} \tag{7-13}$$

然后，将 s_x 和 s_y 的每一行进行行内排序，得到排序后的源语言相似矩阵 $\mathrm{sorted}(s_x)$ 和目标语言相似矩阵 $\mathrm{sorted}(s_y)$。基于 $\mathrm{sorted}(s_x)$ 和 $\mathrm{sorted}(s_y)$，将源语言词汇表 V_s 和目标语言词汇表 V_t 中的单词进行翻译词对匹配。

在进行翻译词对匹配过程中，可以选择余弦相似度计算、ISF 算法[10] 或者 CSLS 算法[9] 衡量单词对的距离。考虑到 CSLS 算法在词向量维度较高时也能够很好地避免翻译词对匹配时枢纽度问题（Hubness Problem），因此这里使用 CSLS 算法进行翻译词对检索。

对于源语言中的每个单词 v_i^s，计算与目标语言每个单词的 CSLS 相似度，选择 v_j^t 作为 v_i^s 的翻译词对，v_j^t 的选择为

$$\max_j \text{CSLS}(v_i^s, v_j^t), \ v_j^t \in V_t \qquad (7\text{-}14)$$

根据检索的翻译词对，生成初始映射矩阵 $\boldsymbol{W}^o$ 以及初始映射词典 $\boldsymbol{D}^o = \{(v_1^s, v_1^t),$ $(v_2^s, v_2^t), \cdots, (v_K^s, v_K^t)\}$，其中，$(v_i^s, v_i^t)$ 表示被认定为互为翻译的源语言单词 v_i^s 与目标语言单词 v_i^t 的词对，K 为初始词典包含的单词对个数。

7.3.3　先验情感信息嵌入

先验情感信息嵌入将源语言的情感信息嵌入跨语言映射矩阵中。考虑到跨语言的两个语种中，源语言一般具有丰富的情感标注资源，而目标语言的情感标注信息较为匮乏。此外，经过初始映射后，源语言和目标语言对应的单词词向量具有较高相似性，且映射后双语的词向量共享同一语义空间，对源语言词向量中嵌入情感信息等效于在双语词向量中嵌入信息。因此，先验情感信息嵌入只使用源语言的情感标注数据，避免对资源匮乏语言的标注数据的需求，也避免使用小样本的目标语言标注数据而导致语义偏差问题。

基于计算得到的初始映射矩阵 $\boldsymbol{W}^o$ 以及初始映射词典 $\boldsymbol{D}^o$，借助源语言的已标注文本集合 s 和 l，将源语言的情感信息嵌入到跨语言映射矩阵中，计算先验情感信息映射矩阵 $\boldsymbol{W}_{\text{senti}}$。

开始时，$\boldsymbol{W}_{\text{senti}}$ 初始化为 $\boldsymbol{W}^o$。对于初始映射词典 $\boldsymbol{D}^o$ 中的每一个源语言单词 v_i^s，根据映射矩阵映射 $\boldsymbol{W}_{\text{senti}}$，将其对应的标准化单语词向量 $\bar{\boldsymbol{x}}_i$ 映射到目标语言词向量空间，得到 $\hat{\boldsymbol{x}}_i = \boldsymbol{W}_{\text{senti}} \bar{\boldsymbol{x}}_i$。定义映射后的源语言词向量为 $\hat{\boldsymbol{X}} = \{\hat{\boldsymbol{x}}_1, \hat{\boldsymbol{x}}_2, \cdots, \hat{\boldsymbol{x}}_K\}$。源语言单词 v_i^s 映射后的词向量表示 $\hat{\boldsymbol{x}}_i$，应该与其对应翻译单词 v_i^t 的词向量表示 $\bar{\boldsymbol{y}}_i$ 尽可能接近。因此，将映射损失 $\text{Loss}_{\text{proj}}$ 定义为词向量 $\hat{\boldsymbol{x}}_i$ 和 $\bar{\boldsymbol{y}}_i$ 的均方误差，计算为

$$\text{Loss}_{\text{proj}} = \frac{1}{K} \sum_{i=1}^{K} (\hat{\boldsymbol{x}}_i - \bar{\boldsymbol{y}}_i)^2 \qquad (7\text{-}15)$$

基于映射后的源语言词向量表示 $\hat{\boldsymbol{X}}$，对源语言的情感标注数据集 s 进行表示后，训练情感分类器，$\hat{l}_i$ 为情感分类器预测文档 s_i 的情感极性。计算情感预测损失函数 $\text{Loss}_{\text{pred}}$ 为

$$\text{Loss}_{\text{pred}} = -\sum_{i=1}^{N} l_i \log \hat{l}_i - (1 - l_i) \log(1 - \hat{l}_i) \qquad (7\text{-}16)$$

先验情感信息嵌入模型的总损失由映射损失和情感预测损失通过调和参数 α 计算为

$$\text{Loss} = \alpha \times \text{Loss}_{\text{proj}} + (1 - \alpha) \times \text{Loss}_{\text{pred}} \qquad (7\text{-}17)$$

其中，α 取值 0 到 1 之间。经过多次迭代训练最小化模型的总损失函数，得到先验情感映射矩阵 $\boldsymbol{W}_{\text{senti}}$。

利用上述嵌入先验情感信息有 3 个优点：首先，源语言词向量在映射后仍保留部分单语独有特征，可用于源语言下的各种自然处理任务；其次，利用情感分类器训练嵌入先验情感信息，使映射后源语言词向量携带针对情感信息；最后，依据 α 值平衡情感信息与

语义信息在映射过程中的占比,即具有相同情感信息的两种语言的单词可能不互为翻译,消除完全由情感信息作为映射指导而降低映射质量。

7.3.4　跨语言情感词向量映射

跨语言情感词向量映射需要同时考虑语言的语义信息和情感信息,源语言词向量的情感信息由先验情感映射矩阵 $\boldsymbol{W}_{\text{senti}}$ 表示。正如 7.2.3 章节所述,无监督的跨语言情感词向量模型需要在每一轮迭代中扩充词典 $\boldsymbol{D}$ 以及更新映射矩阵 $\boldsymbol{W}$,而语言的语义信息是在每一次迭代过程中通过对映射矩阵进行 $\boldsymbol{W}$ 奇异值分解得到。

具体地,根据每一轮迭代得到的双语词典 $\boldsymbol{D}$,分别生成两个有序矩阵 $\boldsymbol{X}_D$ 和 $\boldsymbol{Y}_D$,使得 $\langle\boldsymbol{X}_D,\boldsymbol{Y}_D\rangle$ 的第 i 行对应于双语词典的第 i 个词对。令矩阵 $\boldsymbol{M}=\boldsymbol{Y}_D{}^{\text{T}}\boldsymbol{X}_D$,$\boldsymbol{M}$ 为与词向量维度相等的方阵。对 $\boldsymbol{M}$ 进行奇异值分解操作得到对应矩阵 $\boldsymbol{U}$、$\boldsymbol{\Sigma}$ 和 $\boldsymbol{V}$,计算公式为

$$SVD(\boldsymbol{M})=\boldsymbol{U}\boldsymbol{\Sigma}\boldsymbol{V}^{\text{T}} \tag{7-18}$$

其中,$\boldsymbol{U}$ 和 $\boldsymbol{V}$ 的每一列均为标准正交向量,$\boldsymbol{\Sigma}$ 则为一个包含奇异值的对角矩阵。利用上述得到的三个矩阵,经奇异值分解得到跨语言词向量语义信息映射矩阵 $\boldsymbol{W}_{\text{seman}}$ 为

$$\boldsymbol{W}_{\text{seman}}=\boldsymbol{V}\cdot\boldsymbol{U}^{\text{T}} \tag{7-19}$$

以 β 为调和系数将每一轮训练得到的语义信息矩阵和先验情感映射矩阵相结合,得到每一轮映射矩阵 $\boldsymbol{W}$ 为

$$\boldsymbol{W}=\beta\times\boldsymbol{W}_{\text{senti}}+(1-\beta)\times\boldsymbol{W}_{\text{seman}} \tag{7-20}$$

β 的取值为 0 到 1 之间,当 $\beta=0$ 时,跨语言映射矩阵中不携带先验情感信息;而 $\beta=1$ 时,跨语言映射矩阵不携带跨语言词向量语义信息。

跨语言词向量映射过程进行多次迭代,目标优化函数为

$$\underset{\boldsymbol{W}}{\arg\max}\Big(\sum_i\sum_j\boldsymbol{D}_{ij}(\bar{\boldsymbol{x}}_i\boldsymbol{W})\cdot\bar{\boldsymbol{y}}_j\Big) \tag{7-21}$$

模型直到优化求解目标函数时停止迭代训练,获得最优的跨语言情感词向量映射矩阵 $\boldsymbol{W}^*$。

7.3.5　实验分析

1. 实验数据集和参数设置

为验证 SentiWE 跨语言情感词向量性能,实验以英语(En)为源语言,以西班牙语(Es)、德语(De)、法语(Fr)、日语(Ja)和中文(Zn)为目标语言,进行以下 2 个跨语言任务评估。

(1)双语词典构建任务:基于得到的跨语言词向量构建双语词典,并与现有的双语词典比较;

(2)跨语言情感分析任务:基于得到的跨语言词向量表示文本,利用源语言的标注文本训练情感分类模型后,预测目标语言文本的情感倾向。

各种语言的单语词向量(Monolingual Word Embedding)直接使用 fastText 单语词向量。fastText 是基于维基百科的页面数据生成的单语词向量表示,每个单词表示为 300 维的向量。相关研究指出单语词向量的选择对跨语言词向量的对齐也有影响[9],后续小节将对比 fastText 和 Word2vec 单语词向量对模型的性能影响。表 7-6 分别列举了

各语种的 fastText 和 Word2vec 单语词向量个数和单词维度信息。

表 7-6　各语种的 fastText 和 Word2vec 单语词向量

语　　言	fastText 单词数	Word2vec 单词数	单词维度
英语	200000	200000	300
法语	187717	432557	300
西班牙语	985667	200000	300
德语	200000	200000	300
日语	453452	482238	300
中文	224072	352272	300

跨语言情感分类任务的数据集如表 7-7 所示。英语、德语、法语、日语、中文评论数据集使用亚马逊产品评论数据集,各个语种包含 12000 条评论,其中积极和消极评论各6000 条。亚马逊产品评论数据集没有包含西班牙语种的数据,因此,西班牙语评论数据集使用 Barnes 提供的评论数据集[21],一共包含 1472 条用户评论,其中 1216 条为积极评论,256 条为消极评论。在跨语言情感分类实验过程中,每种语言的数据集按照约 3∶2划分训练集与测试集。

表 7-7　跨语言情感分类任务的数据集

语　　言	积 极 文 本	消 极 文 本	总　　数
英语	6000	6000	12000
法语	6000	6000	12000
西班牙语	1216	256	1472
德语	6000	6000	12000
日语	6000	6000	12000
中文	6000	6000	12000

为了验证所提 SentiWE 模型的效果,将所提模型与 MUSE 模型[9] 和 VecMap 模型[28] 做比较。其中,MUSE 模型是一种有监督的跨语言词向量模型,通过最小化种子词典中单词对的欧式距离学习源语言到目标语言的正交映射矩阵。VecMap 模型是Artetxe 提出的一种无监督跨语言词向量模型,基于单语向量空间呈等距假设对初始矩阵进行初始化,然后开始多次迭代得到映射矩阵。在跨语言映射过程中仅考虑语义信息,未考虑情感信息。

实验过程中,MUSE 和 VecMap 模型参数设置均使用初始设置值,SentiWE 模型的主要参数设置如下:初始映射词典词对数设置为 4000,先验情感信息嵌入过程调和参数

α 设置为 0.5,跨语言情感词向量映射过程调和参数 β 设置为 0.05。即跨语言情感词向量以语言的语义信息为主导,情感信息为辅。在迭代自学习过程中,每轮将双语词典 D 扩充 1000 个词对,共进行 10 轮迭代。在测试阶段,使用 CSLS 算法选择跨语言互为翻译对的单词时,考虑每个单词最近邻的 10 个单词。

2. 双语词典构建实验

双语词典构建实验基于 VecMap、MUSE 和 SentiWE 各模型生成得到的跨语言词向量,利用 CSLS 检索算法为源语言中的每一个单词选择 CSLS 值最近的目标语言单词作为翻译词,构建双语词典。为了验证跨语言词向量映射的效果,实验还基于 fastText 单语词向量(未经过跨语言映射),直接应用 CSLS 检索算法构建双语词典,以下简称该方法为单语方法。

双语词典构建的评价使用 Facebook 提供的 MUSE 双语词典[35] 作为基准,将各模型构建的双语词典与基准词典对比,计算准确率(Accuracy)。MUSE 提供了包含英-西、英-德、英-法、英-中和英-日在内的 110 种与英语对应的双语词典,每个词典包含 6500 个最常用的单词。

令 $P@N$ 表示源语言单词按照 CSLS 值从大到小排序匹配的前 N 个目标语言候选词的准确率,若在 N 个候选词中找到源语言对应的翻译词,则认为匹配正确。$P@N$ 计算公式为

$$P@N = \frac{1}{K} \sum_{i}^{K} Acc(x_i) \tag{7-22}$$

其中,K 为构建的双语词典中单词的对数,$Acc(x_i) \in \{0,1\}$ 表示为源语言单词 x_i 匹配的前 N 个目标语言候选词是否包含其目标语言翻译词。若包含,则 $Acc(x_i)$ 取值为 1,否则取值为 0。显然,N 越大则候选词越多,计算的准确率越高。实验中分别取 $N=1$ 和 $N=5$。

表 7-8 为使用不同跨语言词向量模型构建的双语词典准确率对比,各模型均使用 fastText 单语词向量。表中每组语言对的最优双语词典准确率用加粗表示,次最优值用下画线表示。

表 7-8　不同模型构建的双语词典准确率对比(单位:%)

模型	$N=5$					$N=1$				
	En-Es	En-De	En-Fr	En-Ja	En-Zn	En-Es	En-De	En-Fr	En-Ja	En-Zn
单语方法	68.06	59.16	68.69	0.01	0.00	56.23	44.21	54.68	0.00	0.00
MUSE	68.18	59.44	67.83	28.66	**54.66**	56.36	44.48	53.65	18.99	**31.49**
VecMap	<u>68.74</u>	<u>60.45</u>	**73.64**	<u>44.43</u>	48.63	**57.19**	**45.93**	**56.73**	<u>29.75</u>	<u>28.21</u>
SentiWE	**68.79**	**60.81**	<u>68.71</u>	**52.27**	<u>54.31</u>	56.65	<u>45.68</u>	54.30	**31.98**	27.15

由表 7-8 可知,候选目标语言单词数 N 等于 5 时,所提模型在英-西、英-德以及英-日语言对的双语词典构建准确率都优于 VecMap、MUSE 和单语词向量方法,在英-法、英-中双语词典构建任务中均达次最优值,验证了嵌入情感信息后的跨语言词向量没有丢失

语义信息,在双语词典构建中仍表现突出。此外,对比 $N=5$ 和 $N=1$ 时各模型的性能,发现 $N=5$ 时各模型的性能均优于 $N=1$ 的性能,这与预测相符,N 越大则候选词越多,在其中找到对应翻译词的概率则越大。

候选目标语言单词数 $N=1$ 时,SentiWE 模型在英-日的双词词典构建任务中达到了最优性能 31.98%,而在英-西、英-德、英-法、英-中双语词典构建任务中的准确率相较于最优性能分别下降 0.54%、0.25%、2.43% 和 4.34%。该实验结果说明,嵌入情感信息后,将会损失部分双语单词对应的语义与句法信息,即两个单词具有相似情感极性不一定互为翻译。例如,英语单词"good"和西班牙语单词"feliz(幸福的)"在情感极性上相同,均为情感积极词汇,但在词义上并不完全相同。跨语言情感词向量生成过程中考虑了情感极性,因此在映射过程中可能破坏部分单词对应语义与句法信息,在更严格的单词对齐要求下,构建双语词典的准确率有所降低。而 SentiWE 模型仍能在英-日的双语词典构建中达到最优,在英-西、英-德中达次优性能,验证了在兼顾情感信息的情况下,跨语言情感词向量仍能保存较为完备的单词语义信息。

从不同语种观察,各个模型在英-日、英-中双语词典构建任务中的准确率均低于其在英-西、英-德和英-法上的双语词典构建性能。这是因为英语、西班牙语、德语及法语之间的语义和句法差异较小,语言距离较为接近;与此相对应,英-日、英-中语言对的语义和句法差异较大,语言距离较远。其中,基于 fastText 的单语词向量方法在英-日、英-中的双语词典构建准确率都约为 0,说明对于语义距离较远的语言对,仅仅依靠单语词向量无法实现跨语言的语义对齐,进一步印证了跨语言词向量表示是实现不同语言知识迁移的基础。

对比同一模型在不同语种上的性能,发现所有模型均在英-西上获得最优的双语词典构建准确率,例如,SentiWE 模型的准确率最高为 68.79%。按照语言之间的距离远近,英语与德语同属日耳曼语族,在语法和语音上最为接近,应该获得最高的双语词典构建准确率。但实验中发现,英-德的双语词典构建准确率比英-西、英-法的准确率低 8% 左右,这一发现在其他模型上也存在。分析发现,除了语言之间的语义距离,不同语言的单语词向量表示本身的质量也是影响模型性能的重要因素。从基于 fastText 的单语词向量方法看出,在不使用任何跨语言对齐技术前提下,英-德的双语词典准确率为 59.16%,相比英-西和英-法准确率 68.06% 和 68.69%,大约低了 10% 左右。说明英语与德语的单语词向量本身对齐得不理想。

表 7-9 对比了不同单语词向量对双语词典构建的影响,以 SentiWE 模型为例列举了使用 Word2vec 和 fastText 两种不同单语词向量对双语词典构建性能的影响,以下简称 SentiWE(W2v) 和 SentiWE(Ftext)

表 7-9　不同单语词向量对双语词典构建的影响(单位:%)

单语词向量	N=5					N=1				
	En-Es	En-De	En-Fr	En-Ja	En-Zn	En-Es	En-De	En-Fr	En-Ja	En-Zn
SentiWE(W2v)	52.97	**65.02**	55.52	47.31	25.02	38.12	**49.22**	39.16	**33.27**	15.45
SentiWE(Ftext)	**68.79**	60.81	**68.71**	**52.27**	**54.31**	**56.65**	45.68	**54.30**	31.98	**27.15**

当候选目标语言单词数 $N=5$ 时,SentiWE(Ftext)在英-西、英-法、英-日、英-中双语词典构建任务中的准确率比 SentiWE(W2v)分别高出 15.82%、13.19%、4.96% 和 29.29%,在英-德的双语词典构建中则下降 4.21%;而当 $N=1$,SentiWE(Ftext)在英-西、英-法、英-中的双语词典构建中的准确率比 SentiWE(W2v)分别高出 18.53%、15.54% 和 11.7%,在英-德、英-日中则分别下降 3.54% 和 1.29%。验证了单语词向量的质量和选择对跨语言词向量对齐有所影响。并且,相较于 Word2vec 单语词向量,基于 fastText 单语词向量生成的跨语言词向量在双语词典构建任务中的性能整体上更优,但二者具体的性能优劣随目标语言的变化而有所改变。

3. 跨语言情感分析实验

本实验使用 VecMap、MUSE 和 SentiWE 各模型生成得到的跨语言词向量进行跨语言情感分类,采用准确率(Accuracy)、精确率(Precision)和 F1 值(F1 Measure)作为评价指标。

表 7-10 为不同模型的跨语言情感分析性能对比,各模型均使用 fastText 单语词向量。表中每组语言对的最优性能用加粗表示,次最优值用下画线表示。其中,英-英表示使用英语的情感标注数据训练模型后,预测英语文本的情感分类,目的是检验跨语言映射后的英语词向量是否仍具有在单语下的情感分析能力。

从表 7-10 中可知,在英-英单语实验上,SentiWE 模型达到了最优性能,说明经 SentiWE 模型跨语言对齐后的英语词向量仍可很好地用于单语情感分类任务。在跨语言实验上,SentiWE 模型在除英-西、英-法之外的所有语言对中得到了最高的准确率与 F1 值,也在英-西语言对中达到最高的准确率和次高的 F1 值与精确率,在英-法语言对达到最高的 F1 值和次高的准确率与精确率,表现稳定,验证了嵌入情感信息后 SentiWE 在跨语言情感分析任务中的性能较好。

对比不同模型在不同语种上的性能,得到与双语词典构建任务类似的结论:各模型在语言距离较近的英-西、英-法语言对上的情感分析性能均高于语言距离较远的英-中、英-日实验性能,说明语言间的语义距离对跨语言情感分析也存在影响;此外,各模型同样在英-西语言对上获得了最优的跨语言情感分析性能,在英-德语言对上的性能不甚理想,F1 分数均略低于英-中实验,其原因也可能是德语的单语词向量质量对模型性能产生了一定影响。

表 7-10   不同模型的跨语言情感分析性能对比(单位: %)

模型	英语-英语			英语-西班牙语			英语-德语		
	F1 值	准确率	精确率	F1 值	准确率	精确率	F1 值	准确率	精确率
fastText	74.04	74.88	76.59	**88.54**	<u>79.44</u>	79.44	60.24	68.85	**83.25**
MUSE	74.75	75.38	76.70	**88.54**	<u>79.44</u>	79.44	60.24	68.85	**83.25**
VecMap	74.34	74.82	75.79	85.80	77.57	**86.31**	<u>62.63</u>	69.63	<u>81.37</u>
SentiWE	75.97	76.50	77.72	<u>87.28</u>	**79.44**	<u>85.80</u>	**66.16**	**71.23**	80.30

模型	英语-法语			英语-日语			英语-中文		
	F1 值	准确率	精确率	**F1 值**	准确率	精确率	**F1 值**	准确率	精确率
fastText	71.99	69.03	65.70	0.10	50.00	50.00	66.66	49.99	49.99
MUSE	66.68	50.02	50.01	66.64	49.98	49.99	66.66	49.99	49.99
VecMap	<u>72.73</u>	**72.05**	**71.00**	2.63	<u>50.10</u>	<u>54.00</u>	<u>69.05</u>	<u>57.67</u>	<u>54.41</u>
SentiWE	**74.36**	<u>71.95</u>	<u>68.48</u>	**64.73**	**60.00**	**57.89**	**71.76**	**74.93**	**82.13**

表 7-11 对比不同的单语词向量对跨语言词向量模型的影响,同样以 SentiWE 模型为例比较 Word2vec 和 fastText 单语词向量对跨语言情感分析性能的影响,简称 SentiWE(W2v)和 SentiWE(Ftext)。

在英-英单语实验上,SentiWE(W2v)的情感分析性能略优于 SentiWE(Ftext);在跨语言实验上,SentiWE(Ftext)在英-西、英-法、英-中上的跨语言情感分析准确率与 F1 分数均比 SentiWE(W2v)高出 10％左右,在英-德上的准确率与 F1 分数比 SentiWE(W2v)低 3.32％、7.05％,在英-日上的准确率与 F1 分数比 SentiWE(W2v)低 7.3％、2.24％,可知基于 fastText 单语词向量生成的跨语言词向量在跨语言情感分析任务中的性能整体上比 Word2vec 更优,结论与双语词典构建实验相同。

表 7-11　不同单语词向量对跨语言词向量模型的影响对比(单位: %)

模型	英语-英语			英语-西班牙语			英语-德语		
	F1 值	准确率	精确率	**F1 值**	准确率	精确率	**F1 值**	准确率	精确率
SentiWE(W2v)	77.04	77.40	78.28	75.26	66.82	**92.31**	**73.21**	**74.55**	77.28
SentiWE(Ftext)	75.97	76.50	77.72	**87.28**	**79.44**	85.80	66.16	71.23	**80.30**

模型	英语-法语			英语-日语			英语-中文		
	F1 值	准确率	精确率	**F1 值**	准确率	精确率	**F1 值**	准确率	精确率
SentiWE(W2v)	53.46	50.02	50.02	**66.97**	**67.30**	**67.65**	52.73	66.40	**88.85**
SentiWE(Ftext)	74.36	**71.95**	**68.48**	64.73	60.00	57.89	**71.76**	**74.93**	82.13

4. 可视化分析

本小节利用可视化方法,从语言学和语义角度分析 SentiWE 模型,相比其他模型能够兼顾单词语义和情感特征信息的特点。在上述的双语词典构建和跨语言情感分析任务中,VecMap 模型的性能优于其他对比模型,因此本小节选取 VecMap 作为对比模型。

通过 VecMap 或 SentiWE 得到的跨语言词向量表示均为 300 维的高维向量,无法在二维平面进行可视化,因此采用主成分分析(Principal Component Analysis,PCA)方法对实验中获得的词向量表示进行降维,最后在二维平面输出。PCA 常被用于高维数据的降维,提取高维数据的主要特征分量后映射到低维平面输出[36]。

本小节以英-德跨语言映射为例,选取了分别表示语义类别的单词和情感极性相近或相反的单词进行可视化。表 7-12 为两组单词的英语和德语示例。其中,极性相近或相反的情感词选自 SentiWordnet。

表 7-12　用于可视化的两组单词信息

表示语义信息的单词示例			表示情感极性相近或相反的单词示例		
	英语	德语		英语	德语
国家类	Germany	deutschland	情感极性相反	handicapped - healthy, fit	behinderten - gesunde, passen
	Korea	südkorea			
	France	frankreich		fortunate - unfortunate, wretched	glücklich - unglücklichen, elend
动物类	dog	hund			
	cat	katze			
	bird	vögel		imprecise - precise, accurate	ungenau - genaue, präzise
	bear	bären			
食物类	horse	pferd	情感极性相近	handicapped disabled	behinderten behinderte
	milk	milch			
	coffee	kaffee		imprecise inaccurate	ungenau unzutreffend
	tomato	tomaten			
	banana	bananen		fortunate lucky	glücklich glück
	potato	kartoffeln			

图 7-4 以国家、动物、食物三种语义的单词为例,展示了 VecMap 和 SentiWE 模型的跨语言词向量在 2 维空间的分布。用图形标注区分不同语言的单词。对比图 7-4(a)和图 7-4(b)发现,VecMap 与 SentiWE 的跨语言词向量在语义上呈相似分布:动物类单词大多分布在空间上方,例如"dog""cat""bear";食物类单词大多集中分布在右侧,例如"coffee""milk""potato";国家类单词大多分布在左下侧,例如"Germany""France""Korea"。说明添加情感信息之后,SentiWE 模型依然能够仍能较好地保留语义。

图 7-5 以几组情感极性相近或相反的单词为例,展示 VecMap 和 SentiWE 模型的跨语言词向量在 2 维空间的分布。使用图标形状区分不同模型的跨语言词向量,圆形图标代表 SentiWE 模型,星形图标代表 VecMap 模型。图 7-5(a)和图 7-5(b)分别为 2 个模型生成的英语词向量和德语词向量在同一空间的分布情况。

从图 7-5(a)看出,VecMap 使所有单词聚集在一起,未能区分出情感词的近义或反义关系,而 SentiWE 加大了反义词"inaccurate"-"accurate,precise"的分布距离,在情感表示上更为明显。同样地,SentiWE 更好地使单词"wretched"远离其反义词"lucky"和"fortunate",靠近其近义词"unfortunate",说明 SentiWE 能够从情感语义层面更好地区

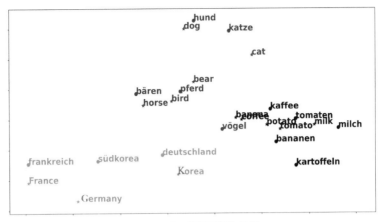

(a) VecMap 单词可视化示例

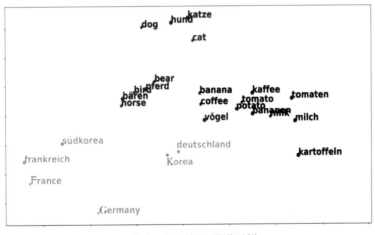

(b) SentiWE 单词可视化示例

图 7-4　跨语言词向量在 2 维空间的可视化示意图

彩色配图

分单词的近义与反义关系,使语义相近的情感词彼此靠拢,语义相反的情感词彼此远离。

　　跨语言映射后的德语空间呈现出与英语空间相似的效果。在图 7-5(b)中,2 个模型都有效地区分了德语情感词的近义和反义关系。特别地,SentiWE 分别加大了"genaue"-"ungenau,unzutreffend"以及"elend"-"glück,glücklich"等反义词之间的距离。此外,注意到相较于英语空间,跨语言映射后德语空间有一定程度的旋转,但是单词位置之间的关系呈相似分布,印证了不同语言之间的单词分布具有相似性。

　　为了对比不同跨语言词向量模型对情感信息的表示,本小节以英-德跨语言映射为例,从 SentiWordnet 中随机选择了 140 个正负情感词,将这些单词及其对应目标语言的翻译词按情感极性进行 2 维平面可视化,区分 4 个类别进行颜色标注:源语言-积极(黑色)、目标语言-积极(灰色)、源语言-消极(红色)、目标语言-消极(橙色)。对比 VecMap、SentiWE 和 fastText 模型对跨语言情感语义的捕获效果。

　　图 7-6 显示了英-德语言对的情感词可视化结果。其中,图 7-6(a)展示的是在

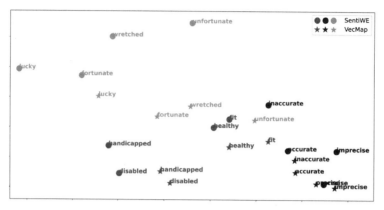

(a) VecMap与SentiWE 的英语词向量可视化

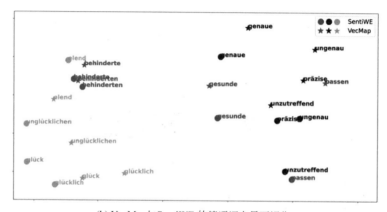

彩色配图

(b) VecMap与SentiWE 的德语词向量可视化

图 7-5   情感极性相近或相反单词的跨语言词向量在 2 维空间的可视化示意图

fastText 单语词向量中源语言和目标语言的对齐关系。可以看出,英语及其对应的德语翻译词在空间中相对应的点距离较近(红色-橙色的点以及黑色-灰色的点覆盖重叠一起)。说明在 fastText 中英-德词向量在一定程度上已有所对齐,与前文双语词典构建实验中,基于 fastText 的双语词典构建准确率较高结果相符。相较于 fastText 单语词向量的对齐结果,图 7-6(b)和图 7-6(c)中 VecMap 和 SentiWE 模型都使英语和德语相对应的单语词向量在空间中进一步彼此接近。观察图 7-6(c)发现,对大部分点,每个黑色点可以对应到一个灰色点,每个红色点可以对应到一个橙色点,验证了 SentiWE 模型生成的跨语言词向量的语义对齐有效性。

从单词的情感极性观察,发现 fastText 单语词向量完全不能区分情感积极的词汇(黑-灰色)与情感消极的词汇(红-橙色),两种色系的词汇点混杂在一起,说明 fastText 单语词向量不能捕获单词的情感语义。在图 7-6(b)中,两种色系的点仍较多地混杂在一起,说明 VecMap 模型捕获情感语义的能力较弱。而在 SentiWE 模型生成的跨语言词向量可视化中,可以清晰地看到大部分极性为积极的词汇点(黑-灰色)分布在空间左下方,极性为消极的词汇点(红-橙色)分布在空间右上方,两者间有较清晰的分界线,验证了向跨语言词向量中嵌入情感信息的有效性。

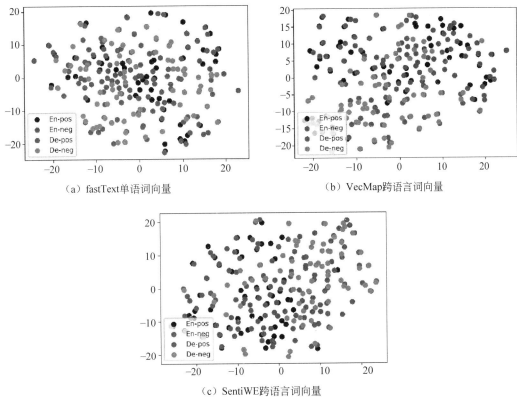

（a）fastText单语词向量　　　　　　（b）VecMap跨语言词向量

（c）SentiWE跨语言词向量

图 7-6　英-德语言对的情感词可视化结果

彩色配图

对上述实验进行简单的总结，SentiWE 是一种无监督的跨语言情感词向量嵌入模型。基于源语言的先验情感信息，该模型同时考虑了在跨语言映射中语义信息和情感信息的损失，并通过无监督的跨语言词向量自学习迭代，得到跨语言情感词向量表示。

实验部分以英语为源语言，在德语、法语、中文、日语和西班牙语 5 种目标语言上对该模型进行了双语词典构建任务和跨语言情感分析任务性能评估，将所提嵌入模型与 VecMap、MUSE 以及 fastText 模型进行对比实验和可视化分析。实验结果表明，通过该模型得到的跨语言情感词向量仍能保存较高准确率的语义与句法信息，且能显著提高跨语言情感分析的性能。

7.4　本章小结

本章讲述多语言情感分析的技术基础——跨语言文本表示，首先对跨语言词向量表示给出定义，然后概述现有的跨语言词向量表示模型研究，根据是否需要平行语料库或者双语词典的监督信息，跨语言词向量表示模型包括有监督、半监督和无监督的方法。本章梳理了这些方法的主要思路、实现步骤和研究进展。

最后是笔者提出的一种语义和情感知识联合学习的无监督跨语言词向量模型，该模型借助大量的目标语言无标注信息和源语言的标注语料，将源语言的先验情感信息嵌入跨语言词向量中。基于源语言的先验情感信息,通过无监督的跨语言词向量自学习迭代,得到跨语言情感词向量表示。实验在 6 种语言和 2 种 NLP 任务中验证所提模型的性能,以英语为源语言,分析以西班牙语、德语、法语、日语和中文为目标语言的跨语言词向量生成。将所提模型生成的词向量与现有的 VecMap 模型比较,发现本模型在跨语言情感分析任务中表现更好。

7.5　参考文献

[1] Mikolov T, Le Q V, Sutskever I. Exploiting Similarities among Languages for Machine Translation[J]. arXiv preprint arXiv:1309.4168, 2013.

[2] Faruqui M, Dyer C. Improving Vector Space Word Representations Using Multilingual Correla-tion [C]. In Proceedings of the 14th Conference of the European Chapter of the Association for Computational Linguistics. Gothenburg, Sweden. Stroudsburg, PA: Association for Computational Linguistics, 2014: 462-471.

[3] Zou W Y, Socher R, Cer D, et al. Bilingual Word Embeddings for Phrase-Based Machine Translation[C]. In Proceedings of the 2013 Conference on Empirical Methods in Natural Language Processing. Seattle, Washington, USA. Stroudsburg, PA: Association for Computational Linguistics, 2013: 1393-1398.

[4] Vulić I, Moens M F. Bilingual Word Embeddings from Non-Parallel Document-Aligned Data Applied to Bilingual Lexicon Induction[C]. In Proceedings of the 53rd Annual Meeting of the Association for Computational Linguistics and the 7th International Joint Conference on Natural Language Processing (Volume 2: Short Papers). Beijing, China. Stroudsburg, PA: Association for Computational Linguistics, 2015: 719-725.

[5] Artetxe M, Labaka G, Agirre E. Learning Bilingual Word Embeddings with (almost) no Bilingual Data[C]. Proceedings of the 55th Annual Meeting of the Association for Computational Linguistics (Volume 1: Long Papers). Vancouver, Canada: Association for Computational Linguistics, 2017: 451-462.

[6] Ruder S, Vulić I, Søgaard A. A Survey of Cross-lingual Word Embedding Models[J]. Journal of Artificial Intelligence Research, 2019, 65: 569-631.

[7] Vulic I, Korhonen A L. On the Role of Seed Lexicons in Learning Bilingual Word Embeddings[C]. Proceedings of the 54th Annual Meeting of the Association for Computational Lin guistics (Volume 1: Long Papers). Berlin, Germany: Association for Computational Linguistics, 2016: 247-257.

[8] Barone A. Towards Cross-lingual Distributed Rep-resentations without Parallel Text Trained with Adversarial autoencoders[C]. Proceedings of the 1st Workshop on Representation Learning for NLP. Berlin, Germany: Association for Computational Linguistics, 2016: 121-126.

[9] Conneau A, Lample G, Ranzato M A, et al. Word Translation without Parallel Data[J]. arXiv preprint arXiv:1710.04087, 2017.

[10] Samuel L Smith, David HP Turban, Steven Hamblin, et al. Offline Bilingual Word Vectors, Orthogonal Transformations and the Inverted Softmax [J]. arXiv preprint arXiv:1702.03859, 2017.

[11] Chen Q, Li C, Li W, et al. Modeling Language Discrepancy for Cross-Lingual Sentiment Analysis

[C].Proceedings of CIKM 2017. New York，NY，United States：Association for Computing Machinery，2017：117-126.

[12] Abdalla M，Hirst G. Cross-Lingual Sentiment Analysis Without（Good）Translation［C］. Proceedings of the Eighth International Joint Conference on Natural Language Processing （Volume 1：Long Papers）. Gothenburg，Sweden：Association for Computational Linguistics， 2017：462-471.

[13] Dong X，Melo G D. Cross-Lingual Propagation for Deep Sentiment Analysis[C].Proceedings of the Thirty-Second AAAI Conference on Artificial Intelligence（AAAI-18），Menlo Park，CA： AAAI，2018：5771-5778.

[14] Akhtar M S，Sawant P，Sen S，et al. Improving Word Embedding Coverage in Less-Resourced Languages Through Multi-Linguality and Cross-Linguality：A Case Study with Aspect-Based Sentiment Analysis［J］. ACM Transactions on Asian and Low-Resource Language Information Processing，2018，18(2)：1-22.

[15] ÀR Atrio，Badia，T.，Barnes，J. On the Effect of Word Order on Cross-lingual Sentiment Analysis[J]. arXiv preprint arXiv：1906.05889，2019.

[16] Vulić I，Moens M F. A Study on Bootstrapping Bilingual Vector Spaces from Non-parallel Data （and nothing else）［C］.Proceedings of the 2013 Conference on Empirical Methods in Natural Language Processing. Seattle，Washington，USA：Association for Computational Linguistics， 2013：1613-1624.

[17] Dinu G，Lazaridou A，Baroni M. Improving Zero-shot Learning by Mitigating the Hubness Problem[J]. arXiv preprint arXiv：1412.6568，2014.

[18] Miloš Radovanović，Alexandros Nanopoulos，Mirjana Ivanović. Hubs in Space：Popular Nearest Neighbors in High-dimensional Data［J］. Journal of Machine Learning Research，2010(11)： 2487-2531.

[19] Peirsman Y，Padó S. Cross-lingual Induction of Selectional Preferences with Bilingual Vector Spaces[C].Proceedings of Human Language Technologies：The 2010 Annual Conference of the North American Chapter of the Association for Computational Linguistics. United States： Association for Computational Linguistics，2010：921-929.

[20] Chen Z，Sheng S，Hu Z，et al. Ermes：Emoji-powered Representation Learning for Cross-lingual Sentiment Classification[J]. arXiv preprint arXiv：1806.02557，2018.

[21] Barnes J，Klinger R，Schulte S，et al. Bilingual Sentiment Embeddings：Joint Projection of Sentiment across Languages[C]. In Proceedings of the 56th Annual Meeting of the Stroudsburg， PA：Association for Computational Linguistics，（Volume 1：Long Papers）. Melbourne， Australia. Stroudsburg，PA：Association for Computational Linguistics，2018：2483-2493.

[22] Gouws S，Bengio Y，Corrado G. Bilbowa：Fast Bilingual Distributed Representations without Word Alignments[C]. International Conference on Machine Learning. New York，USA：PMLR， 2015：748-756.

[23] Hermann K M，Blunsom P. Multilingual Distributed Representations without Word Alignment ［J］. arXiv preprint arXiv：1312.6173，2013.

[24] Sca P，Lauly S，Larochelle H，et al. An Autoencoder Approach to Learning Bilingual Word Representations[J]. Advances in neural information processing systems，2014，3.

[25] Barone A V M. Towards Cross-lingual Distributed Representations without Parallel Text Trained

with Adversarial autoencoders[J]. arXiv preprint arXiv: 1608.02996, 2016.

[26] Shen J, Liao X, Lei S. Cross-lingual Sentiment Analysis via AAE and BiGRU[C]. In Proceedings of 2020 Asia-Pacific Conference on Image Processing, Electronics and Computers (IPEC). Piscataway,NJ: IEEE, 2020: 237-241.

[27] Søgaard A, Vulić I, Ruder S, et al. Cross-lingual Word Embeddings[M]. San Rafael, California: Morgan & Claypool Publishers, 2019.

[28] Artetxe M, Labaka G, Agirre E. A Robust Self-learning Method for Fully Unsupervised Cross-lingual Mappings of Word Embeddings[J]. arXiv preprint arXiv: 1805.06297, 2018.

[29] Rasooli M S, Farra N, Radeva A, et al. Cross-lingual Sentiment Transfer with Limited Resources [J]. Machine Translation, 2018, 32(1-2): 143-165.

[30] Ruder S, Vulić I, Søgaard A. A Survey of Cross-lingual Word Embedding Models[J]. Journal of Artificial Intelligence Research, 2019, 65: 569-631.

[31] Alvarez-Melis D, Jaakkola T S. Gromov-Wasserstein Alignment of Word Embedding Spaces[J]. arXiv preprint arXiv: 1809.00013, 2018.

[32] Taitelbaum H, Chechik G, Goldberger J. Multilingual Word Translation Using Auxiliary Languages[C]. In Proceedings of the 2019 Conference on Empirical Methods in Natural Language Processing and the 9th International Joint Conference on Natural Language Processing (EMNLP-IJCNLP). Stroudsburg, PA: Association for Computational Linguistics, 2019: 1330-1335.

[33] Artetxe M, Labaka G, Agirre E. Learning Principled Bilingual Mappings of Word Embeddings while Preserving Monolingual Invariance[C]. In Proceedings of the 2016 Conference on Empirical Methods in Natural Language Processing. 2016: 2289-2294.

[34] Kristin L, Sainani. Introduction to Principal Components Analysis[J]. PMR the Journal of Injury Func-tion and Rehabilitation, 2014, 6(3): 275-278.

[35] Lample G, Conneau A, Denoyer L, et al. Unsupervised Machine Translation Using Monolingual Corpora Only[J]. arXiv preprint arXiv: 1711.00043,2017.

[36] Kristin L, Sainani. Introduction to Principal Components Analysis[J]. PMR the Journal of Injury Function and Rehabilitation, 2014, 6(3): 275-278.

第8章

多语言情感分析的语言资源
——情感词典构建

8.1 情感词典构建

8.1.1 情感词典的定义

情感词,又称为极性词或评价词,是指带有情感倾向性的词语。例如,"开心"和"兴奋"这些带有正向情感极性的词语;"难过"和"伤心"这些带有负向情感极性的词语。情感词典定义为带有情感色彩的情感词或词组及其对应情感极性或强度的集合。

最基本的情感词典使用 1 和 0 标识词语是正面还是负面情感,也可以给词典中的词语赋予一个实数值表示该词的情感强度。例如,"狂喜"和"高兴"都是表示高兴的正面情感,但是情感强度不一样。还可以对情感词分类,进行情感类别、情感极性、主客观等维度的刻画。

和其他的语义资源一样,情感词典早期主要依靠人工编制。由于人工编制的成本较高,早期的情感词典主要集中在少数几种语言,其他语言的情感词典则较为少见。英文方面比较有代表性的词典包括 General Inquirer 词典和 SentiWordNet 词典。其中,General Inquirer 词典是 Philip Stone 等于 60 年代伊始开发的词典,一共收集了 1914 个褒义词和 2293 个贬义词。SentiWordNet 是基于 WordNet 词典构建的情感词典,目前的最新版本是 3.0。这些词典列举了单词、单词情感极性(积极/消极)以及情感极性的强度大小(用分值表示)[1]。中文最先公开的情感词典有 HowNet 词典和 NTUSD 词典。HowNet 词典是根据知网(HowNet)中词语的义原自动生成的,一共收集了 4569 个褒义词和 4370 个贬义词。NTUSD 是由台湾大学自然语言处理实验室创建的,包含 2810 个褒义词和 8276 个贬义词。

情感词典是情感分析研究领域一个重要的辅助工具。基于情感词典的情感分类方法属于一种无监督方法,由于无需借助大量的标注训练数据,天然地具有一定优势[2]。例如,给定英文句子"I like this book",统计句子中每个单词在情感词典中的情感分值加权,将其作为判定该句子情感极性的依据。

目前,情感词典可以分为领域独立的情感词典和领域依赖的情感词典两大类[3]。

领域独立的情感词典,也称作通用情感词典,一般包含了基础的、通用的情感词语,可以用于不同领域的情感分析,通用性较好。通用的情感词典能够满足大部分情感分析任务的需求。但是,由于许多词语在不同语境下存在一词多义现象,使得领域独立的情感词典的应用效果相比领域依赖的情感词典差一些。

领域依赖的情感词典,以下简称领域情感词典,通常为针对某个具体领域建立的情感词典,旨在解决某些特定领域的情感分析任务。例如,针对金融、新闻、医学等特定领域构建的情感词典。虽然领域情感词典的通用性相比通用情感词典稍弱,但是由于其领域针对性更强,往往包含更多领域内的隐含情感词,因此应用效果相比通用情感词典更好。

虽然构建领域情感词典非常重要,但是由于领域众多且新词不断涌现,针对不同领域分别构建领域情感词典耗时巨大、花费较高。因此,有学者致力于研究领域情感词典的自动构建。在领域情感词典构建中需要重点解决 3 个问题[4]:

(1) 如何辨别和区分受领域或受上下文影响的情感词。具体表现为一些情感词在通用情感词典中表达某种情感,而在某个特定领域却表达另一种情感倾向[5]。

(2) 如何发现在特定领域中隐含情感信息的词语。例如,英文单词"urge"在通用情感词典中属于中性词汇,无明显情感含义。但是在国际新闻中,"urge"用于外交事件时带有明显的消极含义,表现为国家间在处理某些国际矛盾时的强硬态度。

(3) 如何发现领域中网络新词的情感极性。互联网每天都在涌现富有情感信息的新词和表情符号,判别这些新词和表情符号的情感倾向,对于社交媒体信息的情感倾向判别起着举足轻重的作用。该问题的解决需要考虑 2 个方面:如何发现语料中的新词以及如何再判断新词的情感倾向性。

8.1.2　情感词典的研究意义

情感词典是情感分析领域的重要资源,很多情感分析任务都需要情感词典的支持。情感词典的构建研究具有以下意义:首先,基于情感词典能够直接开展无监督的情感分析。例如,统计句子中情感词的得分,将其作为该句子情感倾向判别的重要参考。其次,情感词典可作为重要的词语级别(Word-level)的情感监督信息,提高情感分析任务和模型的性能。例如,在文档级别(Document-level)的情感分类任务中,加入词语级别的情感信息可以明显提升分类准确率。在属性级别(Aspect-level)的情感分析任务中,需要先找到属性词对应的情感词,基于该情感词判别属性对应的情感倾向。因此,情感词典构建一直是情感分析领域的研究热点[6-7]。

早期的情感词典主要依靠人工编制,但是人工编制情感词典是一件费时费力的工作,并且还会有新词不断涌现,人工跟踪这些词语并对情感词典进行补充显然耗时巨大。因此,近年来国内外研究学者对情感词典的自动和半自动的构建做了大量的研究工作。

对于情感词典的构建,从 60 年代起始 General Inquirer 词典的研究至今,已有大量的研究工作。然而,目前情感词典构建依然有许多值得研究以及具备挑战性的问题。下面从单语情感词典构建和多语情感词典构建的角度分别谈谈。

在单语情感词典方面,通用情感词典已基本建立完备,例如,英文中的 SentiWordNet 词典和中文中的 HowNet 词典。其中,SentiWordNet 词典从最初的 1.0 版本更新迭代到 3.0 版本,HowNet 词典由 NLP 的泰斗董振东老师化费近 30 年时间不断更新迭代。然而,领域依赖的情感词典构建仍没有较为完备的方法。一方面是因为一些情感词在通用情感词典中表达某种情感倾向,而在某个特定领域却表示另一种情感倾向,使得受领域上下文影响的情感词或者隐含情感词难以被发现和识别。另一方面是因为不同领域中富有情感信息的新词和表情符号不断涌现,这些新词和表情符号对领域情感词典的构建和完善提出了更大的挑战。

因此,近年来许多工作关注于研究自适应的领域情感词典的构建:

(1) 通过修正一个通用的情感词典,使其适应某个特定的领域;

(2) 通过语料库资源扩充和丰富情感词典,添加新词;

(3) 研究情感词典的构建方法,提升领域情感词典的性能,以期达到更好的情感词典构建效果。

多语言或者跨语言情感词典的构建,是指利用源语言的情感词典来构建目标语言的情感词典。"源语言"指已经获得的情感词典所使用的语言,一般为英语;"目标语言"指需要生成的情感词典所用的语言。

从任务关注点上看,多语言情感词典构建和单语情感词典构建的目标有所不同。单语言情感词典构建的目标是尽可能准确地判别单词的情感极性,或者尽可能准确地挖掘隐含情感词的情感极性。然而,多语言情感词典构建的目标是利用自动方法从已知的源语言情感词典挖掘信息,生成得到既全面又比较准确的目标语言的情感词典,从而生成得到不同语言的情感词典。因此,多语言情感词典的研究与跨语言情感词典的研究密不可分,通常将"多语言情感词典"与"跨语言情感词典"交替使用。

多语言情感词典对于多语言的情感分析任务具有举足轻重的作用,是多语言情感分析中不可或缺的语义资源。早期的跨语言情感分析研究主要采用机器翻译的方法,然而考虑到篇章级或者句子级的机器翻译容易引起较大的翻译误差,而词语级别的机器翻译准确率则相对较高。因此,双语情感词典(Bilingual Sentiment Analysis Lexicon)被提出用于跨语言情感分析中。通过构建双语情感词典,再计算目标语言文本中各个单词的情感分值得到总文本的情感分值,作为判断文本情感极性的重要依据。相较于有监督的情感分析方法,基于情感词典的情感分析属于一种无监督的方法,不需要借助大量的已标注训练数据,天然地具有一定优势。

特别地,在跨语言情感分析研究中,如果能够预先建立双语情感词典,则不需要依赖源语言和目标语言的训练数据即可开展跨语言情感分析研究。例如,Gao 等利用自己构建的中英双语情感词典进行跨语言情感分析测试。具体地,他们利用 LibSVM 模型,结合双语情感词典对 NTCIR 数据集中的数据进行情感分类,取得了较好的效果;LibSVM模型在积极单词与消极单词的生成中均达到了 80% 以上的准确率和 70% 的召回率[8]。He 等基于中越双语词典利用卷积神经网络对中越新闻进行情感分析研究[9]。Zabha 等使用中文-马来语双语情感词典,利用情感得分统计(Term Counting)方法对马来语 Twitter 数据进行情感分析研究[10]。这些研究工作表明,基于构建的双语情感词典可以进行跨语言情感分析研究。在这种方法中,跨语言情感分析的性能一方面取决于所构建的双语情感词典的质量,另一方面还受到跨语言情感预测所使用方法/模型的影响。例如,采用卷积神经网络或基于情感得分统计的方法。

在多语言情感词典构建中,由于英语情感词典的资源比较丰富,因此一般考虑如何根据英语情感词典,构建其他语言的情感词典。由于不同语言的语法、语义和用词都不相同,多语言情感词典的构建需要依赖语言之间的知识迁移。

多语言情感词典构建,主要需要解决目标语言词典中单词的**准确率**和**覆盖率**问题。准确率是指构建的目标语言情感词典中单词的情感极性表述是否正确,这点要求与单语情感词典构建的要求一致。覆盖率是指从源语言情感词典中学习到的目标语言词典,是否能够覆盖目标语言中的词语。例如,早期的研究利用英汉词典或者机器翻译引擎,直接翻译已有的英文情感词典,得到中文情感词典。由于英汉词典里对同一个英文情感词通常有多种翻译,一般选择将排在首位的中文翻译收录在中文情感词典中。这种方法具有一定的局限性。**首先**,英汉词典里词条收录的不一定是英文词的中文翻译,相当一部分收录的是该英文单词的中文解释。例如,对应"surprised"的词条是"惊讶的",直接将该中文解释放入情感词典中显然没有"吃惊"更合适;**其次**,对应于一个英文词的最佳中文翻译可能有多个,例如,"clean"的中文翻译可以是"干净"和"清洁"。在这种情况下,只收录一个最佳中文翻译就使得生成的中文情感词典不能够覆盖中文语境下的所有用语。

实际上,如果仅仅依靠英汉词典的翻译构建中文情感词典,由于本质上英汉双语词典的作用是解释或者诠释英文词语的含义,而不是穷举一个英文词语所有可能对应的中文词语,会导致双语情感词典所覆盖的词汇量极其有限。特别地,双语词典通常只会包含简单的中文情感词,例如,"开心"和"高兴",而不会包含形象生动的情感词,例如,"惊心动魄"或"喜笑颜开"。另外,如果仅仅依靠翻译引擎将英文情感词典翻译为中文情感词典,由于一个英文单词对应的最佳中文翻译词可能有多个,很难确定选择多少个翻译结果才比较合适。一种简单的做法是使用最佳的若干个中文翻译结果(例如 3 个)或者使用所有的中文翻译结果。

因此,多语言情感词典构建研究关注的主要问题是:如何根据英语情感词典,构建其他语言的情感词典,并且尽可能提高目标语言情感词典的准确率和覆盖率。构造多语言情感词典有很多种方法,主要包括基于机器翻译、基于同义词词集(Synset)、基于平行语料库以及基于跨语言词向量的方法。在后面的 8.4 节中将具体阐述多语言情感词典构建的具体方法、思路和步骤。

8.2　多语言情感词典资源

8.2.1　情感词典的格式

情感词典的呈现形式并不唯一,有些情感词典只标注了单词的情感类别标签,有的情感词典刻画的情感信息丰富些,既表示情感类别,又用数值表示单词的情感倾向强度。以情感极性二分类为例,目前情感词典的呈现形式一般有以下 3 种。

(1)仅仅包括情感类别标签,例如,["高兴":积极;"难过":消极]。这类情感词典只有情感类别标签,而没有情感类别的强度。代表的情感词典有 MPQA 词典[11]和 General Inquirer 词典[12]。这类情感词典的情感载体一般为单词或者短语。General Inquirer 词典在单词或者短语的基础上,进一步使用词性来区别同一个词在不同词性环境下的情感倾向,以便更好地刻画单词在不同语境下的情感倾向。

（2）表示为情感极性上的分布,代表情感词典有 SentiWordNet 词典。例如,["高兴":（0.9,0.1）;"难过":（0.15,0.85）]。这类情感词典刻画每个词在不同情感上的概率值。例如,["高兴":（0.9,0.1）]表示单词"高兴"在正负情感上的概率分别为 0.9 和 0.1,即"高兴"较大概率属于正面积极情感。在这种表示方法中,积极和消极情感标签对应的概率值 P_{pos} 和 P_{neg},一般满足 $P_{pos}+P_{neg}=1$。基于情感标签概率值,可以计算单词的积极情感概率值与消极情感概率值的差,作为单词的情感倾向强度。

（3）使用一个实数表示单词的情感分数,代表情感词典有 HIT、HSSWE、nnLexicon 词典。例如,["高兴":+1.2;"难过":-0.85]。情感分值的"+""-"符号表示情感类别标签,绝对值表示正负情感的强度。与上述第 2 种情感极性分布表示方法不同的是,这类情感词典使用实数表示情感的强度,实数值并不局限在[0,1]。

表 8-1 总结了上述 3 种情感词典的呈现格式。

表 8-1　3 种不同类型的情感词典形式

词典类型	正情感标签（样例"开心"）	负情感标签（样例"难过"）	情感词典特点	代表情感词典
第一种	积极	消极	仅仅包括情感类别标签	MPQA 和 General Inquirer
第二种	（0.9，0.1）	（0.15，0.85）	表示为情感极性上的分布	SentiWordNet
第三种	+1.2	-0.85	使用实数表示单词情感分值	HIT、HSSWE、nnLexicon

8.2.2　英文情感词典资源

常用英文情感词典有 General Inquirer[12]、SentiWordNet[1]、Opinion Lexicon[5] 和 OpinionFinder[6] 等词典,下面分别介绍。

General Inquirer 词典是由 Philip Stone 等于 60 年代开始构建的词典,被认为是最早的一款情感词库兼计算机情感分析程序[12]。情感词来源于《哈佛词典（第 4 版）》和《拉斯韦尔辞典》,按照情感正负对词汇进行分类,一共收集了 1914 个褒义词和 2293 个贬义词。

SentiWordNet 是最著名的一款英文情感词典,它是基于 WordNet 构建的英文情感词典,为 WordNet 中每一个同义词集给出了积极、消极和客观情感得分。SentiWordNet 从 1.0 版本逐步更新迭代到现在的 3.0 版本,一共收录了 11 万个单词[1]。

具体地,在 SentiWordNet1.0 版本中,使用半指导释文的分类方法基于 WordNet 构造情感词典[13]。释文是指词典资源对一个词语的文本解释。首先,手工构建一个种子褒义词及贬义词的词典,利用 WordNet 中的同义词关系对该种子词典进行扩展,得到一个训练数据集。在该数据集中,每一个训练样本是一个褒义词、贬义词或中性词,其特征是对应于该情感词的释文中的词语。接着,基于该数据集训练一个褒贬中三分类器对其他词语的释文进行分类。最后,基于分类器对 WordNet 中的每一个同义词集进行打分。SentiWordNet3.0 版本在上述方法的基础上,引入 PageRank 算法解决情感在同义词集间的传播问题,通过多次迭代计算每个同义词集的情感分值。

注意到,SentiWordNet 赋予分数的对象是词义集而不是词语本身,所以同一个词语可能会有多个正面、负面的情感分数。例如,单词"bad",在词义"capable of harming"中,正面情感分数为 0,负面情感分数为 0.375,短语表达有"smoking is bad for you";然而,在词义"characterized by wickedness or immorality"中,正面情感分数为 0,负面情感分数为 0.75,短语表达有"led a very bad life"。

Opinion Lexicon 是伊利诺伊大学 Liu Bing 老师整理和标注的一个情感词典资源,不仅包含情感词,还包括了拼写错误、语法变形、俚语等信息。一共收集了约 6800 个单词[5],包括正面词汇 2006 个,负面词汇 4783 个。

OpinionFinder 是美国匹兹堡大学提供的主观情感词典(Subjective Sentiment Lexicon)[16]。该词典来自于 OpinionFinder 情感分析系统,含有 8221 个主观情感词,每个词语标有词性、情感极性和极性强度等信息。

MPQA 词典是 Theresa Wilson 等发布的一个来源于新闻数据的情感词典,包含褒义词汇 2718 个,贬义词汇 4912 个[17]。

Sentiment140[18]、nnLexicon[19] 和 HIT[20] 都是基于 Twitter 数据集得到的情感词典。其中,Sentiment140 词典是 Mohammad 等基于 PMI-SO 的方法使用公开的 Twitter 数据集学习得到的 Twitter 情感词典,nnLexicon 是 Vo 和 Zhang 基于深度神经网络学习得到的 Twitter 情感词典,HIT 是 Tang 等基于情感表示学习得到的 Twitter 情感词典。

8.2.3   中文情感词典资源

中文情感词典在中文信息的情感分析中得到广泛应用。现有常用且开源的中文情感词典有:大连理工大学情感词汇本体库 DUTIR[21]、台湾大学中文情感极性词典 NTUSD[4]、清华大学李军中文褒贬义词典 TSING[22] 以及知网情感词典 HowNet[23]。表 8-2 总结了常见中文情感词典的基本情况。

表 8-2   常见中文情感词典

名称	词数(个)	内 容 描 述
DUTIR	27466	正面情感词 10783 个 负面情感词 11229 个 中性词 5454 个
HowNet	9193	中文正面情感词语 836 个 中文负面情感词语 1254 个
TUSD	11086	正面情感词 2812 个 负面情感词 8278 个
TSING	10038	褒义词 5568 个 贬义词 4470 个

DUTIR 情感词汇本体库是大连理工大学信息检索研究室整理和标注的一个中文本体资源。分类体系参考的是 Ekman 的 6 大类情感分类体系,并且加入了情感类别"好"对褒义情感进行了更细致的划分,得到本体词汇中的情感分为 7 大类 21 小类,共 27466 个词语。

　　DUTIR 从不同角度描述一个中文词汇或者短语,包括词语的词性种类、情感的类别、情感的强度以及极性等信息。其中,一个情感词可能对应多个情感,情感分类用于刻画情感词的主要情感类别,而辅助情感分类为该情感词在主要情感分类的同时含有的其他情感类别。表 8-3 展示了 DUTIR 的格式示例。

表 8-3　DUTIR 的格式举例

词语	词性种类	词义数	词义序号	情感分类	强度	极性	辅助情感分类	强度	极性
精妙	adj	1	1	PH	5	1			
有眼力	prep	1	1	NN	9	1	PB	3	1
言过其实	idiom	1	1	NN	5	2			

　　HowNet 词典是董振东教授和董强教授父子毕 30 年之功建立的语言常识知识库。该知识库以汉语和英语的词语所代表的概念为描述对象,一共包括 223767 个中英文单词或者词组所代表的概念,其中每个概念均包括词语的词性、情感极性、例句以及词语的义原定义等。在 HowNet 词典中,基于词语的义原定义可以准确捕捉在当前文本中该单词表现出的含意,因此中文情感词的相关程度可以通过对两个词语的"词语义原"进行相似性分析判断。

　　HowNet 分为中文情感词典和英文情感词典两部分。其中,中文情感词典包含词语和短语共 9193 个,英语情感词典包含词语和短语 9142 个,它们都被分成了正面情感、负面情感、正面评价、负面评价、程度级别和主张词语 6 大类。其中,中文情感词典包括中文正面评价词语 3730 个、中文负面评价词语 3116 个、中文正面情感词语 836 个、中文负面情感词语 1254 个。表 8-4 展示了 HowNet 情感词典格式示例。

表 8-4　HowNet 情感词典格式示例

类　　别	例　　子
正面情感	爱、赞赏、快乐、感同身受、好奇、喝彩、魂牵梦萦、嘉许
负面情感	哀伤、半信半疑、鄙视、不满意、不是滋味儿、后悔、大失所望
正面评价	不可或缺、部优、才高八斗、沉鱼落雁、催人奋进、动听、对劲儿
负面评价	丑、苦、超标、华而不实、荒凉、混浊、畸轻畸重、价高、空洞无物

　　NTUSD 是来源于台湾大学自然语言处理实验室的中文情感极性词典。NTUSD 词典为简体字的情感极性词典,共包含 2812 个正向情感词和 8278 个负向情感词,可以用于二元情感分类任务中。表 8-5 展示了 NTUSD 情感词典格式示例。

表 8-5　NTUSD 情感词典格式示例

情 感 极 性	词　　语
负向	贪吃、贪污、贪污的、贪求、贪财、悲伤的、悲伤者、悲惨、悲惨的、痛心
正向	令人喜悦、令人愉快、出名的、出神、可信、可信任的、可信的、可信赖

TSING 词典是由清华大学李军老师构建的中文褒贬义词典，共包含褒义词 5568 个和贬义词 4470 个。表 8-6 展示了 TSING 情感词典格式示例。

表 8-6　TSING 情感词典格式示例

情 感 极 性	词　　语
贬义	乱离、下流、挑刺儿、憾事、日暮途穷、散漫、谗言、迂执、肠肥脑满、出卖
褒义	意志、意味、辛勤、践诺、简捷、荣誉、自立、超常、广博、勇气、明光、帮补

资料库和
工具包

8.2.4　其他语言情感词典资源

1. 日语情感词典

日语情感词典整理自互联网资源，共包含 55125 个单词，情感极性为二分类。词典中每个单词的格式包括单词、日语发音、词性类型以及情感分值四个部分。其中，情感分值为 -1 到 +1 之间的实数。

表 8-7 列举了日语情感词典中的部分单词示例，左边为日语情感词典示例，右边为对应的中文翻译。

表 8-7　日语情感词典格式示例

日语情感词典示例	对应的中文翻译
優れる,すぐれる,動詞,1	优秀,优秀,动词,1
良い,よい,形容詞,0.999995	好,好,形容词,0.999995
喜ぶ,よろこぶ,動詞,0.999979	高兴,请,动词,0.999979
褒める,ほめる,動詞,0.999979	赞美,赞美,动词,0.999979
めでたい,めでたい,形容詞,0.999645	吉祥,吉祥,形容词,0.999645
鬱鬱,うつうつ,名詞,-0.983433	抑郁症,抑郁症,名词,-0.983433
徳,とく,名詞,0.998745	美德,德,名词,0.998745
才能,さいのう,名詞,0.998699	人才,西野,名词,0.998699
仕合せ,しあわせ,名詞,0.998208	幸福,幸福,名词,0.998208
雄雄しい,おおしい,形容詞,0.998272	雄伟的,雄伟的,形容词,0.998272

2. 德语情感词典

相比于其他语种，德语具有较为丰富的情感词典资源，这里列举 2 个德语情感词典。其中一个来自德国情感分析兴趣小组（Interest Group on German Sentiment Analysis，IGGSA）。IGGSA 隶属于德国计算语言学和语言技术学会（GSCL），是致力于德语情绪分析的欧洲研究合作组织机构,其研究领域包括计算机辅助意见挖掘、情感分析、情感极性检测以及情感计算应用。以下简称该情感词典为 IGGSA 德语情感词典。

IGGSA 德语情感词典是基于德语语义资源 GermaNet(类似于英文语义资源 WordNet)和词向量表示构建的情感词典,包含 9400 个单词。词典中每个单词的格式表示为单词、极性和词性。情感极性强度有 5 种: NEG、POS、NEU、SHI 和 INT。其中, NEG、POS、NEU 分别表示消极、积极和中立。SHI 表示换挡(Shifters)、INT 表示增压 (Intensifiers)。例如,INT<1 时,表示情感极性递减;INT>1 时,表示情感极性递增。

表 8-8 列举了 IGGSA 德语情感词典中的部分单词示例,左边为德语情感词典示例, 右边为对应的中文翻译。

表 8-8　IGGSA 德语情感词典格式示例

德语情感词典示例	对应的中文翻译
fehlschlagen NEG=0.7 verben	失败 NEG=0.7 动词
vermindern INT=0.5 verben	减少 INT=0.5 动词
aufhören SHI=0 verben	停止 SHI=0 动词
beenden SHI=0 verben	终止 SHI=0 动词
beliebt POS=0.7 adj	流行 POS = 0.7 形容词
gewöhnungsbedürftig NEG=0.5 adj	习惯 NEG=0.5 形容词
lecker POS=0.7 adj	美味 POS=0.7 形容词
beredt POS=1 adj	雄辩的 POS = 1 形容词
neckisch POS=0.5 adj	戏弄 POS=0.5 形容词
anders NEU=0 adj	不同 NEU=0 形容词

GermanPolarityClues 是 Waltinger 博士构建的德语情感词典,基于半自动翻译方法,通过三个数据集将现有英语情感资源翻译得到,最初发布于 2010 年。

GermanPolarityClues 词典对每个单词的标注格式为单词、情感极性以及情感分值。情感极性为三分类,包括积极、消极和中立。词典包括 6 个文件,每个情感极性有 2 个文件,共 49691 个单词。

表 8-9 列举了 GermanPolarityClues 德语情感词典格式示例,左边为德语情感词典示例,右边为对应的中文翻译。

表 8-9　GermanPolarityClues 德语情感词典格式示例

德语情感词典示例	对应的中文翻译
Abhilfe positive 0.2/0.8/0	补救 积极 0.2/0.8/0
Ablösen positive 0.5/0.5/0	更换 积极 0.5/0.5/0

续表

德语情感词典示例	对应的中文翻译
Rechtzeitig positive 0.6/0.2/0.2	准时 积极 0.6/0.2/0.2
Reiflich positive 1/0/0	成熟 积极 1/0/0
Chance positive 0.2/0.56/0.24	机会 积极 0.2/0.56/0.24
Einblick positive 0.5/0.5/0	洞察力 积极 0.5/0.5/0
Aussichtslos negative -/-0.183/-	出乎意料的 消极 -/-0.183/-
Frustriert negative -/-0.3244/-	挫折 消极 -/-0.3244/-
Garstig negative -/-0.0425/-	不良 消极 -/-0.0425/-
Ablauf neutral 0/1/0	过程 中立 0/1/0

3. 法语情感词典

Lexicoder Sentiment Dictionary (in French)是 Duval 等构建的法语情感词典,发布于 2016 年,以下简称 LSDfr 词典。LSDfr 词典对每个单词的标注格式为单词和情感极性,情感极性为二分类,包括积极和消极。其中,积极单词 1286 个,消极单词 2867 个。

表 8-10 列举了 LSDfr 法语情感词典格式示例,左边为法语情感词典示例,右边为对应的中文翻译。

表 8-10　LSDfr 法语情感词典格式示例

法语情感词典示例	对应的中文翻译
aboyer negative	大叫 消极
abdiqu negative	放弃 消极
abomin negative	可恶 消极
blessé negative	伤害 消极
conspire negative	合谋 消极
aimable positive	友谊赛 积极
ardeur positive	热情 积极
authentique positive	真正的 积极
calme positive	冷静的 积极
facilite positive	舒适 积极

4.81 种语言的情感词典

Kaggle.com 整理了 81 种语言的情感词典数据集，并提供开源下载。这种情感词典是基于知识图（Knowledge Graph）使用图传播方法构建的，构建的思路是在知识图上紧密联系的单词一般具有相似的情感极性。

该情感词典数据集首先整理了一张表格，用于存储 81 种语言对应的维基百科语言编码、语言的英文名、语言名称，如表 8-11 所示。

表 8-11　情感词典的语言编码及其名称示例

语 言 编 码	语言的英文名	语 言 名 称
ar	Arabic	العربية
da	Danish	dansk
fi	Finnish	suomi, suomen kieli
it	Italian	Italiano

对于每种语言，分别提供两个情感极性文件，包含了该语言下的正向情感词以及负向情感词。以意大利语为例，一共包含 1598 个积极词语，2893 个消极词语。

8.3　单语情感词典的构建方法概述

单语情感词典的研究重点在于领域情感词典的构建，可根据研究方法的不同将相关研究工作分为两大类：（1）根据情感词典构建的资源来源，可以分为基于语义资源的方法和基于语料库的方法；（2）根据情感词典构建的方法，可以分为基于 PMI 相似度的方法、基于关系图传播的方法以及基于词向量表示的方法。表 8-12 总结了这两大类研究工作的研究思路。

根据情感词典构建的资源来源，可分为基于语义资源的方法和基于语料库资源的方法。其中，语义资源是指已构建完备的高质量语义资源，例如 WordNet 词典。将语义资源作为情感词扩展的基础。语料库资源是指用户爬取采集的大规模语料，例如微博用户评论、华尔街日报的大规模语料等。基于大规模语料库资源学习构建的情感词典，领域的针对性更强。

根据情感词典的构建方法划分，可分为基于 PMI 相似度的方法、基于关系图传播的方法以及基于词向量表示的方法。本质上，这些方法都是为了计算候选词语和种子情感词的相似度距离，然后对候选词语进行情感极性分类。这些方法都需要借助语义资源或者语料库资源，因此下面先分别谈谈常用的语义资源和语料库资源，再具体阐述每种情感词典构建方法的研究思路。

表 8-12   单语情感词典构建的主要方法及思路

分 类	构 建 方 法	研 究 思 路
从构建的资源划分	基于语义资源	借助 WordNet 等高质量语义资源
	基于语料库资源	借助微博用户评论等语料库资源
从构建的方法划分	基于 PMI 相似度	计算候选词和种子情感词或情感标签的 PMI 相似度,对候选词分类
	基于关系图传播	将情感词作为图的顶点,词与词之间的关系作为顶点之间的边,使用图传播的方法构建词典
	基于词向量表示	将单词以向量形式表示,通过词向量间的相似度计算结果作为单词之间的相似度,基于相似度对候选词分类

单语情感词典构建使用得最多的语义资源是 WordNet。WordNet 是 20 世纪 80 年代由普林斯顿大学著名认知心理学家 George Miler 团队所构建的一个英文词汇数据库[23]。在 WordNet 中,名词、动词、形容词和副词都以同义词集合的形式进行存储。每个同义词的集合都代表一个基本的语义概念,并且各个同义词集合之间通过语义和词性关系等边连接。

基于 WordNet 语义资源的情感词典构建已有大量的相关研究,这里简单列举几个。2004 年,Kim 等利用 WordNet 中的同义词关系(Synonyms)和反义词关系(Antonyms)计算单词的情感强度。首先构建一个褒义词和贬义词的种子词集,然后不断把种子词集中词语对应的同义词和反义词补充起来。对于一个未知情感极性的单词,通过查找其同义词与种子词的极性关系,来确定其情感的褒贬程度[24]。2015 年,Schneider 等利用线性最优理论,通过统计 WordNet 词典中的单词在褒义、贬义和中性释义的数量,获得单词属于这 3 类的概率,将概率最大值的类别作为单词的情感极性,概率值作为单词的情感得分[25]。在利用 WordNet 构建情感词典的工作中,最为突出的是 2006 年 Esuli 等构建的 SentiWordNet 情感词典。SentiWordNet 对 WordNet 中的每一个同义词集赋予了三个分数,分别表示该词义集所表现的褒义、贬义和中性情感的程度。

与基于语义资源的情感词典构建相比,基于语料库的方法能够获得更加丰富和充裕的语料资源。例如,使用微博等社交媒体平台的用户评论语料、电商平台的用户评论语料作为语料资源。一般来说,基于不同领域的大规模语料资源,构建领域特定的情感词典,其领域针对性更强。

最早基于语料库的单语情感词典构建可追溯到 1997 年,Hatvivassiloglou 等基于 1987 年华尔街日报的大规模语料(包括 2100 万单词)研究词语的情感极性[26]。王科和夏睿等总结了基于语料库的情感词典构建方法,并根据研究方法的不同将相关工作分为连词关系法和词语共现法两大类[7]。

基于语料库的连词关系法构建情感词典的思路是:通过连词信息,依据句子片段的情感,判断句子片段中情感词的情感极性。通常,文本中转折词的出现往往伴随着语义情感极性的改变,而一般的连词(例如并列、承接词)则不会导致极性的改变。例如,"and"两端的形容词大多具有相同的情感极性,而"but"两端的形容词大多具有相反的情感极性。由于连词关系法主要依赖连词判断前后文本的情感极性,因此主要适用于主观性较强且句子间有明显情感变化的评论文本语料。研究表明,即使是采用最简单的连接关系法构建的领域情感词典,也能在领域语料上表现出比通用情感词典更好的性能。但是,连词关系法也存在一定缺点:一方面,该方法只针对语料中的形容词进行判别,而情感词典中也可能包含动词、名词或者副词;另一方面,该方法无法挖掘和识别没有连词连接的形容词。

基于语料库的词语共现法构建情感词典的思路是:如果两个单词经常出现在一起,则认为它们之间存在一定的相关性,通过词语的共现频次来判断两个单词的情感极性相似程度。对于单词的情感极性相似度计算可以采用下述章节提到的 PMI 相似度或者余弦相似度。比较代表性的工作是 2002 年 Turney 等提出的基于大型语料库从种子情感词扩展情感语的方法[27]。分析可知,词语共现法主要依靠单词的相关性来构建情感词典,相比于连词关系法,不要求句子前后具有明显的转折或并列连接关系,通用性更强,适用于大部分的语料。但是也应看到,词语共现法过分依赖单词的统计信息,只考虑单词的共现情况而缺少对复杂语义的建模,使得统计的结果可能存在一定偏差。例如,"这件商品不错,缺点是比较贵",如果不考虑转折关系而仅考虑单词的共现关系,会认为单词"不错"和"贵"存在相同的极性。

综上所述,基于语料库的情感词典构建可以利用大规模的语料无监督地获得领域依赖的情感词典,但是与基于 WordNet 等语义资源的方法相比,在通用性上有一定欠缺。因此,目前很多方法尝试将基于语料库和基于语义资源的方法结合起来:由语义资源等知识库提供单词间标准的语义关系,例如同义词、反义词等;由大规模语料库反映词语间的关系,例如共现信息、情感反转、情感保持等,结合这两个方面一起构建更为完善的领域情感词典。

此外,也应看到语料库或者 WordNet 语义资源本身并不能够构建情感词典,还需要借助具体的 PMI 相似度计算、关系图传播和词向量表示的方法。例如,基于 WordNet 构建 SentiWordNet3.0 词典的过程中引入了 PageRank 算法,属于语义资源和关系图传播方法的融合;Esuli 等将 WordNet 语义资源和机器学习方法融合起来构建情感词典。Esuli 认为情感相近的单词具有相似的释义,因此对 WordNet 中的同义词集使用 TF-IDF 方法进行向量化表示后,训练支持向量机和朴素贝叶斯模型对单词进行情感极性判断[28]。

下面具体从情感词典的构建方法上,谈谈基于 PMI 相似度的方法、基于关系图传播的方法以及基于词向量表示的方法。

8.3.1　基于 PMI 相似度的单语情感词典构建

基于相似度的单语情感词典构建,基本思想是通过计算候选词与情感标签,或者通过计算候选词与种子情感词的相似度距离,实现对候选词的分类。相似度距离的计算一般使用点间互信息(Point-wise Mutual Information,PMI)方法。

给定词语 w_1 和 w_2,PMI 通过统计两个词语的共现概率来衡量两个单词的相关性,公式为

$$\text{PMI}(w_1, w_2) = \log_2 \frac{p(w_1, w_2)}{p(w_1)p(w_2)} \tag{8-1}$$

其中，$p(w_1, w_2)$ 表示词语 w_1 和 w_2 共同出现的概率，$p(w_1)$ 和 $p(w_2)$ 分别表示 w_1 和 w_2 单独出现的概率。根据计算公式可知，如果两个单词在数据集的共现概率越大，其关联度越大；反之则关联度越小。

在情感词典的构建中，根据已知的情感监督信息是文档数据集还是种子情感词典，有两种不同的 PMI 相似度计算方法：一种是计算候选词与文档情感标签的 PMI 相似度；另一种是计算候选词与种子情感词的 PMI 相似度。

（1）计算候选词与文档情感标签的 PMI 相似度。

以情感极性二分类为例，已知带情感标注的文档数据集 $\{\text{Doc}_{pos}, \text{Doc}_{neg}\}$。候选词 w 与正情感标签、负情感标签的 PMI 值计算公式为

$$\text{PMI}(w, \text{Doc}_{pos}) = \log_2 \frac{p(w, \text{Doc}_{pos})}{p(w)p(\text{Doc}_{pos})} \tag{8-2}$$

$$\text{PMI}(w, \text{Doc}_{neg}) = \log_2 \frac{p(w, \text{Doc}_{neg})}{p(w)p(\text{Doc}_{neg})} \tag{8-3}$$

其中，$\text{PMI}(w, \text{Doc}_{pos})$ 和 $\text{PMI}(w, \text{Doc}_{neg})$ 分别表示单词 w 在正情感数据集和负数据集出现的概率；$p(\text{Doc}_{pos})$ 和 $p(\text{Doc}_{neg})$ 分别表示标注数据集中正情感和负情感文档的概率占比。

（2）计算候选词与种子情感词的 PMI 相似度。

以情感极性二分类为例，已知种子情感词集合 $\{\text{Seed}_{pos}, \text{Seed}_{neg}\}$。候选词 w 与正情感（负情感）种子词的 PMI 值为 w 与正向（负向）情感种子词集合中每个单词的 PMI 值的和，计算公式为

$$\text{PMI}(w, \text{Seed}_{pos}) = \sum_{w_i \in \text{Seed}_{pos}} \text{PMI}(w, w_i) \tag{8-4}$$

$$\text{PMI}(w, \text{Seed}_{neg}) = \sum_{w_i \in \text{Seed}_{neg}} \text{PMI}(w, w_i) \tag{8-5}$$

情感倾向点互信息（Sentiment Orientation Point-wise Mutual Information，SO_PMI）算法将 PMI 方法引入单词的情感倾向计算中，从而达到捕获情感词的目的[35]。

基于 SO_PMI 算法，候选词 w 的情感倾向分值表现为两个 PMI 值的差值，计算公式为

$$\text{SO\_PMI}(w) = \text{PMI}(w, \text{Set}_{pos}) - \text{PMI}(w, \text{Set}_{neg}) \tag{8-6}$$

因此，如果已知情感标注信息为文档数据集，在 SO_PMI 情感倾向分值计算中，令 $\text{Set}_{pos} = \text{Doc}_{poc}$，$\text{Set}_{neg} = \text{Doc}_{neg}$，并根据公式(8-2)式(8-3)计算 $\text{PMI}(w, \text{Set}_{pos})$ 和 $\text{PMI}(w, \text{Set}_{neg})$ 的值。如果已知情感标注信息为种子情感词集，则令 $\text{Set}_{pos} = \text{Seed}_{poc}$，$\text{Set}_{neg} = \text{Seed}_{neg}$，式(8-6)中两个 PMI 值则参考式(8-4)和式(8-5)。

综上所述，基于 PMI 相似度的情感词典构建主要基于统计思想来度量词与词之间的相关性，从而确定某个候选词的情感极性及其强度。相关研究基于 PMI 相似度在构建情感词典上取得了较好的效果[27,30]。

比较有代表性的工作是 2002 年 Turney 等提出在大型语料库中利用 7 个褒义种子情

感词(分别为 good,nice,excellent,positive,fortunate,correct 和 superior)和 7 个贬义情感种子词(分别为 bad,nasty,poor,negative,unfortunate 和 inferior)构建情感词典的方法。首先使用搜索引擎 AltaVista 提取候选词,然后使用 PMI 衡量词语之间的关系[27]。

2007 年,Kaji 等基于 PMI 方法从大规模的网页信息中构建日语情感词典:首先从网页文本中挖掘句子级的情感倾向,然后抽取出句子中的形容词作为候选词,通过统计候选词在褒义句和贬义句中的出现次数,使用 PMI 互信息或者卡方统计(Chi-Square)方法计算候选词的情感倾向[31]。

2017 年,赵研研等将人工选取的表情符号作为情感种子,使用 2013 年 4 月至 2014 年 3 月共 12 个月约 14.6 亿条微博数据作为语料库资源,利用 SO_PMI 计算候选词的情感倾向,构建了一个十万单词/词组规模的情感词典[30]。

同时也应看到,基于 PMI 相似度的情感词典构建是通过统计词语的共现概率,而没有考虑语句间的逻辑关系,因此计算的结果可能存在偏差。例如,语句"这款笔记本电脑挺好的,但是拿着太重了",若不考虑语句间的逻辑关系,这句话在贡献单词"好"和"重"的情感极性时是一致的。为了改进这一缺点,受 Turney 等工作的启发,不少相关学者提出其他的词共现信息计算方法。例如,Krestel 等利用隐含狄利克雷分布(Latent Dirichlet Allocation,LDA)主题模型,从大规模语料中生成得到主题-单词的分布以及文档-主题的分布,基于评论文档的星数确定评论文档的情感倾向,然后将 LDA 主题模型和 Sigmoid 函数引入 PMI 的计算中,得到单词的情感分值[32]。

8.3.2 基于关系图传播的单语情感词典构建

基于关系图传播的单语情感词典构建,主要思路是使用图传播的方法构建词典,在关系图的构建中,将情感词作为图的顶点,词与词之间的关系作为顶点之间的边。基于关系图传播的单语情感词典构建,通常包括以下三个步骤。

(1)选择具有明显情感倾向的词语作为种子词。

(2)根据单词相似性或者基于大规模语料资源的词义关系,构建词与词之间的关系网络图。例如,如果候选词 w_a 和种子词 w_b 之间的 PMI 相似度值超过一定的阈值,则词语 w_a 和 w_b 之间有一条边;如果候选词 w_c 和种子词 w_d 具有连词关系,则词语 w_c 和 w_d 之间有一条边。语义关系中通常认为,利用"and"连接的大多数单词具有相同的情感倾向性,而利用"but"连接的大多数单词具有相反的情感倾向性。

(3)在这个网络图上使用图传播算法,从已知极性的情感词开始,迭代推导出语料库中所有候选词的情感分值,从而构建出一个较为完善的情感词典。

目前,常用的图传播算法有标签传播(Label Propagation)算法[33]、随机游走(Random Walk)算法[34] 和 PageRank 算法[35]。在构建词与词之间的连接关系时,可以给边赋权重。边的权值一般综合考虑语法分析结果、语言学知识以及句法上下文等信息进行计算。下面以标签传播算法为例,讲述基于关系图传播的情感词典构建过程,如图 8-1 所示。

首先,选择具有明显情感倾向的词语作为情感种子词,并从大规模语料中选取待预测情感倾向的候选词。然后,基于单词的相似性或者语义关系等,建立候选词和种子词之间

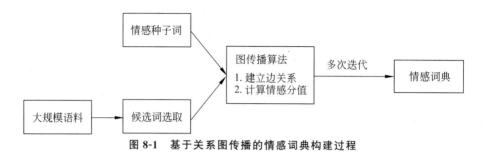

图 8-1   基于关系图传播的情感词典构建过程

的边连接关系,每条边的权重反映所连接顶点的相似度关系。这样得到一个初始连接图。

设图中有 m 个顶点,构建一个 $m \times m$ 维的相似度转移矩阵 $\boldsymbol{T}$,其元素为

$$t_{ij} = \frac{\mathrm{sim}(w_i, w_j)}{\displaystyle\sum_{j=1, j \neq i}^{m} \mathrm{sim}(w_i, w_j)} \tag{8-7}$$

其中,$\mathrm{sim}(w_i, w_j)$ 表示单词 w_i 和单词 w_j 之间的相似度,$t_{ij} \in \boldsymbol{T}$ 表示单词 w_i 到单词 w_j 的相似度转移值。

令情感种子词中积极种子词的情感极性记为 $+1$,消极种子词的情感极性记为 -1,其余候选词语的情感极性记为 0,构建 $m \times 1$ 维的初始情感极性向量 $\boldsymbol{V}$ 表示为

$$\boldsymbol{V} = \begin{bmatrix} +1 \\ +1 \\ -1 \\ \vdots \\ 0 \\ \vdots \\ 0 \end{bmatrix} \tag{8-8}$$

每一轮迭代过程中,将相似度概率转移矩阵 $\boldsymbol{T}$ 和词语的情感极性向量 $\boldsymbol{V}$ 相乘,得到每个未知情感极性的候选词情感值,计算为

$$P_i = \sum_{j=1}^{m} t_{ji} \times v_j \tag{8-9}$$

其中,P_i 表示迭代后单词 w_i 的情感极性。在每次迭代过程中,种子词的极性保持不变。经过多次迭代直到关系图中词语的极性收敛为止。迭代终止后,将情感极性大于某一阈值的词语作为扩充情感词,补充到种子情感词典中。

针对基于关系图传播的情感词典构建,学者开展了一系列研究。下面举例谈谈。

Rao 等基于关系图传播方法探索了英语、法语和印地语的半监督情感词典构建,发现相比于最小割(Mincuts)算法[36]、随机最小割(Randomized Mincuts)算法[37],标签传播算法在半监督情感词典构建中性能更突出[38]。Kerry 等在标签传播的基础上提出图传播(Graph Propagation)算法,并发现标签传播算法更适用于高质量的语料,当大规模语料表现为网络不规则文本时,容易引入过多噪声从而导致性能下降[39]。张璞等通过 Word2vec 和连词关系在亚马逊评论语料上挑选候选情感词,构建语义关系图,并使用标签传播算法更新候选情感词的极性得到最终的情感词典[40]。

Hatvivassiloglou 等基于关系图的思想,借助华尔街日报的大规模语料(包括 2100 万个单词)进行情感词典构建。将待判断的形容词从华尔街日报语料中含有"and""or"或者"but"的并列短语中提取出来,作为图中的节点。他们认为"and"两端的形容词大多具有相同的情感极性,而"but"两端的形容词大多具有相反的情感极性。为了提高准确率,使用对数回归模型为图中的每一条边赋权重。最后,作者采用交换法(Exchange Method)对生成的词图进行聚类,将单词聚类为褒义和贬义两个词集[26]。

受 Kaji 等基于大规模网页信息构建日语情感词典的启发[31],Velikovich 等利用大量网页信息进行半自动的情感词典构建。首先,从大量的网页信息中得到句子级的情感倾向并抽取出情感候选词,然后基于 N-gram 和单词之间的共现关系构建一个图,使用图传播模型多次迭代获得单词的情感极性。

早期英文的情感分析研究起步较早,英文情感词典建设较为完备。因此,李寿山等于 2013 年提出,借助机器翻译系统将原文档及其对应的翻译文档作为一篇文档,利用标签传播算法将英文的情感词极性信息传播到中文词语上,从而构建一个中文情感词典[41]。这是较早探索跨语言情感词典构建的研究工作。

8.3.3　基于词向量表示的单语情感词典构建

随着 Word2vec、GloVe 等词向量表示模型的提出和应用,基于词向量表示的情感词典构建研究受到研究学者的关注。

词向量表示模型将单词的语义信息以向量形式表示。因此,在情感词典构建中,可将词向量表示的相似度作为单词之间的相似度。然后,基于词向量表示的相似度对单词分类,进而判定单词的情感倾向。例如,Li 等基于 Word2vec 模型训练语料,获得单词的词向量表示后,计算候选词与种子词之间的余弦距离作为单词之间的相似性,根据相似度值计算候选词的情感分值[42]。

有学者认为,情感词典的构建等价于词语或词组层级的情感分类任务。例如,Tang 等通过对 Urban 词典扩展种子词库获得训练集,基于 Mikolov 提出的 Skip-gram 模型构建了一个神经网络架构,将 Twitter 文本语料中的情感信息整合到 Skip-gram 模型的词组向量中,训练得到单词的情感词向量表示。最后,根据单词的词向量表示构建情感词典[20]。

考虑到现有的词向量表示模型通常只对单词的句法上下文(Syntactic Context)建模,大大忽略了文本的情感信息。因此,那些具有相似句法上下文、但相反情感极性的单词,可能具有相似的词向量表示,例如单词"good"和"bad"。Tang 等扩展了传统的 C&W 模型[43],构建了三个神经网络,通过在损失函数中加入情感信息得到情感词的向量表示,使得情感词相似度的度量更加准确[44]。与 Tang 的工作类似,Mass 等关注到现有的深度表示学习仅仅捕捉了语义信息,因此提出一个融合语义信息和情感信息的表示学习方法[45]。杨阳等使用 Word2vec 模型训练微博语料得到词语的向量表示,以获得语料中单词之间的潜在语义关系,然后利用单词的词向量表示,自动识别和发现微博的情感表达新词[46]。

综上所述,基于深度学习的情感词典构建取得了一定的研究成果,但是,基于深度学习的词向量表示如何能够更好地表示和捕捉文本的情感信息是一个值得关注的问题。另外,一些深度学习方法对语料数据比较敏感,研究结论只适用于当前语料,而不具有通用性[7]。

8.4　多语情感词典的构建方法概述

多语言或者跨语言的情感词典构建,目标是利用源语言的情感词典构造目标语言的情感词典。"源语言"是已构建的情感词典所使用的语言,一般为英语;"目标语言"是需要生成的情感词典所用的语言。

与单语情感词典的研究相比,多语言情感词典的研究要开始得晚得多。多语言情感词典构建的研究意义在于:借助已知语言的情感词典资源,自动或者半自动地构造其他语言的情感词典,避免人工构造不同语言的情感词典所需耗费的重复的人力物力。其难点在于:如何利用已知语言的情感词典生成目标语言的情感词典,使得目标语言的情感词典是完备且准确的。

在从源语言到目标语言的情感词典构建中,主要采用准确率和覆盖率两种指标评估目标语言的情感词典质量。其中,准确率是评估目标情感词典中的单词极性是否准确。准确率定义为情感分类正确(积极/消极)的单词在实验单词表中所占的比例。覆盖率是评估目标语言的翻译词是否符合实际的目标语言用语情况,研究人员把这种现象称为"翻译腔"(Translationese)。翻译得到的目标语言词汇量可能变小了,词汇分布也可能产生变化。因此,覆盖率定义为从源语言情感词典中学习得到的目标语言词典,在目标语言单词表中所占的比例。

从研究方法上,现有双语情感词典构建的主要方法包括:基于机器翻译、基于同义词词集、基于平行语料库以及基于跨语言词向量的方法。其中,早期的双语情感词典构建主要采用前面三种方法,随着 MUSE[47] 和 Vecmap[48] 等跨语言词向量模型的提出,近年来的双语情感词典主要使用基于跨语言词向量的方法。下面分别具体谈谈。

8.4.1　早期的双语情感词典构建

早期的双语情感词典构建主要采用基于机器翻译、基于同义词词集和基于平行语料库的方法。

基于机器翻译的双语情感词典构建,研究思路是利用机器翻译工具将英语情感词典翻译到目标语言上。万小军等就如何利用英文情感词典来构建中文情感词典进行了一系列开拓性研究[49]。Darwich 等将印尼语 WordNet 和英语 WordNet 通过机器翻译后映射得到马来西亚语的情感词典。该方法对于资源较为丰富的语言表现较好,但对于资源相对稀缺的语言,该方法构建的情感词典的准确率较低,经过 5 轮迭代后生成的情感词典的准确性只有 0.563[50]。

基于机器翻译的双语情感词典构建实现简单,缺点也比较明显。机器翻译引擎在翻译单词时通常会将这个词翻译为目标语言上最常见的词,多个不同的英文情感词翻译后变成目标语言上的同一个单词。例如,英语情感词"graceful"和"elegant"语义相近,翻译得到的中文都是"优雅",然而与"优雅"语义相近的单词"典雅"和"曼妙"则得不到体现。翻译过后的情感词典被压缩了,词汇量比原情感词典小多了。

为了解决多个英文情感词翻译为同一个中文情感词的问题,蒙新泛等提出一种基于上下文变换的情感词扩展法[51]。该方法基于以下思路:一个英语情感词可能存在多个中文语义,但是如果把英语单词置于不同的上下文中,其语义就能被唯一地确定。根据上下文语境翻译能够得到最准确合适的目标语言单词。因此,通过上下文环境的信息提示,在机器翻译时返回在海量语料的类似上下文中最恰当的翻译词。表 8-13 展示了单词"graceful"和"elegant"在不同上下文中的中文翻译[51]。可见,基于上下文语境共现的方法,能够提高情感词语的翻译多样性。

表 8-13　"graceful"和"elegant"在不同上下文中的中文翻译

上　下　文	英　　文	中文翻译
无	elegant	优雅
	graceful	优雅
共现	graceful voice	优美的声音
	graceful dance	曼妙的舞姿
并列短语	elegant and graceful	典雅大方
	graceful and elegant	雍容典雅

基于同义词词集的双语情感词典构建,研究思路是:利用单语的同义词词集,通过语言间的映射得到跨语言情感词典。Nasharuddin 提出一个跨语言情感词典生成器(Cross-lingual Sentiment Lexicon Acquisition),将马来西亚语的情感词典根据同义词集和词性映射到英语中,形成马来西亚语-英语双语词典[52]。Sazzed 通过英语 WordNet 和孟加拉语评论语料库获取孟加拉语近义词集,并以此生成孟加拉语情感词典[53]。

基于平行语料库的双语情感词典构建是近年来较为常用的双语情感词典构建方法。其研究思路是:通过对两种语言的平行语料库进行分析和抽取后构建双语情感词典。Vania 等通过英语和印度尼西亚语的平行语料库,根据抽取得到的情感模式(Senti-Pattern)进行情感单词抽取,从而构造双语情感词典[54]。Chang 等基于 Skip-gram 方法从平行语料库获得单语的词向量表示。获得词向量之后,计算英语词向量与其对应中文翻译词的词向量之间的最优转换矩阵,通过这个转换矩阵将英语的情感单词词向量转换为中文空间中的词向量,从而利用余弦相似度构造中英跨语言情感词典[55]。

8.4.2　基于跨语言词向量的双语情感词典构建

基于跨语言词向量的双语情感词典构建,首先需要获得不同语言在同一语义空间的词向量表示。然后,基于该跨语言词向量表示,利用 KNN 等检索算法为源语言中的每一个单词在同一语义空间中找到一个"最接近"的目标语言互译词,将源语言单词和该互译词作为一对情感词。

跨语言词向量表示的学习模型在第 7 章已有具体阐述,根据是否需要双语平行语料或者双语种子词典，可以分为有监督、半监督和无监督的跨语言词向量模型。这里不再赘述。

实际上，基于跨语言词向量的双语情感词典构建与跨语言词向量的表示学习，二者在一定程度上等价。跨语言词向量表示模型，目标是学习源语言到目标语言的转换矩阵 W，初始时通常基于双语种子词典或者基于单语词向量空间呈等距假设（即不同语言具有相同含义的词向量分布具有相似性）。首先初始化转换矩阵 W，然后经过多次迭代获得最终的矩阵 W^*。

在每一轮迭代过程中，都会根据更新后的矩阵 W 获得源语言和目标语言的翻译词对，扩充种子词典。以此种子词典作为监督信息在下一轮迭代更新转换矩阵 W。由此可见，在跨语言词向量表示模型的每一轮迭代中，都会输出一个双语词典。根据在最后一轮迭代中得到的双语词典，从中抽取包含情感极性的单词对，即可得到双语情感词典。

近年来研究学者就如何学习跨语言的词向量表示以及构建双语词典进行了探索性研究。下面举例说明。

Alvarez 等提出一种基于 Gromov-Wasserstein 跨语言词向量对齐模型，以无监督方式学习词嵌入空间之间的对应关系，将双语词典生成问题直接转换为一个最优传输（Optimal Transport，OT）问题[56]。Taitelbaum 等提出一种基于辅助语言（Auxiliary Language）的多语言单词翻译推理方法，主要针对语义距离较远的语言对，提出借助辅助语言搭建桥梁。对于每个源语言单词，首先确定实现从源语言到目标语言翻译的最相关语言，然后使用该语言作为辅助，翻译形成源词在目标语言的改进表示[57]。

MUSE 是 Conneau 等提出的一种包括无监督和有监督的跨语言词向量模型。无监督的训练，使用生成对抗网络进行 Procrustes 的多次迭代，学习源语言到目标语言的映射矩阵。有监督的 MUSE 训练，通过最小化种子词典中单词对的欧式距离学习源语言到目标语言的正交映射矩阵。基于 MUSE 词向量模型，生成得到双语词典[58]。Vecmap 是 Artetxe 等提出的一种无监督跨语言词向量模型。基于单语向量空间呈等距假设初始化映射矩阵和种子词典，然后通过迭代自学习过程不断优化映射矩阵和扩充种子词典[59]。

综上所述，基于跨语言词向量表示的双语词典构建，不需要任何平行语料或者种子词典的监督信息，可以通过无监督的自迭代学习能够达到较好的性能。例如，Vecmap 模型在英语-西班牙的双语词典构建中达到 37.33% 的准确率，在英语-德语的双语词典构建中达到约 48.19% 的准确率[60]。注意到，上述研究主要是双语词典的构建，而非双语情感词典的构建。双语情感词典可以从双语词典中得到，在双语词典中根据源语言的情感词抽取子集，或者在词向量表示中增加情感的语义信息，提高双语情感词典的构建性能。

8.5　基于领域自适应的单语情感词典构建研究

领域自适应的单语情感词典构建，是指基于大规模的领域语料资源自动地构建情感词典。常见的领域语料资源有微博用户评论数据集、华尔街日报新闻报道数据集等。领域自适应的单语情感词典构建，对于解决不同语境下的一词多义问题、网络新词、领域新情感语词的涌现和判断都具有非常重要的意义。

如前文所述,情感词典的构建方法有:基于 PMI 相似度的方法、基于关系图传播的方法以及基于词向量表示的方法。其中,随着 Word2vec 等词向量表示模型的提出和广泛应用,基于词向量表示的情感词典构建方法是未来的发展方向。

基于词向量表示的情感词典构建,关键问题是能否学习到情感语义的词向量表示,这是影响情感词典质量的重要因素。因此,如何学习更准确、更深层次的情感信息,是基于词向量表示的情感词典构建所需解决的问题。本章提出一种融合词语级和文档级监督信息的情感表示学习方法,优化情感表示学习,从而提高情感词典的质量。

传统的词向量表示学习,一般利用文档级的标注语料学习单词的情感表示。实际上,文本中常常存在反问、转折、歧义等情感语义的变化,而只依靠文档的情感信息学习单词的情感极性远远不够。例如,对于句子"Why would anyone like this? It's so boring",其情感极性为负向。但是,这句话既包含正向情感的单词"like",也包含负向情感的单词"boring"。如果根据句子的负向情感监督信息推断单词的情感极性,容易将正向情感的单词"like"与负向情感产生错误关联。

本节提出融合文档级和词语级的情感监督信息,学习单词的情感词向量表示,利用得到的词向量表示去训练单词情感分类器,用于预测词汇表中候选词的情感极性,从而构建领域情感词典。

8.5.1　模型构建流程

领域自适应的单语情感词典构建流程如图 8-2 所示,包括情感表示学习、种子词典扩充以及情感词典构建三个步骤,主要思路如下所示。

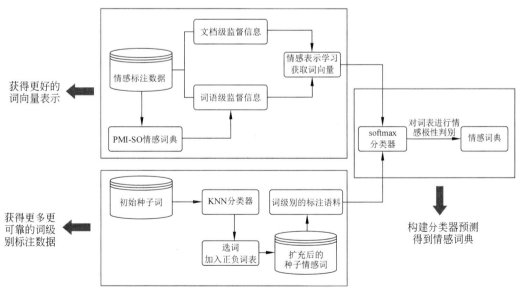

图 8-2　领域自适应的单语情感词典构建流程

(1)情感表示学习:基于文档级的情感标注信息和种子情感词典,训练得到含有情感信息的词向量表示。

(2)种子词典扩充:基于同义词集和 KNN 算法,扩充种子情感词典,获得更多的词语级别标注数据。

（3）情感词典构建：将学习到的含有情感信息的词向量表示作为特征，并将扩充后的种子情感词典作为训练数据，训练一个逻辑回归分类器，实现对候选单词的情感极性判别，构建情感词典。

下面分别介绍每一个步骤的具体实现。

8.5.2　情感表示学习

本节借助种子情感词典和已标注情感极性的文本分别作为单词级别（Word-level）以及文档级别（Document-level）的情感监督信息，获得情感表示的词向量表示。

给定标注情感极性的文档数据集 $D=\{d_1,d_2,\cdots,d_N\}$，D 中文档的情感标注用 $Y=\{y_1,y_2,\cdots,y_N\}$ 表示，$y_k=0$ 表示文档 d_k 的情感极性为积极，$y_k=1$ 表示文档 d_k 的情感极性为消极。

每个文档表示为由文档中的单词构成的向量，令 $d_k=\{x_{k1},x_{k2},\cdots,x_{kn}\}$。其中，$x_{ki}$ 表示文档 d_k 中的第 i 个单词，单词 x_{ki} 的词向量表示为 e_{ki}，$e_{ki}\in\mathbb{R}^m$，m 是词向量的维度。

根据 D 中所有单词构成的词汇表，构造一个词嵌入矩阵 $V\in\mathbb{R}^{|V|\times m}$，$V$ 中的每一行是一个单词的词向量表示，则 $|V|$ 等于词汇表中单词的个数。利用正态分布初始化 V 中每一个单词的词向量表示。

1. 单词级别情感监督

本节使用扩充的情感词典作为单词级别的情感监督信息，训练单词的词向量表示。对于 D 中每篇文档的每个单词 x，通过查表 V 得到其词向量表示 e 后，将 e 输入到单词级别的 softmax 层，预测单词的情感倾向，得到单词的情感倾向分布 $p(c|e)$ 为

$$p(c|e)=\text{softmax}(\theta_w\cdot e+b_w) \tag{8-10}$$

其中，θ_w 和 b_w 分别表示词语级别 softmax 层的权重值和偏置值，$c\in\{0,1\}$ 表示单词的情感极性，0 表示正面，1 表示负面。

训练过程中，采用平均交叉熵作为损失函数，即对于单词预测的情感分布值 $p(c|e)$ 与单词的实际情感分布值 $\hat{p}(c|x)$，损失函数定义为

$$f_{\text{word}}=-\frac{1}{|V|}\sum_{k=1}^N\sum_{x\in d_k}\sum_{c\in\{0,1\}}\hat{p}(c|x)\log p(c|e) \tag{8-11}$$

其中，$|V|$ 为语料中所有单词的个数。其中，由于已知文档级别的情感标注信息，每个单词 x 的实际情感分布值 $\hat{p}(c|x)$ 通过 8.3.1 小节中候选词与文档情感标签的 PMI 相似度计算方法得到。

2. 文档级别情感监督

使用已标注情感极性的文档数据集作为文档级别的情感监督信息。给定文档 d_k，通过查表 V 得到所有单词的词向量表示。定义 de_k 等于 d_k 中所有单词的词向量的均值，公式为

$$de_k = \frac{1}{|d_k|} \sum_{i=1}^{|d_k|} e_i \tag{8-12}$$

其中，$|d_k|$ 表示文档 d_k 中单词的个数。将 d_k 的向量表示 de_k 输入到文档级别的 softmax 层，根据 de_k 预测文档的情感倾向概率，得到文档 d_k 的情感分布值 $p(c|de_k)$ 为

$$p(c|de_k) = \mathrm{softmax}(\theta_d \cdot de_k + b_d) \tag{8-13}$$

其中，θ_d 和 b_d 分别表示文档级别 softmax 层的权重值和偏置值。

用平均交叉熵作为损失函数，衡量文档的情感分布预测值和文档的真实情感标注之间的距离，公式为

$$f_{\mathrm{doc}} = -\frac{1}{N} \sum_{k=1}^{N} \sum_{c \in \{0,1\}} \hat{p}(c|d_k) \log p(c|de_k) \tag{8-14}$$

其中，$\hat{p}(c|d_k)$ 是文档 d_k 的情感倾向标注值，标注值为 0 表示文档 d_k 的情感类别是积极，标注值为 1 则表示情感类别为消极。

3. 联合单词级别和文档级别的情感表示学习

单词的词向量表示应同时考虑单词级别和文档级别的情感信息。因此，定义总的损失函数为单词级别和文档级别损失函数的和，公式为

$$f = \alpha f_{\mathrm{word}} + (1 - \alpha) f_{\mathrm{doc}} \tag{8-15}$$

其中，$\alpha \in [0,1]$ 为折中系数，调整 f_{word} 和 f_{doc} 对总的损失函数的影响。当 $\alpha = 0$ 时，单词的词向量表示仅考虑文档语境的情感信息，α 越大则考虑单词语境的情感信息越多。

8.5.3　种子词典扩充

种子情感词典的规模对于情感词典的构建非常重要，然而一般领域情感词典的规模都较小，没有办法提供足够规模的种子情感词。因此，为了提高领域情感词典的质量，本节基于同义词集对种子词典进行扩充，将足够规模的种子情感词典作为初始情感词典。

考虑到种子词典中单词的情感极性必须是正确的，否则可能诱导后续情感词典的构建产生较大误差。一个单词能够被添加到种子词典的评价标准是：如果某单词的同义词集中属于正向（负向）情感的个数远远大于属于负向（正向）情感的个数，则该单词可被添加到正向（负向）种子词集中，否则不做处理。

首先，预定义少量领域情感种子词，例如 125 个正向种子词和 125 个负向种子词。基于上一节获得的情感表示词向量，获得每个情感种子词的词向量表示。将情感种子词的词向量及其情感标签作为训练数据，训练一个 KNN 分类器。

其次，基于训练好的 KNN 分类器，预测词汇表中每个单词的情感极性。

然后，基于 WordNet 等语义资源中的同义词集，统计词汇表中每个单词的同义词，得到单词及其同义词集的一一对应关系。

最后，词汇表中每个候选单词的情感极性，取决于其同义词的情感倾向情况。对于单词 w，令其同义词中被 KNN 分类器分类为正向情感词和负向情感词的个数分别为 $\mathrm{knn}_{\mathrm{pos}}$ 和 $\mathrm{knn}_{\mathrm{neg}}$，并设置 θ_{pos} 和 θ_{neg} 作为正负偏置阈值增大置信度。

- 如果单词 w 满足 $\mathrm{knn}_{\mathrm{pos}} > \mathrm{knn}_{\mathrm{neg}} + \theta_{\mathrm{pos}}$，则将 w 加入正向种子词集中；

- 如果单词 w 满足 $knn_{neg} > knn_{pos} + \theta_{neg}$，则将 w 加入到负向种子词集中；
- 对于不满足上述条件的单词，不做任何处理。

通过上述步骤，得到扩充后的种子情感词典。图 8-3 展示了种子词典的扩充过程。

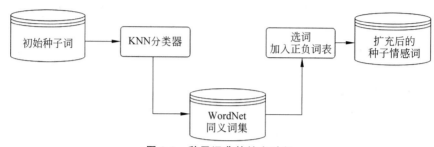

图 8-3　种子词典的扩充过程

8.5.4　情感词典构建

情感词典的构建过程如图 8-4 所示。将学习到的含有情感的词向量作为特征，将扩充后的种子词作为词级别的标注语料，训练逻辑回归分类器，并通过该分类器预测词表中每一个词语的情感极性。对于单词 w_i，其情感极性计算公式为

$$y(w_i) = \text{softmax}(\theta \cdot e_i + b) \tag{8-16}$$

其中，e_i 是单词 w_i 的情感词向量表示，θ 和 b 是逻辑分类器的参数和偏置值。

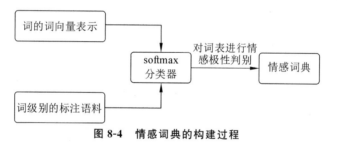

图 8-4　情感词典的构建过程

8.5.5　实验与结果分析

1. 评价方法和评估指标

为了验证所构建情感词典的质量，本节将构建得到的领域情感词典应用到情感分类任务中，通过情感分类的性能评估词典的质量。为了使情感分类性能能更直接地反馈情感词典的性能，情感分类采取简单的情感词得分统计方法，即文档的情感分值由文档中所有情感词的情感分值相加得到，若文档的情感分值大于 0，则判断其为正向情感；反之，则为负向情感。

为了验证所提方法构建的双语情感词典的质量，一方面将构建的双语情感词典与现有的 6 个情感词典做对比；另一方面将所提方法，下文简称 ADSL(Adaptive-construction of Domain Sentiment Lexicon)，与以下方法做对比。

（1）BERT-only：仅使用 BERT 预训练模型得到的词向量表示，直接作为图 8-4 的情

感词典 softmax 分类器的特征输入。

（2）ADSL＋Random：情感表示学习过程中使用随机初始化的词向量矩阵，再通过所提方法构建双语情感词典。

（3）ADSL＋BERT：使用 BERT 预训练模型得到的词向量表示作为情感表示学习过程中的初始化词向量矩阵，再通过所提方法构建双语情感词典。

实验评价指标选择准确率、精确率、召回率和 $F1$ 值。

2. 实验数据集

分别在 IMDB 电影评论和 Twitter 数据集验证所提情感词典的构建方法。两个数据集的具体参数如下。

IMDB 电影评论数据集包含了 5 万个电影评论文本，评论的情感倾向性为二分类。实验中将电影评论附带的打分数值转换为正负情感标签，具体做法是将 IMDB 评级小于 5 的情感评分定义为 0，IMDB 评级大于或等于 7 的情感评分定义为 1。实验中对数据集进行了随机划分，其中 4.8 万条用于生成情感词典，正负各 1000 条用于验证情感分类的准确率。

Twitter 数据集包含了 160 万个 Twitter 评论数据。评论的情感倾向性也是二分类，通过评论中携带的表情符号和标签信息对评论的正负进行自动标注，1 为正向，0 为负向。该数据集用于生成情感词典，验证集为国际语义评测大会（International Workshop on Semantic Evaluation）发布的 Twitter 数据集 SemEval-2013、SemEval-2014、SemEval-2015 和 SemEval-2016。由于这四个测试集对于情感极性的分类不全是二分类，这里对这四个数据集进行了预处理，转化为二分类问题。最终得到数据集如表 8-14 所示。

表 8-14　SemEval 2013—2016 的数据规模

数 据 集	正 向	负 向	总 和
SemEval-2013-test	1474	559	2033
SemEval-2014-test	983	202	1185
SemEval-2015-test	1038	365	1403
SemEval-2016-test	7059	3231	10290

为了验证所构建情感词典的性能，选取了 6 个情感词典进行对比实验，分别为 SentiWordNet、MPQA、Opinion Lexicon、Sentiment140、nnLexicon 和 HIT。对比情感词典信息如表 8-15 所示。其中，SentiWordNet、MPQA 和 Opinion Lexicon 为通用（领域独立）情感词典；Sentiment140、nnLexicon 和 HIT 为领域依赖情感词典。

表 8-15　对比情感词典

情 感 词 典	数 据 来 源	构 建 方 法
SentiWordNet	语义词典	半人工构建
MPQA	新闻数据	半人工构建

续表

情 感 词 典	数 据 来 源	构 建 方 法
Opinion Lexicon	语义词典	半人工构建
Sentiment140	Twitter 语料	基于共现统计
nnLexicon	Twitter 语料	基于深度神经网络
HIT	Twitter 语料	基于深度神经网络

3. 实验结果及分析

为了验证本章所提出的领域情感词典构建自适应方法的性能,分别在 IMDB 电影评论数据集和 Twitter 评论数据集上使用所提方法构建情感词典,在情感分类任务上评估所构建的情感词典,并与表 8-15 中的情感词典进行对比。

在 IMDB 电影评论数据集的实验中,选取 SentiWordNet、MPQA 和 Opinion Lexicon 三个情感词典作为对比,这三个情感词典均主要由人工构建,且未对电影评论领域做处理,属于领域独立的情感词典。实验测试集为 IMDB 电影评论数据集中划分的测试集。实验结果如表 8-16 所示。

表 8-16　在 IMDB 数据集上的对比结果(%)

情 感 词 典	准确率	精确率	召回率	F1 值
SentiWordNet	54.99	58.43	54.94	56.63
MPQA	66.79	67.41	66.81	67.11
Opinion Lexicon	70.12	70.76	70.11	70.43
BERT-only	56.91	59.31	55.45	57.31
ADSL＋Random	82.89	85.81	82.91	84.33
ADSL＋BERT	**85.79**	**87.65**	**85.41**	**86.02**

从表 8-16 中看出,所提情感词典构建方法在使用随机初始化的词向量表示前提下(ADSL＋Random),性能优于 SentiWordNet、MPQA 和 Opinion Lexicon 等非领域适应的情感词典的情感分类效果,比传统的 SentiWordNet 的准确率高 27.90%,比 Opinion Lexicon 的准确率也要高 12.77%。同时精确率、召回率和 F1 值均有较大幅度的提高。表明所提方法能够动态适配领域,自动高效地构建领域适应的领域情感词典。

值得注意,仅仅使用 BERT 预训练模型得到的词向量表示构建情感词典(BERT-only),效果并不理想。这是因为由 BERT 预训练模型学习得到的词向量空间是不平滑的,单词词向量在空间中分布并不均匀:高频词呈现聚簇分布而低频词呈现稀疏分布。使得仅仅依靠 BERT 学习得到的语义信息难以直接区分单词情感极性,构建得到较差的情感词典。ADSL＋BERT 取得了最优的性能,相比于随机初始化的词向量表示,BERT 模型学习到的语义信息能够提升情感表示学习的效果,取得比 ADSL＋Random 约 3% 的准确率性能提升,进一步验证所提方法的有效性。

在 Twitter 电影评论数据集的实验中,选取 Sentiment140、nnLexicon 和 HIT 作为对比词典,它们都是基于 Twitter 大规模标注语料生成得到的、为针对 Twitter 评论的领域情感词典。实验测试集为 SemEval2013—2016 的 Twitter 数据集。实验结果如表 8-17 所示。

表 8-17　在 Twitter 数据集上的对比结果(%)

情 感 词 典	准确率	精确率	召回率	F1 值
Sentiment140	77.14	70.85	74.62	72.67
nnLexicon	75.34	70.90	76.34	73.50
HIT	78.91	71.95	72.48	72.20
BERT-only	63.41	62.37	63.81	63.08
ADSL+Random	80.34	76.10	73.80	74.92
ADSL+BERT	**82.73**	**78.24**	**76.91**	**77.57**

从表 8-17 中可以看出,与 IMDB 实验数据集的结果类似。ADSL+BERT 取得了最好的性能,ADSL+Random 次之,BERT-only 方法最差,甚至远远低于 HIT 情感词典的分类效果。所提 ADSL+BERT 方法在 SemEval2013—2016 数据集上的平均准确率,相比 Sentiment140、nnLexicon 和 HIT 分别提高了 5.59%、7.79% 和 3.82%

上述实验结果表明,通过融合文档级和词语级的情感监督信息获得单词的情感词向量表示,并且通过同义词集的方法扩充种子情感词典,一方面有效提高了单词的情感语义表示,另一方面增加种子情感词典提供了更多有效的监督信息,从而提高了所构建情感词典的质量。通过在 IMDB 和 Twitter 两个不同领域的数据集上构建领域情感词典,表明所提方案具有较好的领域自适应性。

此外,也应看到所提方法需要文档级的标注语料、小规模的种子情感词典以及同义词集,对于数据的要求较高。在未来的工作中可从两个方面改进:一方面是探索小样本的情感词典构建,去除掉大规模文档级标注数据的依赖;另一方面是探索跨领域的情感词典迁移构建。不同领域的标注数据获取难度差异较大,如果能够将由标注数据较为丰富的领域中训练得到的情感词典迁移到标注数据较为匮乏的领域中,将大大降低领域情感词典构建的难度。

8.6　本章小结

本章主要阐述多语言情感分析中情感词典资源的构建,主要从以下几个方面阐述和总结情感词典构建的相关研究:情感词典的定义及分类;情感词典的研究意义;情感词典的呈现形式,并以英文、中文、德文、日文、法文为例,列举了常用的情感词典;单语言情感词典构建的相关研究概述;多语言情感词典构建的相关研究概述;提出一种基于领域自适应的单语言情感词典构建的模型。

情感词,又称为极性词和评价词,是指带有情感倾向性的词语。情感词典,定义为带有情感色彩的情感词或词组及其对应情感极性或强度的集合。情感词典分为领域独立的情感词典和领域依赖的情感词典两大类。

领域独立的情感词典,也称作通用情感词典,一般包含了基础的、通用的情感词语,可以用于不同领域的数据中,通用性较好。领域依赖的情感词典,通常为针对某个具体领域建立的情感词典,旨在解决某些特定领域的情感分析任务,例如,针对金融、新闻、医学等特定领域的情感词典。构建领域依赖情感词典非常重要,但是由于领域众多且新词不断涌现,使得领域情感词典构建面临以下问题和挑战:如何辨别和区分受领域或上下文影响的情感词,如何发现在特定领域中隐含情感信息的词语,以及如何判断领域中网络新词的情感极性。

从 20 世纪 60 年代起始 General Inquirer 词典的研究至今,情感词典的构建已有大量的研究工作,本章从单语和多语角度总结和概述了现有情感词典构建的相关研究工作。单语言情感词典构建的研究重点在于领域依赖的情感词典构建,相关研究工作有两种不同的划分方法:一种是根据情感词典构建的资源来源,可以分为基于语义资源的方法和基于语料库的方法;另一种是根据情感词典的构建方法,可以分为基于 PMI 相似度的方法、基于关系图传播的方法以及基于词向量表示的方法。本章总结了单语情感词典相关工作的研究思路。

与单语情感词典的研究相比,多语言情感词典的研究工作要开始得晚得多。多语言情感词典构建的研究目的是借助已知语言的情感词典资源自动或者半自动地构造其他语言的情感词典,避免人工构造不同语言的情感词典所需耗费的重复的人力物力。多语言情感词典研究的难点在于:如何从已知语言的情感词典生成目标语言的情感词典,并且保证得到的目标语言情感词典完备且准确。早期的双语情感词典构建,主要采用基于机器翻译、基于同义词词集以及基于平行语料库的方法,随着 MUSE 和 Vecmap 等跨语言词向量模型的提出,近年来的双语情感词典主要使用基于跨语言词向量的方法。本章总结了多语情感词典相关工作的研究思路。

情感词典构建的未来研究方向,可以探索小样本的情感词典构建,去除大规模标注数据的依赖;或者探索跨领域的情感词典迁移构建,实现不同领域的情感词典迁移等。

8.7　参考文献

[1]　Baccianella S, Esuli A, Sebastiani F. SentiWordNet 3.0: An Enhanced Lexical Resource for Sentiment Analysis and Opinion Mining[C]. In Proceedings of the International Conference on Language Resources and Evaluation, Val-letta, Malta: LREC. Paris, France: ELRA, 2010: 17-23.

[2]　Musto C, Semeraro G, Polignano M. A Comparison of Lexicon-based Approaches for Sentiment Analysis of Microblog Posts[J]. Information Filtering and Retrieval, 2014.

[3]　Liu B. Sentiment Analysis and Opinion Mining[J]. Synthesis Lectures on Human Language Technologies, 2012, 5(1): 1-167.

[4]　王召义,陈应红,周海燕,等. 中文领域情感词典构建研究[J]. 情报探索,2020,1(11): 1.

[5]　刘兵. 情感分析:挖掘观点、情感和情绪[M]. 北京:机械工业出版社,2018.

[6]　Thelen M，Riloff E. A Bootstrapping Method for Learning Semantic Lexicons Using Extraction Pattern Contexts[C]. In Proceedings of the 2002 Conference on Empirical Methods in Natural Language Processing. Stroudsburg，PA：Association for Computational Linguistics，2002：214-221.

[7]　王科,夏睿. 情感词典自动构建方法综述[J].自动化学报，2016，42(4)：495-511.

[8]　Gao D，Wei F，Li W，et al. Cross-lingual Sentiment Lexicon Learning with Bilingual Word Graph Label Propagation[J]. Computational Linguistics，2015，41(1)：21-40.

[9]　He X，Gao S，Yu Z，et al. Senti-ment Classification Method for Chinese and Vietnamese Bilingual News Sentence Based on Convolution Neural Network[C]. In Proceedings of International Conference on Mechatronics and Intelligent Robotics. Cham，Switzerland：Springer，2018：1230-1239.

[10]　Zabha N I，Ayop Z，Anawar S，et al. Developing Cross-lingual Sentiment Analysis of Malay Twitter Data Using Lexicon-based Approach[J]. International Journal of Advanced Computer Science and Applications，2019，10(1)：346-351.

[11]　Theresa Wi，Janyce W，Paul H. Recognizing Contextual Polarity in Phrase-Level Sentiment Analysis[C]. In Proceedings of Human Language Technologies Conference/Conference on Empirical Methods in Natural Language Processing (HLT/EMNLP 2005). Stroudsburg，PA：Association for Computational Linguistics，2005：347-354.

[12]　Philip J Stone，Dexter C Dunphy，Marshall S Smith，et al. The General Inquirer：A Computer Approach to Content Analysis[M]. Cambridge，Massachusetts：MIT Press，1966.

[13]　Esuli A. Automatic Generation of Lexical Resources for Opinion Mining：Models，Algorithms and Applications[C]. In Acm Sigir Forum. New York，NY，USA：ACM，2008，42(2)：105-106.

[14]　Pang，B.，L. Lee. A Sentimental Education：Sentiment Analysis Using Subjectivity Summarization Based on Minimum Cuts[C]. In Proceedings of the 42nd Annual Meeting of the Association for Computational Linguistics. Stroudsburg，PA：Association for Computational Linguistics，2004.

[15]　Liu Bing，Hu Minqing. Opinion Mining，Sentiment Analysis，and Opinion Spam Detection[J/OL].http://www.cs.uic.edu/~liub/FBS/sentiment-analysis.html.

[16]　MPQA. Subjectivity Lexicon[J/OL]. http：//mpqa.CS.pitt.edu/lexicons/subj_lexicon/.

[17]　Wilson T，Wiebe J，Hoffmann P. Recognizing Contextual Polarity in Phrase-Level Sentiment Analysis[C]. In Proceedings of Human Language Technology Conference and Conference on Empirical Methods in Natural Language Processing. 2005：347-354.

[18]　Mohammad S M，Kiritchenko S，Zhu X. NRC-Canada：Building the State-of-the-art in Sentiment Analysis of Tweets[J]. arXiv preprint arXiv：1308.6242，2013.

[19]　Vo D T，Zhang Y. Don't Count，Predict! An Automatic Approach to Learning Sentiment Lexicons for Short Text[C]. In Proceedings of the 54th Annual Meeting of the Association for Computational Linguistics. Stroudsburg，PA：Association for Computational Linguistics，2016.

[20]　Tang D，Wei F，Qin B，et al. Building Large-Scale Twitter-Specific Sentiment Lexicon：A Representation Learning Approach[C]. In Proceedings of the 25th International Conference on Computational Linguistics (Coling 2014). Stroudsburg，PA：Association for Computational Linguistics，2014.

[21]　徐琳宏,林鸿飞,潘宇,等. 情感词汇本体的构造[J].情报学报，2008,27(2)：180-185.

[22]　李军. 中文褒贬义词典 v1. 0[CP/OL]. http://nlp.csai.tsinghua.edu.cn/ site2/ index.php/ zh/ resources/13-v10.

[23]　董振东. 知网情感分析用词语集[EB/OL]. http://www. keenage. com/html/c_bulletin_ 2007.htm.

[24]　Miller G A. WordNet：A Lexical Database for English[J]. Communications of the ACM，1995，38(11)：39-41.

[25]　Kim S M, Hovy E. Determining the Sentiment of Opinions[C]. In Proceedings of the 20th International Conference on Computational Linguistics. Stroudsburg, PA：Association for Computational Linguistics,2004：1367-1373.

[26]　Schneider A, Dragut E. Towards Debugging Sentiment Lexicons[C]. In Proceedings of the 53rd Annual Meeting of the Association for Computational Linguistics and the 7th International Joint Conference on Natural Language Processing. Beijing, China：Association for Computational Linguistics. Stroudsburg, PA：Association for Computational Linguistics，2015：1024-1034.

[27]　Hatzivassiloglou V, McKeown K R. Predicting the Semantic Orientation of Adjectives[C]. In Proceedings of the 35th Annual Meeting of the Association for Computational Linguistics and Eighth Conference of the European Chapter of the Association for Computational Linguistics. Stroudsburg, PA, USA：Association for Computational Linguistics, 1997：174-181.

[28]　Turney P D, Littman M L. Unsupervised Learning of Semantic Orientation from A Hundred-billion-word Corpus[J]. arXiv preprint cs/0212012，2002.

[29]　Sebastiani F, Esuli A. Sentiwordnet：A Publicly Available Lexical Resource for Opinion Mining [C]. In Proceedings of the 2006 Language Resources and Evaluation. Genoa, Italy：LREC. Paris, France：ELRA，2006：417-422.

[30]　Turney P D, Littman M L. Measuring Praise and Criticism：Inference of Semantic Orientation from Association[J]. Acm Transactions on Information Systems，2003，21(4)：315-346.

[31]　赵妍妍，秦兵，石秋慧，等. 大规模情感词典的构建及其在情感分类中的应用[J]. 中文信息学报，2017,31(2)：187-193.

[32]　Kaji N, Kitsuregawa M. Building Lexicon for Sentiment Analysis from Massive Collection of HTML Documents[C]. In Proceedings of the 2007 Joint Conference on Empirical Methods in Natural Language Processing and Computational Natural Language Learning(EMNLP-CoNLL). Stroudsburg, PA：Association for Computational Linguistics，2007：1075-1083.

[33]　Krestel R, Siersdorfer S. Generating Contextualized Sentiment Lexica Based on Latent Topics and User Ratings[C]. In Proceedings of the 24th ACM Conference on Hypertext and Social Media. New York, NY：ACM，2013. 129-138.

[34]　Zhur X, Ghahramanir H Z. Learning form Labeled and Unlabeled Data with Label Propagation[J]. Citeseer，2002.

[35]　Lawler G F, Limic V. Random Walk：A Modern Introduction [M]. Cambridge, England：Cambridge University Press，2010.

[36]　Page L, Brin S, Motwani R, et al. The PageRank Citation Ranking：Bringing Order to the Web [J]. Stanford Digital Libraries Working Paper，1998.

[37]　BLUM A. Learning form labeled and unlabeled data using graph mincuts[C]. In Proc. 18th International Conference on Machine Learning. New York, United States：Association for Computing Machinery，2001.

［38］ Blum A，Lafferty J，Rwebangira M R，et al. Semi-supervised Learning Using Randomized Mincuts［C］. In Proceedings of the Twenty-first International Conference on Machine Learning. New York，United States：Association for Computing Machinery，2004：13.

［39］ Rao D，Ravichandran D. Semi-supervised Polarity Lexicon Induction［C］. In Proceedings of the 12th Conference of the European Chapter of the ACL（EACL 2009）. Stroudsburg，PA：Association for Computational Linguistics，2009：675-682.

［40］ Velikovich L，Blair-Goldensohn S，Hannan K，et al. The viability of web-derived polarity lexicons ［C］. In Proceedings of the 2010 North American Chapter of the Association for Computational Linguistics. Stroudsburg，PA，USA：Association for Computational Linguistics，2010：777-785.

［41］ 张璞，王俊霞，王英豪. 基于标签传播的情感词典构建方法［J］. 计算机工程，2018，44（5）：168-173.

［42］ 李寿山，李逸薇，黄居仁，等. 基于双语信息和标签传播算法的中文情感词典构建方法［J］. 中文信息学报，2013，27（6）：75-81.

［43］ Li W，Zhu L，Guo K，et al. Build a Tourism-specific Sentiment Lexicon via Word2vec［J］. Annals of Data Science，2018，5（1）：1-7.

［44］ Collobert R，Weston J，Bottou L，et al. Natural Language Processing（almost）from Scratch［J］. Journal of Machine Learning Research，2011，12：2493-2537.

［45］ Tang D，Wei F，Yang N，et al. Learning Sentiment-Specific Word Embedding for Twitter Sentiment Classification［C］. In Proceedings of Meeting of the Association for Computational Linguistics. Stroudsburg，PA：Association for Computational Linguistics，2014：1555-1565.

［46］ Maas A L，Daly R E，Pham P T，et al. Learning Word Vectors for Sentiment Analysis［C］. In Proceedings of the 49th Annual Meeting of the Association for Computational Linguistics，Stroudsburg，PA：Association for Computational Linguistics，2011：142-150.

［47］ 杨阳，刘龙飞，魏现辉，等. 基于词向量的情感新词发现方法［J］. 山东大学学报（理学版），2014，49（11）：51-58.

［48］ Conneau A，Lample G，Ranzato M A，et al. Word Translation Without Parallel Data［J］. arXiv preprint arXiv：1710.04087，2017.

［49］ Artetxe M，Labaka G，Agirre E. Generalizing and Improving Bilingual Word Embedding Mappings with a multi-step framework of linear transformations［C］. In Proceedings of the AAAI Conference on Artificial Intelligence. 2018，32（1）.

［50］ Wan X. Using and Ensemble Bilingual Knowledge for Techniques un-Chinese Sentiment Analysis ［C］. In Proceedings of Conference supervised the on Methods Empirical in Natural Processing. Stroudsburg，PA：Association Language for Computational Linguistics，2008：553-561.

［51］ Darwich M，Noah S A M，Omar N. Automatically Generating a Sentiment Lexicon for the Malay Language［J］. Asia-Pacific Journal of Information Tech-nology and Multimedia，2016，5（1）：49-59.

［52］ Meng X，Wei F，Liu X，et al. Cross-lingual Mixture Model for Sentiment Classification［C］. In Proceedings of the 50th Annual Meeting of the Association for Computational Linguistics （Volume 1：Long Papers）. Stroudsburg，PA：Association for Computational Linguistics，2012：572-581.

［53］ Nasharuddin N A，Abdullah M T，Azman A，et al. English and Malay Cross-lingual Sentiment Lexicon Acquisition and Analysis［C］. In Information Science and Applications 2017：ICISA 2017.

Singapore：Springer，2017：467-475.

[54] Sazzed S. Development of Sentiment Lexicon in Ben-gali Utilizing Corpus and Cross-lingual Resources[C]. In Proceedings of 2020 IEEE 21st International Conference on Information Reuse and Integra-tion for Data Science (IRI). Piscataway, NJ：IEEE, 2020：237-244.

[55] Vania C，Moh. Ibrahim，Adriani M. Sentiment Lexicon Generation for an Under-Resourced Language[J]. Int. J. Comput. Linguistics Appl., 2014，5(1)：59-72.

[56] Chang C H，Wu M L，Hwang S Y. An Approach to Cross-lingual Sentiment Lexicon Construction［C］. In Proceedings of 2019 IEEE International Con-gress on Big Data (BigDataCongress). Piscataway, NJ：IEEE, 2019：129-131.

[57] Alvarez-Melis D，Jaakkola T S. Gromov-Wasserstein Alignment of Word Embedding Spaces[J]. arXiv preprint arXiv：1809.00013, 2018.

[58] Taitelbaum H，Chechik G，Goldberger J. Multilingual Word Translation Using Auxiliary Languages[C].In Proceedings of the 2019 Conference on Empirical Methods in Natural Language Processing and the 9th International Joint Conference on Natural Language Processing (EMNLP-IJCNLP). Stroudsburg, PA：Association for Computational Linguistics,2019：1330-1335.

[59] Conneau A，Lample G，Ranzato M A, et al. Word translation without parallel data[J]. arXiv preprint arXiv：1710.04087, 2017.

[60] Artetxe M，Labaka G，Agirre E. A Robust Self-learning Method for Fully Unsupervised Cross-lingual Mappings of Word Embeddings[J]. arXiv preprint arXiv：1805.06297, 2018.

第 9 章

跨语言情感分析

9.1 高、中、低资源语言

9.1.1 高、中、低资源语言的定义

语言是人类表达信息和沟通交流的工具。对不同的语言划分高资源语言、中资源语言和低资源语言，其主要原因在于近年来基于机器学习或深度学习的自然语言处理任务，一般要求大规模的标注数据集（Annotated Datasets）或者语料库（Corpora）。然而，较为可惜的是大多数语言缺少进行自然语言处理所需的计算资源或语言学资源[1-2]。根据 Ethnologue 数据库统计分析，全球现有 7000 多种语言，已开展计算语言学研究的语言数量少于 30 种。

近年来，研究学者和工业界同仁致力于建设各种自然语言处理任务的标注数据集或语料库，实际情况是现有大多数标注数据集主要集中在少数几种语言。由于缺少标注资源或者缺少语言学资源，大多数语言的自然语言处理研究进展缓慢。因此，有必要对现有语言的标注资源或语言学资源进行统计，把握资源现状，进一步开展多语言的相关研究。根据语言所具备的标注资源或语言学资源的数量，可以将语言区分为低资源（Low-resource）语言、中等资源（Moderate-resource）语言和高资源（High-resource）语言。

关于什么是低资源语言有着不同的定义。2006 年，研究学者 Maxwell 和 Hughes 曾经用低密度（Low-density）去形容低资源语言，并且列举出不同类型的语言标注资源。例如，平行语料库、命名实体识别所需的标注语料资源、诸如 FrameNet 的语义标注文本、字典和词汇资源，他们认为缺少这些标注资源的语言是低密度语言[1]。对于情感分析任务来说，基于有监督学习的情感分析模型至少需要上千条标注数据的训练数据。因此，如果语言可用的情感标注数据少于这个规模，则被认为是低资源语言。属性级（Aspect-level）的情感分析要求更细粒度的情感标注数据集，达到满足上千条情感标注资源的语言就更少了。从这个角度看，跨语言情感分析研究，通过借助高资源语言帮助低资源语言开展情感分析，非常必要且亟需。

根据可用情感标注资源的多少，Farra 对低资源语言、中等资源语言和高资源语言进行了定义[3]。低资源语言定义为：情感分析可用的标注资源极度匮乏（缺少）的语言；中等资源语言定义为：拥有少量情感分析所需的标注资源的语言。在跨语言情感分析中，中等资源语言也可作为源语言，通过迁移学习将其可用资源用于语义距离较近的目标语言中。高资源语言定义为：拥有丰富情感分析资源的语言。情感分析资源包括标注语料

和情感词典等,英语就是典型的高资源语言。

也可以根据语言可用的维基百科页面数量、是否具备谷歌翻译引擎支持,将语言划分为高资源、中等资源和低资源语言[4]。表 9-1 列举出了语言的分类示例。其中,英语、西班牙语和德语被归类为高资源语言,这些语言在维基百科上的文章数超过 1 百万,并在谷歌翻译引擎上可用。与此相比,维吾尔语(Uyghur)和提格里尼亚语(Tigrinya)属于低资源语言,这两种语言在维基百科上的文章数分别是 1000 多篇和 100 多篇,而且谷歌翻译不支持这 2 种语言的翻译。

表 9-1   高资源、中等资源和低资源语言的示例[4]

语　　言	分　　类	维基百科页面数	谷　歌　翻　译
英语、西班牙语、德语	高资源语言	百万级以上	支持
阿拉伯语、波斯语、俄语	中等资源语言	十万级以上	支持
维吾尔语	低资源语言	1000 左右	不支持
提格里尼亚语	低资源语言	100 左右	不支持

9.1.2   低资源语言的研究意义

2018 年至今,随着多语言 BERT 模型[4]、跨语言预训练模型(Cross-lingual Language Model Pretraining,XLM)[5]等多语言预训练模型被相继提出,这些模型被应用到不同语言的自然语言处理任务上。然而,研究发现这些多语言模型在语言上的表现并不相同,在不同语言上存在较大的差异。多语言模型在不同语言上的性能差异受到学术界和工业界的极大关注。

Multi-BERT 是 2018 年 Devlin 等提出的一个多语言预训练模型,使用 104 种语言的单语维基百科页面数据进行训练得到[4]。XLM 是 Facebook 公司为了解决单语语料库共享词汇过少的问题,在 BERT 模型的预训练策略上基于平行句对的翻译语言模型(Translation Language Modeling,TLM)预训练得到的模型。

为了验证 Multi-BERT 在不同语言上的性能表现,研究学者进行了大量探索性的实验和分析[6,8]。其中,Wu 等在 39 种语言上对 Multi-BERT 的性能进行评估,在 104 种语言中剩余未评估的 65 种语言,大多为低资源语言[6]。此外,Pires 等在 41 种语言上对 Multi-BERT 进行测试[8],重点测试了英语、德语、西班牙语和意大利语这四种欧洲语言,他们发现 Multi-BERT 在零样本跨语言模型任务上表现出色,尤其是在相似语言间的跨语言迁移效果最好,并指出 Multi-BERT 在某些语言对的多语言表示上会表现出系统性的缺陷(Systematic Deficiencies)。

为了评估 Multi-BERT 在更多语言上的性能,Wu 等在上述工作的基础上,进一步扩大测试的语种数量。首先使用 Multi-BERT 获得每种语言的词向量表示,然后基于 Multi-BERT 的词向量表示,在 99 种语言上测试命名实体识别任务的性能、在 54 种语言上测试词性标注任务的性能以及在 54 种语言上测试依存句法分析任务的性能。实验结果发现,Multi-BERT 在高资源语言和低资源语言上表现截然不同:相比于单语 BERT

(Monolingual BERT)基线模型,Multi-BERT 在高资源语言上能够取得旗鼓相当或者更好的性能;但是在低资源语言上的表现更糟糕。然而,通过联合多种低资源语言,有助于提升 Multi-BERT 在低资源语言上的性能。例如,通过将低资源语言与相似语言配对训练,能够提升 Multi-BERT 在低资源语言上的性能。

综上所述,Multi-BERT 模型在 104 种语言上有较大的性能差异,没有能够在 104 种语言上获得同等高质量的语义表示。按照语言资源从高到低排序,Multi-BERT 在排名靠后 30%的语言上执行命名实体识别任务时,其性能甚至远低于非 BERT 预训练模型的效果。Multi-BERT 等多语言模型在不同语言间表现极度不均衡,主要有两方面原因:

(1) 首先,Multi-BERT 训练时所使用的维基百科页面数据在语言间分布非常不均衡。根据所使用的维基百科页面数据从高到低排序,英语是数据资源最高的语言,一共有 15.5GB 的文档数据,约鲁巴语(Yoruba)是数据资源最低的语言,只有 10MB。

(2) 其次,BERT 或者 ELMo 都是基于深度学习的上下文表示模型(Contextual Representation Model),模型的训练需要大量的数据支撑。对于缺少单语语料和任务特定标注数据的低资源语言来说,BERT 或者 ELMo 可能不是很好的选择。相反,采用非上下文表示学习的模型,例如 fastText[9]或者 BPEmb[10],相比之下数据效率更高。这也能够解释为什么 Multi-BERT 在低资源语言上表现不理想了。

应看到,多语言预训练模型的初衷,是希望屏蔽不同语言的语法差异,实现对不同语言文本的统一处理。即获得一个适用于所有语言、泛化的多语言模型。然而,预训练模型包括大数据、大模型和大算力三个关键要素。即要求有大规模的无标注文本(大数据)、采用深度神经网络模型(大模型)以及有强大的并行算力集群支持(大算力)。由于不同语言的可用数据资源不同,天然地导致现有的多语言预训练模型在不同语言上的性能差异较大。这也是研究和区分不同语言为高、中、低资源的原因和意义。

未来研究工作需要解决多语言预训练模型在中、低资源语言上的性能问题。特别地,为了提升多语言预训练模型在低资源语言上的性能,一方面可以为其收集更多的数据集,使低资源语言成为高资源语言[11]。例如,使用 Common Crawl 数据集作为补充,增加低资源语言在维基百科页面资源的数量。另一方面,可以采用数据效率更高的预训练技术[12]。

9.2　早期跨语言情感分析研究概述

跨语言情感分析(Cross-Lingual Sentiment Analysis,CLSA)的研究发展与机器学习、神经网络模型的发展密不可分,从总的研究脉络上可分为两个阶段:早期的跨语言情感分析以及结合词向量表示的跨语言情感分析。

早期的跨语言情感分析研究,主要采用的方法包括:基于机器翻译及其改进的方法、基于平行语料库的方法以及基于双语情感词典的方法。

自 2013 年 Mikolov 等提出分布式词向量表示模型 Word2vec[12],以及随着机器学习算法和神经网络模型的快速发展,跨语言情感分析进入了新的研究阶段,不再停留在对基于机器翻译或基于平行语料库等有监督方法的改进,而是从有监督的跨语言情感分析方法逐渐发展到弱监督、完全无监督的跨语言情感分析。

本节讲述早期跨语言情感分析研究的三种主流方法,下一节讲述结合词向量表示的跨语言情感分析研究。

9.2.1　基于机器翻译及其改进的方法

2004 年,Shanahan 等首次探索性地通过机器翻译解决跨语言情感分析问题[14]。在之后近 10 年间,机器翻译一直是跨语言文本情感分析的主要方法。基于机器翻译的跨语言情感分析方法的基本思想如图 9-1 所示,使用机器翻译系统将文本从一种语言翻译到另一种语言,从而实现多语言文本到单一语言文本的转换。

如图 9-1 所示,为了利用源语言的带标注数据对目标语言的无标注数据进行预测,将源语言的带标注数据翻译为目标语言[15],利用翻译后的数据训练情感分类器,实现对目标语言未标记数据的预测。也有一些研究将目标语言的未标注数据翻译为源语言,在源语言中进行情感分类预测[16,17]。此外,一部分研究兼顾上述两种翻译方向,创建从源语言到目标语言和从目标语言到源语言两种不同的视图,以弥补一些翻译局限(Translation Limitations)[18,19]。

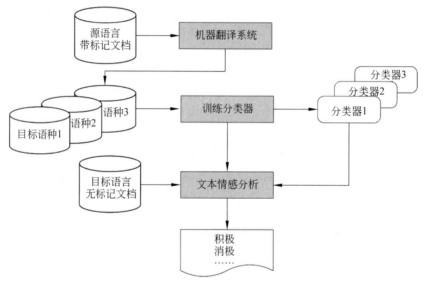

图 9-1　基于机器翻译的跨语言情感分析方法的基本思想

由于目标语言和源语言之间存在固定的内在结构(Fixed Intrinsic Structure)和不同的术语分布(Term Distribution),即便采用最好的翻译系统,机器翻译的失误仍然会带来约 10% 的文本情感扭曲或反转现象[19]。为克服机器翻译质量的影响,相关研究尝试改进基于机器翻译的跨语言情感分析方法,具体的改进思路有:借助对源语言情感词典的翻译[20]、对源语言的训练集进行优化[21]、设置标准数据集对机器翻译进行优化[22]、使用多种源语言的标记数据[23]以及将目标语言未标记数据[24,25]添加到训练集。

　　表 9-2 列举了部分早期跨语言情感分析的代表研究工作,其中, * 标注的是近年来基于机器翻译改进的代表性论文,& 标注的是近年来基于平行语料库的代表性论文。

表 9-2　早期跨语言情感分析的代表研究工作

作者	模型	特点	数据来源	语种	准确率/%
He*[22]	LSM	借助对源语言情感词典的翻译,得到目标语言的情感词先验知识,纳入到 LDA 模型进行学习	中国商品评论数据	英-中	81.41
Zhang 等*[23]	ATTM	基于训练集选择,将与目标语言高度相似的标记样本放入训练集中,构建一个以目标语言为中心的跨语言情感分类器	测试集:COAE2014;训练集:中国科学院计算技术研究所发布的带标记中文数据集	中-德	84.3
				中-英	87.7
				中-法	80.1
				中-西	83.3
Al-Shabi 等*[24]	SVM、NB、KNN	设置标准数据集对机器翻译优化,以此找到最优的基线模型,并确定了机器翻译数据中的噪声与情感分类精度之间的关系	亚马逊产品评论	英-阿	—
Hajmohammadi 等*[25]	MLMV	将多种源语言的标记数据作为训练集,克服从单一源语言到目标语言的机器翻译过程导致的泛化问题	亚马逊产品评论;Pan Reviews 数据集	英+德-法	79.85
				英+法-德	81.55
				英+法-日	73.73
				英+日-中	76.65
Hajmohammadi 等*[26]	DBAST	将目标语言无标记文档通过机器翻译转化为源语言文档后,从中选择信息量最大、最可信的样本进行标记以丰富训练数据	亚马逊产品评论;Pan Reviews 数据集	英-法	78.63
				英-中	71.36
				英-日	70.04
Hajmohammadi 等*[27]	Graph-Based Semi-Supervised Learning Model	提出一种基于多视图的半监督学习模型,将目标语言中未标记的数据合并到多视图半监督学习模型中,即在文档级分析中加入目标语言内在结构的学习	亚马逊产品评论;Pan Reviews 数据集	英-中	73.81
				英-日	72.72

续表

作者	模型	特点	数据来源	语种	准确率/%
Lu 等[&][28]	Joint	联合双语有情感标注的平行语料库和未标记平行数据,为每种语言同时学习更好的单语情感分类器	MPQA；NTCIR-EN；NTCIR-CH；ISI 中-英平行语料库	英-中	83.54
				中-英	79.29
Meng 等[&][29]	CLMM	不依赖机器翻译标记目标语言文本,从未标记的平行语料库中通过拟合参数学习情感词,扩大词汇覆盖率	MPQA；NTCIR-EN；NTCIR-CH；ISI 中-英平行语料库	英-中	83.02
Gao 等[&][30]	BLP	基于平行语料库和词对齐构建双语词图,从现有源语言(英语)情感词典中学习到目标语言的情感词典	General Inquirer Lexicon;ISI 中-英平行语料库；NTCIR 情感语料库	英-中	78.90
Zhou 等[&][31]	NMF	提出一个子空间学习框架,利用少量文档对齐的并行数据和双语下非并行数据,缩小源语言和目标语言的差距	亚马逊产品评论	英-法	81.83
				英-德	80.45
				英-日	75.78
				法-英	79.47
				德-英	79.56
				日-英	78.79

为解决基于机器翻译的跨语言情感分析存在的泛化问题,尤其是当源语言和目标语言的文本属于不同领域时效果不佳的问题,He 提出一种弱监督的潜在情感模型(Latent Sentiment Model,LSM)[20],在隐含狄利克雷分布(Latent Dirichlet Allocation,LDA)模型中,融入从源语言的情感词典中通过机器翻译得到的目标语言可用的情感先验知识。LSM 将该情感先验知识纳入 LDA 模型中,对目标语言文本进行情感分类,LDA 主题分类的类别数等于情感分类的类别数。

为使源语言的训练集合样本更接近目标语言的文本,Zhang 等[21]提出对源语言的训练集合样本进行优化选择(Refinement),通过相似度计算将与目标语言高度相似的样本作为改进后的训练样本,构建一个以目标语言为中心的跨语言情感分类器,通过选择有效的训练样本消除源语言和目标语言之间的语义分布差异。Al-Shabi 等[22]研究机器翻译引入的噪声对跨语言情感分析的影响,提出通过设置标准数据集优化机器翻译,并以英语为源语言、阿拉伯语为目标语言进行实验。首先,通过英语的标记数据集训练多个机器学习算法,例如朴素贝叶斯、支持向量机;然后,用训练好的模型预测目标语言的情感类别,选出表现最好的模型;最后,通过该模型确定噪声与情感分类精度之间的关系。研究表明,该方法训练出的最优模型能够为阿拉伯语这类资源稀缺的语种生成可靠的训练数据。

为了改进基于机器翻译的跨语言情感分析性能，Hajmohammadi 等[25-27]进行了一系列探索。首先，从增加源语言种类入手，提出一种基于多源语言多视图的跨语言情感分析模型[23]。该模型将多个源语言的标记数据作为训练集，尝试克服单一源语言的机器翻译所导致的词汇覆盖问题，使不能被覆盖的词汇有可能从另一源语言的翻译中得到覆盖。随后，提出基于机器翻译将目标语言的未标记数据整合到学习过程中，进一步提高性能[24]。利用主动学习从翻译成源语言的目标语言无标记文本中选择信息量最大、最可信的样本进行人工标记，丰富只有源语言带标记文本的训练数据。最后，为克服源语言和目标语言的术语分布不同的问题，提出一种基于多视图的半监督学习模型[25]，将多种源语言的标记数据作为训练集，通过自动机器翻译从源语言和目标语言的文档中创建多个视图，并将目标语言中未标记的数据合并到多视图半监督学习模型中，从而提高跨语言情感分析的性能。

综上所述，为解决基于机器翻译的跨语言情感分析存在的泛化问题、词汇覆盖问题、源语言和目标语言之间的语言鸿沟问题，相关研究进行了一定的探索，这些探索针对特定的问题开展，取得了较好的效果，然而仍然没有获得一个一致的解决机器翻译根源性问题的方案。这些改进工作大多采用亚马逊产品评论数据集，数据集的多样性不够，难以全面支持和反映所改进方法的性能效果。

9.2.2　基于平行语料库的方法

平行语料库是由相互翻译的文本组成的语料库。基于平行语料库的跨语言情感分析无需借助翻译系统，以平行语料（Parallel Corpora）或可比语料（Comparable Corpora）为基础完成源语言和目标语言的空间转换，是早期跨语言情感分析的主要方法之一。

表 9-2 列举了基于平行语料库的跨语言情感分析代表性研究工作，这些工作的主要思路为：借助目标语言的未标记数据[26]、通过平行数据的学习来扩大词汇覆盖率[27]、通过平行语料库生成目标语言的情感词典[28]以及借助少量的并行数据和大规模的不并行数据[29]。

基于平行语料库的跨语言情感分析方法示意图如图 9-2 所示。平行语料库包括大量平行句对的集合，通过将平行句对中两个对齐的单词连接起来，构建语言间的映射关系。例如，图 9-2(b)是两个表达相同语义的中英文句子，即一组平行句对。句对中的中文单词"快乐"与英语单词"happy"对应，可以说这两个单词对齐（Word-Aligned）。图 9-2(a)将平行语料库中两种语言的单词作为节点，通过语料库的单词对齐及同义词、反义词等信息建立节点间联系，从而构建语言间的关系。

Lu 等[26]首次提出借助无标注的平行语料库提高基于有标注的平行语料库获得的情感分类器性能。认为未标注的语料库中的平行语句也应具有相同的情感极性，因此提出在句子级别同时联合每种语言的标记数据和未标记平行数据，使用标记数据基于最大熵分类器进行期望最大化（Expectation Maximization，EM）迭代更新，逐步提高两个单语分类器对未标记平行语句的预测一致性，以最大化平行语料库的预测一致性。实验表明，该方法对两种语言的情感分类准确率均有提升。

然而，Lu 等[26]要求两种语言都有带标记的数据，这些数据通常不易获得。因此，

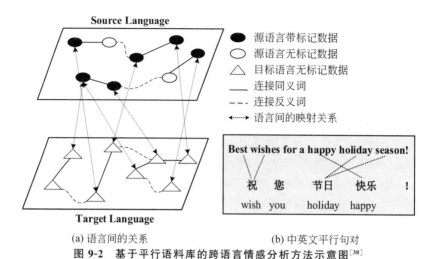

(a) 语言间的关系   (b) 中英文平行句对

图 9-2 基于平行语料库的跨语言情感分析方法示意图[30]

Meng 等[27]提出一种生成性跨语言混合模型(Generative Cross-Lingual Mixture Model, CLMM),去除对目标语言标记数据的要求,不依赖不可靠的机器翻译标记数据,而是利用双语并行数据弥合源语言和目标语言之间的语言差别。CLMM 通过拟合参数最大化双语平行数据的可能性,从未标记的平行语料库中学习情感词,显著提高词汇覆盖率,从而提高跨语言情感分类的准确率。

为了将情感信息从源语言传递到目标语言,现有方法[30-31]使用少量词汇来翻译源语言,从而导致目标语言的情感词汇覆盖率较低。为解决该问题,Gao 等[28]提出一种基于平行语料库和词对齐的双语词图方法,从现有源语言(英语)情感词典中学习到目标语言的情感词典,从而将情感信息从英语情感词转移到目标语言的情感词上。

大规模文档对齐(Document-Aligned)或者句子对齐(Sentence-Aligned)的平行数据很难获得,通常只存在少量的平行数据以及大量不平行的各语言下的文本。Zhou 等[29]提出一种子空间学习框架,同时学习源语言和目标语言间少量的文档,对齐数据和大量的非对齐数据。研究者认为,文档对齐的并行数据在两种不同的语言中描述着相同的语义,它们应该在相同的分类任务中共享相同的潜在表示,通过此共享表示来减少源语言和目标语言之间的语言差距[29]。

上述基于平行语料库的研究,共性之处在于:借助平行语料库建立两种语言的单词对应关系,从语义和概念上弥合源语言和目标语言之间的术语分布和结构差异,避免机器翻译的噪声问题。传统基于平行语料库的方法需要大量并行或标记数据,往往不易获得;故上述相关研究通过采用可比语料库、非并行数据和未标记数据等,减少对并行标记数据的依赖。

9.2.3 基于双语情感词典的方法

文档级或句子级的机器翻译容易引入较大的翻译误差,而词语级别的机器翻译准确率较高。因此,双语情感词典(Bilingual Sentiment Lexicon)被提出用于跨语言情感分析。基于双语情感词典的跨语言情感分析,首先构建双语情感词典,再计算目标语言文本中各个单词的情感分值以及总文本的情感分值,作为文本情感判别的重要依据。

相比较于有监督的情感分析方法,如基于机器学习的方法,基于情感词典的情感分析属于一种无监督的方法,不需要借助大量的已标注训练数据,天然地具有一定优势。例如,SentiWordNet 是已建立的较完备的英语情感词典,目前最新版本是 3.0。SentiWordNet 列举了每个单词、单词的情感极性(积极/消极)以及情感极性的强度大小(用分值表示)。给定英文句子"I like this book",通过统计每个单词在 SentiWordNet 中情感分值的加权,作为判定该句子情感极性的标准。特别地,在跨语言情感分析研究中,如果能够预先建立双语情感词典,则不需要依赖源语言和目标语言的训练数据即可开展跨语言情感分析研究。

由于基于双语情感的跨语言情感分析实现比较简单,所以研究重点在于如何构建一个完备的双语情感词典。近年来,一些学者致力于研究双语情感词典构建这一子任务。构建双语情感词典的主要方法有基于机器翻译、基于同义词词集和基于平行语料库的方法。

基于机器翻译的双语情感词典构建较为简单,主要将已有的单语情感词典经机器翻译后得到目标情感词典。例如,Darwich 等将印尼语 WordNet 和英语 WordNet 通过机器翻译后映射得到马来西亚语的情感词典。该方法对于资源较为丰富的语言有较好的表现,但是对于资源相对稀缺的语言表现并不理想,经过 5 轮迭代后生成的情感词典准确性只有 0.563[32]。

基于同义词词集的双语情感词典构建,主要利用现有单语同义词词集,通过一些映射方法得到跨语言情感词典。Nasharuddin 等[33] 设置跨语言情感词典生成器(Cross-Lingual Sentiment Lexicon Acquisition),根据同义词集及其词性将马来西亚语情感词典映射到英语情感词典中形成双语情感词典。Sazzed 通过英语 WordNet 和孟加拉语评论语料库,获取孟加拉语近义词集,并以此生成孟加拉语情感词典[34]。

基于平行语料库的双语情感词典构建,是近年来较为常用的双语情感词典构建方法,该方法通过对两种语言的平行语料库进行分析和抽取来构建双语情感词典。Vania 等基于英语和印度尼西亚语的平行语料库,从中抽取情感模式(Sentiment-Pattern)信息并构建双语情感词典[35]。Chang 等使用多语言语料库基于 Skip-Gram 生成保留上下文语境的单语词向量表示,而后计算英语词向量与其对应的翻译为中文的词向量之间的最优转化矩阵,通过这个转化矩阵将英语的情感单词词向量转化为中文空间中的词向量,利用余弦相似度构造中英跨语言情感词典[36]。

完成双语情感词典构建后,研究者基于双语情感词典开展跨语言情感分析研究。例如,Gao 等[28] 利用自己构建的中英双语情感词典进行跨语言情感分析测试。具体地,他们利用 LibSVM 模型,结合双语情感词典对 NTCIR 数据集中的数据进行情感分类,取得了较好的效果;LibSVM 模型在积极单词与消极单词的生成中均达到了 80% 以上的准确率、70% 的召回率。He 等[37] 基于中文-越南语双语词典,利用卷积神经网络对中越新闻进行情感分析研究。Zabha 等[38] 使用中文-马来语双语情感词典,利用情感得分统计(Term Counting)方法对马来语的 Twitter 文本进行情感分析。

综上,基于双语情感词典的跨语言情感分析属于一种无监督方法,相比其他有监督方法具有天然优势,但也存在一定局限性:跨语言情感分析的性能一方面依赖于所构建的双语情感词典的质量,另一方面还受到跨语言情感预测所使用方法/模型的影响,例如采用卷积神经网络或基于情感得分统计的方法等。

9.3　结合词向量表示的跨语言情感分析研究概述

单词是语言构成的基本单元。随着分布式词向量表示模型 Word2vec[12]、GloVe[39] 和 ELMo[40] 被相继提出,文本的语义通过词嵌入(Word Embedding)向量进行表示。分布式词向量模型旨在将单词映射至向量空间中,生成定长的、连续的、稠密的向量表示。通过分布式词向量表示,能够将文本转换为数值张量,即实现文本的向量化表示。

2013 年至今,跨语言情感分析研究以结合词向量表示的方法为主,可进一步划分为基于跨语言词向量的方法、基于生成对抗网络的方法以及基于多语言预训练模型的方法。

9.3.1　基于跨语言词向量的方法

基于跨语言词向量(Cross-lingual Word Embedding,CLWE)的跨语言情感分析,重点是获得源语言和目标语言的跨语言词向量表示,即识别不同语言的单词并在统一语义空间表示出来。在跨语言词向量表示中,含义一样、来自不同语言的单词应该具有相同或相似的向量表征。

如图 9-3 所示为英语和西班牙语的一组单词在特征空间中的跨语言词向量分布情况。可见,语义相同的双语单词在空间中的位置彼此靠近,如西班牙单词"gato"与英文单词"cat"的位置相比于"dog"或"pig"更为接近。

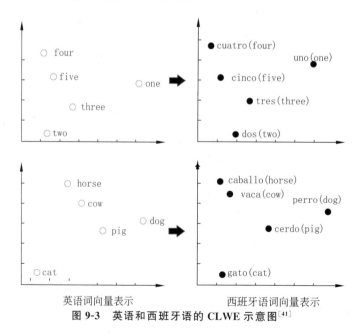

英语词向量表示　　　　　西班牙语词向量表示

图 9-3　英语和西班牙语的 CLWE 示意图[41]

跨语言词向量模型近年来的研究成果较为丰硕,根据是否需要源语言和目标语言之间的平行语料库和双语词典,跨语言词向量模型可以分为有监督、半监督和无监督的方法。

早期主要采用有监督方法,依赖于源语言和目标语言之间昂贵的人工标注语料,例如,将词级对齐[42]、句子级对齐[43]以及文档级对齐[44]的跨语言语料(平行语料库或种子词典)作为跨语言的监督信号。有监督方法的优点是将平行文本蕴含的嵌入空间(Embedding Space)信息作为参考,有效保证跨语言映射的效果。然而,对于大多数语言来说,这样的平行语料和种子词典并不容易获得。

因此,半监督方法被提出来,尝试用更小规模的语料或者种子词典(如 25 个词对)减少对监督信息的依赖[41]。半监督方法在一些语言对上取得了较好的结果,例如,在英语-法语双语词典生成任务中获得了 37.27% 的翻译准确率,在英语-德语双语词典生成任务中获得了接近于 40% 的翻译准确率。半监督方法的优点是只需要用到小样本的种子词典,较易获得,然而其本质是利用种子词典对齐词空间的映射矩阵,代替整个空间的映射矩阵,二者之间不一定等价。

近年来,无监督的方法成为跨语言词向量模型的研究热点,其主要原因在于无监督方法无需借助任何平行语料库或者种子词典,适用的语种范围更广泛,可移植性更强。无监督的方法借助大规模的非平行语料资源,通过生成对抗网络、自动编码器-解码器等模型学习双语之间的转换矩阵[45-47]。

跨语言词向量表示模型在本书的第 7 章已有具体分析,这里不再赘述。不同语言的数据利用跨语言词向量表示投射到同一特征空间后,就能够在语言间进行结构和语义上的迁移,利用源语言的已标注训练数据实现对目标语言的情感分析,从而实现跨语言情感分析。

9.3.2　基于生成对抗网络的方法

生成对抗网络(Generation Adversarial Network,GAN)由 Goodfellow 等在 2014 年提出,在图像生成任务中有着优异表现,也被成功应用于自然语言处理领域,尤其是领域迁移、语言迁移任务,近年来在跨语言情感分析研究中表现突出。

基于 GAN 的跨语言情感分析,其核心思想是生成-对抗,通过生成对抗网络的生成-对抗模式,从资源丰富的标注数据中学习到知识,并迁移至目标语言中。目标语言一般为缺乏标注数据的低资源语言,如图 9-4 所示,该方法一般包括三个模块:特征提取器(Feature Extractor)、语言鉴别器(Language Discriminator)和情感分类器(Sentiment Classification)。

具体地,特征提取器作为生成器提取文本的特征;语言鉴别器用于判别特征是来自源语言还是目标语言;特征提取器和语言鉴别器组成生成对抗网络进行迭代训练。每次迭代中,语言鉴别器首先提升语言鉴别能力,特征提取器随后尽力混淆语言鉴别器。训练结果是特征提取器使得语言鉴别器完全无法鉴别语言,即可认为特征提取器能够提取语言无关特征,将该特征运用于跨语言的情感分类。最后,特征提取器和情感分类器组合起来,并输入源语言的带标注数据进行训练,实现对目标语言未标注数据的情感分析。

Chen 等在 2018 年首次提出一种对抗深度平均网络模型(Adversarial Deep

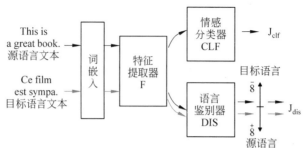

图 9-4　基于生成对抗网络的跨语言情感分析模型

Averaging Network，ADAN)[49]，通过特征提取器和语言鉴别器的多次迭代提取源语言和目标语言中的语言无关特征。在对抗学习中尝试最小化源语言和目标语言分布的 JS 散度(Jensen-Shan divergence)或者 Wasserstein 距离，来保证源语言和目标语言的语言无关特征提取。

受 ADAN 模型启发，Antony 提出一个语言不变情感分析器(Language Invariant Sentiment Analyzer，LISA)架构[50]，使用多种资源丰富语言的单语数据集训练架构。该架构首先使用 MUSE(Multilingual Unsupervised and Supervised Embeddings)[51]中的无监督方法将其他语种空间对齐到英语语义空间，进而建立多语言词嵌入。LISA 模型由提取特征的多语种序列编码器、鉴别特征语种的语言鉴别器和预测情感的情感分析器构成，通过编码器和鉴别器的对抗训练优化交叉熵损失函数。结果表明，虽然该模型不适用于零样本学习，但在有限数据下可实现最优性能。

Feng 等借助多个语言多个领域的源语言标注数据和目标语言的大量无标注数据，提出了一个端到端的基于自动编码-解码器的跨语言跨领域情感分析(Cross Lingual Cross Domain Sentiment Analysis，CLCDSA)模型[52]。区别于 Chen 等[49]使用 ADAN 或者 LSTM 作为语言特征提取器，CLCDSA 模型利用自动编码-解码器作为语言特征提取器对语言建模，并从源语言和目标语言大量的无标注数据中提取语言无关特征。CLCDSA 模型在英-法、英-德以及英-日的亚马逊评论数据集分别取得了 84.6%、88.0% 和 81.9% 的跨语言情感分类准确率。

Wang 等提出一种基于对抗性跨语言多任务学习(Adversarial Cross-Lingual Multi-Task Learning)的个性化微博情绪分类模型[53]。为了解决现有微博情感分类研究在单语数据集下缺少大规模可用的微博用户数据的问题，该模型利用用户在微博、Twitter 等不同平台发表的不同语言的帖子作为数据源，使用对抗学习分别训练语言无关编码器和特定语言编码器，分别提取用户的语言无关特征以及特定语言特征，提高跨语言情感分析性能。

从域对抗神经网络 DANN[54]和条件对抗领域迁移 CDAN[55]获得启发，Kandula 等在 2021 年提出了一种端到端的、基于条件语言对抗网络(Conditional Language Adversarial Network，CLAN)的跨语言情感分析模型[56]。在该模型中，情感分类器接受语言模型提取的特征，同时将情感分类器的情感预测结果作为条件，再基于提取的特征进行互协方差运算后，输入到语言鉴别器。通过语言模型和鉴别器的条件对抗训练，多次迭代提升,提取特征的语言无关性,进而提高预测正确率。

基于生成对抗网络的跨语言情感分析,巧妙地借助生成-对抗思想实现跨语言的情感知识迁移。因此,近年来与之相关的模型被相继提出,并取得较好的性能,并在英-德、英-法等语义较近的语言对上取得 83% 以上的准确率。但是,基于生成对抗网络的跨语言情感分析方法,在不同语种之间的性能差异较大,应用于不同语种时需要重新调参数,导致语言的泛化性支持不够。

9.3.3 基于多语言预训练模型的方法

近年来,以 ELMo[40]、BERT[4] 和 GPT-3[57] 为代表的预训练模型(Pre-Trained Model, PTM)被相继提出并应用于跨语言情感分析领域。相关研究尝试构建一个精通各种语言的预训练模型。预训练模型本质上是一种迁移学习(Transfer Learning),包括预训练(Pre-train)和微调(Fine-tune)两个步骤:首先在原任务上预先训练一个初始模型,然后在下游任务(目标任务)中继续对该模型进行精调,从而达到提高下游任务性能的目的。预训练阶段使用自监督学习技术,从大规模数据中学习到与具体任务无关的初始模型;微调阶段则是通过有监督学习针对具体的任务进行修正,得到任务相关的最终模型。

预训练模型在跨语言情感分析上的优势可以总结为三个方面[58]:

(1)利用海量的无标注语料学习到通用的语言表征和更多的先验知识,有助于提升下游跨语言情感分析任务的效果。

(2)预训练模型提供了较好的模型初始化参数,加快模型的训练并提升效果。

(3)预训练可以视为一种正则化的方法,避免了下游任务在小数据上的过拟合风险,具有更好的泛化能力。

2019 年以来基于预训练模型的跨语言情感分析相关代表性研究如表 9-3 所示,包括 Multi-BERT[8]、XLM[5]、XLM-RoBERTa[11]、MetaXL[59] 等模型。

表 9-3 基于预训练模型的跨语言情感分析研究

作 者	模 型	任 务	优 点	缺 点	数 据 集
Pires 等[8]	Multi-BERT	零次跨语言模式迁移	在零样本跨语言任务中表现出色,尤其是当源和目标相似时	在某些语言对的多语言表示上表现出系统性的缺陷	Code-Switching Hindi, English Universal Dependencies Corpus
Lample 等[5]	XLM	预训练模型的跨语言表征	利用平行语料引导模型表征对齐,提升预训练模型的跨语言表征性能	训练数据规模相对较小,尤其对于资源较少的语言	MultiUN, IIT Bombay Corpus, EUbookshop Corpus
Conneau 等[11]	XLM-RoBERTa	跨语言分类、序列标注和问答	使用大规模多语言预训练,在跨语言分类、序列标注和问答上表现出色	模型有大量的代码合成词,导致系统无法理解句子的内在含义	Common Crawl Corpus in 100 Languages, Wikipedia Corpus

作　者	模　型	任　务	优　点	缺　点	数　据　集
Xia 等[59]	MetaXL	跨语言情感分析的多语言传输	使目标语言和源语言在表达空间中更接近,具有良好的传输性能	尚未探索在预训练模型的多个层上放置多个转换网络	Multi-lingual Amazon Review Corpus,SentiPers,Sentiraama
Bataa 等[60]	ELMo ULMFiT BERT	针对日语的情感分类	使用知识迁移技术和预训练模型解决日语情感分类	没有执行 K 折交叉验证	Japanese Rakuten Review Binary,Five Class Yahoo Datasets
Gupta 等[61]	BERT Multi-BERT 等	情感分析中的任务型预训练和跨语言迁移	针对性强,表现良好,可作为未来情感分析任务的基线	在特定数据集上的跨语言传输效果不理想,没有显著提高模型的性能	Tamil-English,Malayalam English,SentiMix Hinglish

Multi-BERT 由 Devlin 等提出,是由 12 层 Transformer 组成的预训练模型,使用 104 种语言的单语维基百科页面数据进行训练[8]。Multi-BERT 训练时没有使用任何标注数据,也没有使用任何翻译机制来计算语言的表示,所有语言共享一个词汇表和权重,通过掩码语言建模(Masked Language Modeling)进行预训练。大量探索性的实验发现,Multi-BERT 在零样本跨语言模型任务中表现出色,尤其是在相似语言之间进行跨语言迁移时效果最好。然而,Multi-BERT 会在某些语言对的多语言表示上表现出系统性的缺陷(Systematic Deficiencies)。

为提高预训练模型的跨语言表征性能,Lample 等基于跨语言模型(Cross-Lingual Language Model,XLM)提出了三种预训练任务,分别是因果语言模型(Causal Language Modeling,CLM)、掩码语言模型(Masked Language Modeling,MLM)和翻译语言模型(Translation Language Modeling,TLM)[5]。其中,CLM 和 MLM 是无监督方式,只依赖于单语言数据学习跨语言表示;TLM 是有监督方式,不考虑单语种的文本流,而是借助平行语料数据提高跨语言模型的预训练效果。训练时随机遮盖源语言和目标语言句子中的一些单词。预测被遮盖的单词时,TLM 首先通过该句子的上下文进行推断,若推断失败,TLM 还能够借助对应源句子的翻译内容,引导模型将源语言和目标语言的表征对齐。实验结果表明,TLM 作为有监督方法,以高出平均准确率 4.9% 的优势刷新了跨语言自然语言推断任务(Cross-Lingual Natural Language Inference,XNLI)的最优记录。

在 XLM 基础上,Conneau 等[11]在次年提出了一种基于 Transformer 的多语言掩码模型 XLM-RoBERTa,证明了使用大规模多语言预训练的模型可以显著提高跨语言迁移任务的性能。相较于 XLM,XLM-RoBERTa 主要在三个方面进行改进:(1)增加语种数量和训练数据集的数量,一共使用了 100 种语言、规模大小为 2.5TB 的大规模文本数据集,以自监督的方式训练跨语言表征;(2)微调过程中使用多种语言的标注数据,以提升下游任务的性能;(3)调整模型的参数,以抵消不利因素:使用跨语言迁移来将模型扩展到更多的语言时,可能导致模型理解每种语言的能力受限。实验表明,XLM-RoBERTa

在跨语言分类、序列标注和知识问答三个基准测试中取得了迄今为止最好的结果,在资源缺乏的语种上表现也非常出色。XLM-RoBERTa 的缺点是使用该模型可能有大量的代码合成词(Code Mixed Words),导致系统无法理解句子的内在含义[62]。

基于预训练模型的跨语言情感分析研究属于一种迁移学习,需要大规模的单语语料进行预训练或者一定数量的标注数据进行精调。因此,对于资源匮乏的语言,其迁移学习的效果并不理想。此外,语言之间的表示差距(Representation Gap)进一步加剧了资源匮乏语言的迁移学习难度。为解决这一问题,Xia 等提出一种基于元学习(Meta-Learning)框架的 MetaXL 模型,弥合语言之间的表示差距,使得源语言和目标语言在表达空间上更加接近,提高跨语言迁移学习的性能[59]。实验表明,与 Multi-BERT 和 XLM-RoBERTa 相比,MetaXL 在跨语言情感分析和命名实体识别任务中的性能平均提高 2.1%。未来可以通过增加源语言的数量、优化多个语言表示转换网络的位置以提高 MetaXL 的性能。

预训练模型在跨语言情感分析任务上表现优异,相关研究尝试将跨语言预训练模型应用于实践。Bataa 等[60]为解决英-日语言对的跨语言情感分析性能较低问题,分别验证了 BERT[4]、ELMo[40]和 ULMFiT[63]预训练模型在英-日语言对的跨语言情感分析效果。结果表明,基于预训练模型的跨语言情感分析性能,相比基于三倍数据集的任务特定模型,例如传统的神经网络模型 RNN、LSTM、KimCNN、Self-Attention 和 RCNN 等,性能表现更好。

在对话系统的多语言识别问题中,Gupta 等[61]分别比较了 BERT[4]、Multi-BERT[8]、XLM-RoBERTa[11]以及 TweetEval[64]4 种预训练模型在两种语言对(泰米尔语-英语和马拉雅拉姆语-英语)中的语码转换(Code-Switching)效果。其中,TweetEval 模型的主要思想是基于 RoBERTa 预训练模型实现 Twitter 自媒体数据的 7 个分类任务,例如,情感分析、情绪识别等。结果表明,TweetEval 模型在零样本(Zero-Shot)的预训练任务中取得了较好的性能,优于利用 BERT、Multi-BERT、XLM-RoBERTa 三种模型的跨语种迁移效果。

综上,Multi-BERT、XLM 和 MetaXL 等预训练模型在跨语言情感分析中被广泛应用并取得了较好的性能。然而,仍有一些问题亟待解决,下面分别谈谈。

(1)由于包含的参数数量巨大,预训练模型训练和微调的代价都十分昂贵,对算力的要求也非常高。例如,OpenAI 的 GPT-3 模型包含 1750 亿参数,DeepMind 的 Gopher 模型包含 2800 亿参数。海量的模型参数和算力要求使得预训练模型很难应用于线上任务(Online Services)以及在资源有限设备(Resource-restricted Devices)上运行。因此,预训练模型如何在现有软硬件条件下设计更为有效的模型结构是一个值得探索的问题。例如,通过优化器或者训练技巧实现更为高效的自监督预训练任务等。

(2)基于预训练模型的跨语言情感分类现取得的最好效果是 Multi-BERT 在 MLDoc 数据集的英-德语言对上,准确率达到 90.0%[65];最差效果是在英-中语言对上,准确率仅为 43.88%[66]。不同语言对之间的差异较大,说明虽然预训练模型可以通过大规模的数据学习到语言无关的特征,并在零样本的跨语言情感分析任务、尤其是在相似语言对的跨语言情感分析任务上取得较好的性能。但是,仍然不能作为一个通用的泛化模型适用于不同的语言对。预训练模型应用于不同语言对时,需要根据语言的迁移进行微调,其缺点是低效。每个语言对都有各自不同的微调参数。其中一种解决方案是固定预训练模型的原始参数,针对特定任务添加一个小的可调适配模块[67]。

总体来说,2019 年至今,预训练模型在跨语言情感分析中取得了较好的性能,未来仍有进一步探索的空间。

9.4 跨语言情感分析研究前沿探讨

上述小节对 2004 年至今、尤其是近 10 年的跨语言情感分析相关研究进行梳理和总结。系统阐述了跨语言情感分析的研究路线,早期研究主要采用基于机器翻译及其改进的方法、基于平行语料库的方法以及基于双语情感词典的方法;2013 年后随着 Word2vec、GloVe 等词向量模型的提出,跨语言情感分析进入新的研究阶段。一方面,研究跨语言词向量模型,包括有监督、半监督以及无监督的跨语言词向量模型;另一方面,相关研究利用生成-对抗思想提取多语言文本中的语言无关特征,或者基于 Multi-BERT、MetaXL 等预训练模型,从大规模的无标注数据中学习语言的表示,进而开展跨语言情感分析。

通过总结归纳现有的跨语言情感分析研究的思路、方法模型、覆盖语种、数据集以及性能,从以下角度剖析现有跨语言情感分析研究存在的问题与挑战。

问题 1:是否存在一个适用于所有语言的跨语言情感分析泛化模型。

跨语言情感分析任务的提出,旨在解决大部分非英语语言由于缺乏情感资源而情感分析性能较差或者情感分析研究进展缓慢的问题。但是,在全世界 7 000 多种语言中,50% 以上的语言为资源相对匮乏的语言。是否存在一个适用于所有语言的模型一直是跨语言情感分析研究需要回答的问题。

就目前的研究成果来看,不存在一个适用于所有场景的跨语言泛化模型(Cross-Lingual Generalization Model)。针对跨语言情感分析的方法有很多,例如,基于机器翻译、基于平行语料库以及基于跨语言词向量的方法等,但尚未找到一个在所有跨语言情感分析任务中均表现较好的泛化模型。例如,ADAN 模型在英-法数据集上表现良好,但是在英-日数据集上表现较差[49];MUSE 模型涉及包含 45 种语言的 110 个双语任务,但其在不同语言之间的表现差异较大[51]。产生这一现象的原因是不同语言之间存在差异性。现有大部分研究将英语作为唯一的源语言,因此针对不同的目标语言,很难使用一个统一的模型同时平衡英语和多种语言之间的差异性。

一些研究意识到此问题,提出通过增加源语言的语种来减少源语言与目标语言之间的差距。此外,Pfeiffer 等提出 MAD-X 模型,利用现有跨语言或多语言情感分析模型,通过调节器(Adapter)调节模型的参数和设置,使其能够有针对性地适用于特定的目标语言[68]。基于 MAD-X 改进后,F1 值有不同程度的提升,其中最高提升了 6%。Pfeiffer 还指出,属于同一语言家族的语言之间差异最小,同一语言家族的两种语言间进行跨语言情感分析能够最大程度提高 MAD-X 的性能。例如,缅甸语和闽东语均属于汉藏语系,使用缅甸语作为源语言能够使得针对闽东语的跨语言情感分析准确率提升最大,反之亦然。

问题 2：针对不同的目标语言，能否界定跨语言情感分析性能较好的源语言范围。

该问题一直是跨语言情感分析研究的一大难点。现有大部分研究选择英语作为源语言，原因主要有两点：一是英语的情感资源和标注语料较为丰富；二是基于英语的单语情感分析相关研究更多，具有较多的模型选择。然而，固定源语言会带来语言差距不一致的问题，从而影响跨语言情感分析的性能。近年来，部分研究扩大源语言的选择范围，将日语、德语、西班牙语等多种语言作为源语言[30]。Rasooli 等[69]在此基础上提出一个新的假设："是否使用同一家族的语言作为源语言，能够提高跨语言情感分析的准确性？"；对斯洛文尼亚语和克罗地亚语的实验结果印证了这一假设（两者均属于印欧语系斯拉夫语族南部语支）。

由于可选模型和语料库数量的限制，仅通过较少人工处理或机器预处理即能够用作源语言的语言数目相对较少。特别地，对于一些亚洲语言、非洲语言或欧洲语言，例如，印地语、斯洛伐克语、乌尔都语，很难获取足够数量的训练数据进行实验[41,70,71]。在未来的工作中，能否提供包含更多语种的可用数据集，或许会成为跨语言情感分析泛化模型研究的一大掣肘。如果可用数据集进一步丰富，则对于给定目标语言，如何选择源语言有望成为跨语言情感分析的热门研究之一。

问题 3：从早期基于机器翻译的方法，到近年来基于预训练模型的方法，如何横向对比不同的跨语言情感分析方法。

本章节总结了跨语言情感分析的主要研究方法，这些方法各有其优缺点。一方面，基于 Multi-BERT 等预训练模型的方法成为近年来跨语言情感分析研究的主流方法。相关研究在更多语言种类、更大数据集上进行了测试[5,6,8]，将目标语言推广至中文、印地语、马来西亚语等资源更加稀缺或同英语距离更远的语种，验证其方法的性能。未来一段时间，基于预训练模型的跨语言情感分析方法及其改进是主流的研究方向。但是也需要看到，基于预训练模型的跨语言情感分析方法对算力要求较高；处理不同语言对的跨语言情感分析任务时仍需进一步微调，应用于不同语言对时的性能差别较大。这些问题制约了基于预训练模型的跨语言情感分析研究的大规模推广应用。

另一方面，虽然早期一些经典的跨语言情感分析方法从提出至今已有十几年的历史，但是对于跨语言情感分析的未来发展仍具有一定的借鉴意义。例如，基于机器翻译及其改进的方法于 2004 年被提出，但是早期的机器翻译质量不高，容易受到机器翻译质量的影响；随着机器翻译系统的性能提高，该方法的性能也得到一定提升。基于预训练模型的跨语言情感分析对语言的训练数据量有一定要求。因此，基于机器翻译及其改进的方法仍具有应用价值：可作为一些数据资源匮乏的小语种的首选方法，或者作为一种伪数据集的补充方法提升其他跨语言情感分析方法的性能等。再如，基于结构对应学习的方法目前应用较少，然而，其基于源语言和目标语言轴心词对的选择思想，与无监督的跨语言词向量模型中初始解的选择思想有相似之处。因此，以预训练模型为主、多种方法同时发展的跨语言情感分析研究，才能够满足不同语言场景下的跨语言情感分析需求。也应看到，这些跨语言情感分析模型需要解决的共性问题，主要是源语言的选择较为单一、不同语言对的跨语言情感分析性能差别较大等问题。

跨语言情感分析研究，最终目的是利用源语言帮助目标语言实现情感分析。由于有大量情感资源稀缺的语言存在,使得跨语言情感分析的研究具有非常重要的意义。但是,如果跨语言情感分析所需的知识迁移代价太大,甚至远超于单语情感分析所需的人力物力,则违背了跨语言情感分析研究的初衷。同时,这也是检测未来跨语言情感分析模型能否在大规模语言上推广应用的重要指标之一。

9.5　本章小结

跨语言情感分析研究旨在借助某一种或多种源语言(一般为情感资源丰富的语言,如英语),对另一种语言(目标语言,一般为情感资源匮乏的语言)开展情感分析工作。与传统的单语情感分析研究相比,跨语言情感分析研究需要解决的主要问题是屏蔽不同语言间的语法、语用等差异,搭建不同语言间的知识关联以实现不同语言之间的资源共享。一般来说,跨语言情感分析研究能够将资源丰富语言中积累的方法模型、标注数据集、情感词典等成果用于开展其他语种的情感分析研究,避免重复的资源建设和方法模型构建,因此具有非常重要的研究意义。

本章节首先对高资源语言、中资源语言和低资源语言进行了定义,跨语言情感分析研究对于低资源语言来说尤为重要;接着,梳理了 2004 年至今、尤其是近 10 年间的跨语言情感分析相关研究。

根据所采用的技术进行分类,早期的跨语言情感分析包括基于机器翻译及其改进、基于平行语料库以及基于双语情感词典三种主要方法。到 2013 年之后,随着 Word2vec 和 GolVe 等词向量模型的提出,跨语言情感分析研究主要采用结合词向量模型的方法,包括基于跨语言词向量表示的方法、基于生成对抗网络的方法以及基于多语言预训练模型的方法。总结跨语言情感分析相关研究的主要思路、方法模型以及不足之处,分析现有研究覆盖的语言、数据集及其性能,发现虽然 Multi-BERT 等预训练模型在零样本的跨语言情感分析上取得较好性能,但仍然存在语言敏感性的问题。基于机器翻译或者基于结构对应学习等早期经典的跨语言情感分析方法,虽然提出至今已有十几年的历史,但是对于跨语言情感分析的未来发展仍具有一定的借鉴意义。

展望跨语言情感分析的未来发展,随着预训练模型对多语言语义的深层次挖掘,适用于更多数量、更广泛语种的跨语言情感分析模型将是未来发展方向。

9.6　参考文献

[1] Maxwell M, Hughes B. Frontiers in Linguistic Annotation for Lower-density Languages[C]. Proceedings of COLING/ACL2006 Workshop on Frontiers in Linguistically Annotated Corpora, 2006: 29-37.

[2] Baumann P, Pierrehumbert J. Using Resource-Rich Languages to Improve Morphological Analysis of Under-Resourced Languages[C]. Proceedings of the Ninth International Conference on Language Resources and Evaluation (LREC-2014), 2014: 3355-3359.

[3] Farra N. Cross-lingual and low-resource sentiment analysis[M]. New York: Columbia University, 2019.

[4] Devlin J，Chang M W，Lee K，et al. BERT：Pre-Training of Deep Bidirectional Transformers for Language Understanding[J]. arXiv preprint arXiv：1810.04805.

[5] Lample G，Conneau A. Cross-Lingual Language Model Pretraining[J]. arXiv preprint arXiv：1901. 07291，2019.

[6] Wu S，Dredze M. Are All Languages Created Equal in Multilingual BERT？[J] Proceedings of the 5th Workshop on Representation Learning for NLP，Online，Association for Computational Linguistics，2020：120-130.

[7] Wu S，Dredze M. Beto，bentz，becas：The Surprising Cross-lingual Effectiveness of BERT[J]. arXiv preprint arXiv：1904.09077，2019.

[8] Pires T，Schlinger E，Garrette. How Multilingual is Multilingual Bert？[J]. arXiv preprint arXiv：1906.01502，2019.

[9] Bojanowski P，Grave E，Joulin A，et al. Enriching Word Vectors with Subword Information[J]. Transactions of the Association for Computational Linguistics，2017,5：135-146.

[10] Heinzerling B，Strube M. BPEmb：Tokenization-free Pre-trained Subword Embeddings in 275 languages[J]. arXiv preprint arXiv：1710.02187，2017.

[11] Conneau A，Khandelwal K，Goyal N，et al. Unsupervised Cross-lingual Representation Learning at scale[J]. arXiv preprint arXiv：1911.02116，2019.

[12] Clark K，Luong M T，Le Q V，et al. Electra：Pre-training text encoders as discriminators rather than generators[J]. arXiv preprint arXiv：2003.10555，2020.

[13] Mikolov T，Chen K，Corrado G，et al. Efficient Estimation of Word Representations in Vector Space[J]. arXiv Preprint，arXiv：1301.3781，2013.

[14] Shanahan J G，Grefenstette G，Qu Y，et al. Mining Multilingual Options Through Classification and Translation[C]. Proceeding of AAAI. Menlo Park，CA：AAAI，2004.

[15] Balahur A，Turchi M. Comparative Experiments Using Supervised Learning and Machine Translation for Multilingual Sentiment Analysis[J]. Computer Speech & Language，2014，28 (1)：56-75.

[16] Martín-Valdivia M T，Martínez-Cámara E，Perea-Ortega J M，et al. Sentiment Polarity Detection in Spanish Reviews Combining Supervised and Unsupervised Approaches[J]. Expert Systems with Applications，2013，40(10)：3934-3942.

[17] Prettenhofer P，Stein B. Cross-Language Text Classification Using Structural Correspondence Learning[C]. Proceedings of the 48th Annual Meeting of the Association for Computational Linguistics. 2010：1118-1127.

[18] Wan X. Co-Training for Cross-Lingual Sentiment Classification[C]. Proceedings of the Joint Conference of the 47th Annual Meeting of the ACL and the 4th International Joint Conference on Natural Language. 2009：235-243.

[19] Hajmohammadi M S，Ibrahim R，Selamat A. Bi-View Semi-Supervised Active Learning for Cross-Lingual Sentiment Classification[J]. Information Processing & Management，2014，50(5)：718-732.

[20] He Y L. Latent Sentiment Model for Weakly-Supervised Cross-Lingual Sentiment Classification [C]. Proceedings of the 2011 European Conference on Information Retrieval Lecture Notes in Computer Science. 2011：214-225.

[21] Zhang P，Wang S G，Li D Y. Cross-Lingual Sentiment Classification：Similarity Discovery Plus

Training Data Adjustment[J]. Knowledge-Based Systems, 2016, 107: 129-141.

[22] Al-Shabi A, Adel A, Omar N, et al. Cross-Lingual Sentiment Classification from English to Arabic Using Machine Translation[J]. International Journal of Advanced Computer Science and Applications, 2017, 8(12): 434-440.

[23] Hajmohammadi M S, Ibrahim R, Selamat A. Cross-Lingual Sentiment Classification Using Multiple Source Languages in Multi-View Semi-Supervised Learning[J]. Engineering Applications of Artificial Intelligence, 2014, 36: 195-203.

[24] Hajmohammadi M S, Ibrahim R, Selamat A, et al. Combination of Active Learning and Self-Training for Cross-Lingual Sentiment Classification with Density Analysis of Unlabelled Samples [J]. Information Sciences, 2015, 317: 67-77.

[25] Hajmohammadi M S, Ibrahim R, Selamat A. Graph-Based Semi-Supervised Learning for Cross-Lingual Sentiment Classification[C]. Proceedings of the 2015 Asian Conference on Intelligent Information and Database Systems. 2015: 97-106.

[26] Lu B, Tan C, Cardie C, et al. Joint Bilingual Sentiment Classification with Unlabeled Parallel Corpora[C]. Proceedings of the 49th Annual Meeting of the Association for Computational Linguistics: Human Language Technologies. 2011: 320-330.

[27] Meng X, Wei F, Liu X, et al. Cross-Lingual Mixture Model for Sentiment Classification[C]. Proceedings of the 50th Annual Meeting of the Association for Computational Linguistics. 2012: 572-581.

[28] Gao D, Wei F R, Li W J, et al. Cross-Lingual Sentiment Lexicon Learning with Bilingual Word Graph Label Propagation[J]. Computational Linguistics, 2015, 41(1): 21-40.

[29] Zhou G, He T, Zhao J, et al. A Subspace Learning Framework for Cross-Lingual Sentiment Classification with Partial Parallel Data[C]. Proceedings of the Twenty-Fourth International Joint Conference on Artificial Intelligence (IJCAI). Palo Alto, California USA: AAAI Press/ International Joint Conferences on Artificial Intelligence, 2015: 1426-1432.

[30] Duh K, Fujino A, Nagata M. Is Machine Translation Ripe for Cross-Lingual Sentiment Classification? [C]. Proceedings of the 49th Annual Meeting of the Association for Computational Linguistics: Human Language Technologies. 2011: 429-433.

[31] Mihalcea R, Banea C, Wiebe J. Learning Multilingual Subjective Language via Cross-Lingual Projections[C]. Proceedings of the 45th Annual Meeting of the Association for Computational Linguistics. 2007: 976-983.

[32] Darwich M, Noah S A M, Omar N. Automatically Generating a Sentiment Lexicon for the Malay Language[J]. Asia-Pacific Journal of Information Technology and Multimedia, 2016, 5(1): 49-59.

[33] Nasharuddin N A, Abdullah M T, Azman A, et al. English and Malay Cross-Lingual Sentiment Lexicon Acquisition and Analysis [C]. Proceedings of the 2017 International Conference on Information Science and Applications. 2017: 467-475.

[34] Sazzed S. Development of Sentiment Lexicon in Bengali Utilizing Corpus and Cross-Lingual Resources[C]. Proceedings of the 21st International Conference on Information Reuse and Integration for Data Science. IEEE, 2020: 237-244.

[35] Vania C M, Ibrahim A M. Sentiment Lexicon Generation for an Under-Resourced Language[J]. International Journal of Computational Linguistics and Applications, 2014, 5(1): 59-72.

[36] Chang C H, Wu M L, Hwang S Y. An Approach to Cross-Lingual Sentiment Lexicon Construction[C]. Proceedings of the 2019 IEEE International Congress on Big Data. IEEE, 2019: 129-131.

[37] He X X, Gao S X, Yu Z T, et al. Sentiment Classification Method for Chinese and Vietnamese Bilingual News Sentence Based on Convolution Neural Network[C]. Proceedings of the 2018 International Conference on Mechatronics and Intelligent Robotics. 2018: 1230-1239.

[38] Zabha N I, Ayop Z, Anawar S, et al. Developing Cross-Lingual Sentiment Analysis of Malay Twitter Data Using Lexicon-Based Approach[J]. International Journal of Advanced Computer Science and Applications, 2019, 10(1): 346-351.

[39] Pennington J, Socher R, Manning C D. GloVe: Global Vectors for Word Representation[C]. Proceedings of the 2014 Conference on Empirical Methods in Natural Language Processing. 2014: 1532-1543.

[40] Peters M, Neumann M, Iyyer M, et al. Deep Contextualized Word Representations[C]. Proceedings of the 2018 Conference of the North American Chapter of the Association for Computational Linguistics: Human Language Technologies. 2018: 2227-2237.

[41] Artetxe M, Labaka G, Agirre E. Learning Bilingual Word Embeddings with (Almost) No Bilingual Data[C]. Proceedings of the 55th Annual Meeting of the Association for Computational Linguistics. USA: Association for Computational Linguistics. 2017: 451-462.

[42] Faruqui M, Dyer C. Improving Vector Space Word Representations Using Multilingual Correlation[C]. Proceedings of the 14th Conference of the European Chapter of the Association for Computational Linguistics. Gothenburg, Sweden: Association for Computational Linguistics. 2014: 462-471.

[43] Zou W Y, Socher R, Cer D, et al. Bilingual Word Embeddings for Phrase-Based Machine Translation[C]. Proceedings of the 2013 Conference on Empirical Methods in Natural Language Processing. Seattle, Washington, USA: Association for Computational Linguistics. 2013: 1393-1398.

[44] Vulić I, Moens M F. Bilingual Word Embeddings from Non-Parallel Document-Aligned Data Applied to Bilingual Lexicon Induction[C]. Proceedings of the 53rd Annual Meeting of the Association for Computational Linguistics and the 7th International Joint Conference on Natural Language Processing (Volume 2: Short Papers). Beijing, China: Association for Computational Linguistics. 2015: 719-725.

[45] Barone A V M. Towards Cross-Lingual Distributed Representations without Parallel Text Trained with Adversarial Autoencoders[C]. Proceedings of the 1st Workshop on Representation Learning for NLP. USA: Association for Computational Linguistics. 2016: 121-126.

[46] Shen J H, Liao X D, Lei S. Cross-Lingual Sentiment Analysis via AAE and BiGRU[C]. Proceedings of the 2020 Asia-Pacific Conference on Image Processing, Electronics and Computers. IEEE, 2020: 237-241.

[47] Artetxe M, Labaka G, Agirre E. A Robust Self-Learning Method for Fully Unsupervised Cross-Lingual Mappings of Word Embeddings[C]. Proceedings of the 56th Annual Meeting of the Association for Computational Linguistics. USA: Association for Computational Linguistics. 2018: 789-798.

[48] Goodfellow I, Pouget-Abadie J, Mirza M, et al. Generative Adversarial Networks [J].

Communications of the ACM，2020，63（11）：139-144.

[49] Chen X L，Sun Y，Athiwaratkun B，et al. Adversarial Deep Averaging Networks for Cross-Lingual Sentiment Classification［J］. Transactions of the Association for Computational Linguistics，2018，6：557-570.

[50] Antony A，Bhattacharya A，Goud J，et al. Leveraging Multilingual Resources for Language Invariant Sentiment Analysis［C］. Proceedings of the 22nd Annual Conference of the European Association for Machine Translation. 2020：71-79.

[51] Conneau A，Lample G，Ranzato M A，et al. Word Translation Without Parallel Data［J］. arXiv preprint arXiv：1710.04087，2017.

[52] Feng Y L，Wan X J. Towards a Unified End-to-End Approach for Fully Unsupervised Cross-Lingual Sentiment Analysis［C］. Proceedings of the 23rd Conference on Computational Natural Language Learning. USA：Association for Computational Linguistics，2019：1035-1044.

[53] Wang W C，Feng S，Gao W，et al. Personalized Microblog Sentiment Classification via Adversarial Cross-Lingual Multi-Task Learning［C］. Proceedings of the 2018 Conference on Empirical Methods in Natural Language Processing. USA：Association for Computational Linguistics，2018：338-348.

[54] Ganin Y，Ustinova E，Ajakan H，et al. Domain-Adversarial Training of Neural［J］. The Journal of Machine Learning Research，2016，17（1）：1-35.

[55] Long M，Cao Z，Wang J，et al. Conditional Adversarial Domain Adaptation［J］. Advances in Neural Information Processing Systems，2018，31.

[56] Kandula H，Min B N. Improving Cross-Lingual Sentiment Analysis via Conditional Language Adversarial Nets［C］. Proceedings of the 3rd Workshop on Computational Typology and Multilingual NLP. USA：Association for Computational Linguistics. 2021：32-37.

[57] Brown T，Mann B，Ryder N，et al. Language Models are Few-Shot Learners［C］. Proceedings of the 2020 Conference on Neural Information Processing Systems. 2020，33：1877-1901.

[58] Qiu X P，Sun T X，Xu Y G，et al. Pre-Trained Models for Natural Language Processing：A Survey［J］. Science China Technological Sciences，2020，63（10）：1872-1897.

[59] Xia M，Zheng G，Mukherjee S，et al. MetaXL：Meta Representation Transformation for Low-Resource Cross-Lingual Learning［J］. arXiv preprint，arXiv：2104.07908，2021.

[60] Bataa E，Wu J. An Investigation of Transfer Learning-Based Sentiment Analysis in Japanese［C］. Proceedings of the 57th Annual Meeting of the Association for Computational Linguistics. USA：Association for Computational Linguistics. 2019：4652-4657.

[61] Gupta A，Rallabandi S K，Black A W. Task-Specific Pre-Training and Cross Lingual Transfer for Sentiment Analysis in Dravidian Code-Switched Languages［C］. Proceedings of the 1st Workshop on Speech and Language Technologies for Dravidian Languages. 2021：73-79.

[62] Hossain E，Sharif O，Hoque M M. NLP-CUET@ LT-EDI-EACL2021：Multilingual Code-Mixed Hope Speech Detection Using Cross-Lingual Representation Learner［C］. Proceedings of the 1st Workshop on Language Technology for Equality，Diversity and Inclusion. 2021：168-174.

[63] Howard J，Ruder S. Universal Language Model Fine-Tuning for Text Classification［C］. Proceedings of the 56th Annual Meeting of the Association for Computational Linguistics. USA：Association for Computational Linguistics. 2018：328-339.

[64] Barbieri F，Camacho-Collados J，Espinosa Anke L，et al. TweetEval：Unified Benchmark and

Comparative Evaluation for Tweet Classification[J]. arXiv preprint，arXiv：2010.12421，2020.

[65] Dong X，de Melo G. A Robust Self-Learning Framework for Cross-Lingual Text Classification [C]. Proceedings of the 2019 Conference on Empirical Methods in Natural Language Processing and the 9th International Joint Conference on Natural Language Processing. USA：Association for Computational Linguistics. 2019：6306-6310.

[66] Houlsby N，Giurgiu A，Jastrzebski S，et al. Parameter-Efficient Transfer Learning for NLP[C]. Proceedings of the 2019 International Conference on Machine Learning. PMLR，2019：2790-2799.

[67] Schwenk H，Li X. A Corpus for Multilingual Document Classification in Eight Languages[J]. arXiv preprint，arXiv：1805.09821，2018.

[68] Pfeiffer J，Vulić I，Gurevych I，et al. MAD-X：An Adapter-Based Framework for Multi-Task Cross-Lingual Transfer[C]. Proceedings of the 2020 Conference on Empirical Methods in Natural Language Processing. USA：Association for Computational Linguistics. 2020：7654-7673.

[69] Rasooli M S，Farra N，Radeva A，et al. Cross-Lingual Sentiment Transfer with Limited Resources[J]. Machine Translation，2018，32(1-2)：143-165.

[70] Lachraf R，Nagoudi E M B，Ayachi Y，et al. ArbEngVec：Arabic-English Cross-Lingual Word Embedding Model[C]. Proceedings of the 4th Arabic Natural Language Processing Workshop. USA：Association for Computational Linguistics. 2019：40-48.

[71] Khalid U，Beg M O，Arshad M U. RUBERT：A Bilingual Roman Urdu BERT Using Cross Lingual Transfer Learning[J]. arXiv preprint，arXiv：2102.11278，2021.

第10章

多语言情感分析的应用案例

10.1 基于情感特征表示的跨语言文本情感分析研究

基于深度学习的跨语言情感分析,一般需要借助预训练的双语词向量(Bilingual Word Embedding,BWE)获得源语言和目标语言的文本向量表示。为了解决高质量 BWE 较难获得的问题,并在文本向量中融入文本语义信息以及单词的情感语义信息,本节提出一种基于词向量情感特征表示的跨语言情感分析模型。模型通过引入源语言的情感监督信息以获得源语言情感感知的词向量表示,使得词向量的表示兼顾语义信息和情感特征信息,提升跨语言文本情感预测的性能。

以英语为源语言,以中文、法语、德语、日语、韩语和泰语 6 种语言为目标语言对所提模型的跨语言情感分析性能进行验证。实验结果表明,相比于传统的机器翻译方法以及不采用情感特征表示的跨语言情感分析方法,所提模型能够提高约 9.3% 和 8.7% 情感分类预测准确率。所提模型在德语上的跨语言情感分析效果最好,英语与德语同属日耳曼语族,在语法和语义上更为接近,符合实验预期。本节还对影响跨语言情感分析模型的相关因素进行了分析。

10.1.1 模型背景

随着国际化进程的加快和中国实力的逐渐增强,中国的新闻事件日益受到关注,不同国家的媒体平台会根据各自的立场进行报道。分析多语言评论文本的情感倾向对于精准把握国际舆论走向、实现中国走出去,十分重要和必要。

情感分析通过挖掘文本中的主观性信息来判断其情感倾向。有监督的情感分析方法需要使用大量已标注的文本对情感分析模型进行训练,才能实现对未标注文本的情感预测。然而,有标注的情感语料很难获得,尤其是非英语语言的情感语料。现有的情感分析研究在英语语言下比较成熟,积累了丰富的情感资源,例如标注语料、情感词典等;而在其他语言中的情感分析研究相对较少,情感语料资源匮乏。跨语言情感分析(Cross-Lingual Sentiment Analysis,CLSA)旨在利用某一种语言(源语言)的情感资源来协助其他语言(目标语言)进行相应的情感分析。源语言一般为具有丰富情感资源的语言,例如英语;目标语言则为情感资源较为匮乏的语种,例如法语、德语、日语等。跨语言情感分析通过构建不同语言之间的知识关联以实现资源共享,能够解决大部分非英语语种所面临的情感资源匮乏的问题,因此成为近年来的研究热点。

按照技术路线不同,现有跨语言情感分析可以分为三种,包括基于机器翻译的方法、基于平行语料库的方法以及基于深度学习的方法。

　　基于机器翻译是跨语言情感分析的传统方法[1-4],其核心思想是采用机器翻译系统构建跨语言之间的联系,通过机器翻译将已标注的源语言文本翻译为目标语言文本,以此作为训练数据,对目标语言的未标注语料进行情感分析和预测。这类方法思路简单、容易实现,但会受到机器翻译质量的影响。例如,真实在线评论"He cannot oppose that suggestion more(他百分百反对这个建议)",由机器翻译得到的中文文本是"他不能再反对这个建议",意思正好相反。基于平行语料库的方法,主要通过平行语料库学习源语言和目标语言在相同空间上的文本表示,实现跨语言对齐后再进行跨语言情感分析。例如,Zhou 等[5]利用部分标记的平行语料构造一个跨语言情感分类子空间的学习框架。然而,大部分语言缺少高质量、大规模的平行语料资源,使得这类方法在不同的语种中应用时受限。

　　区别于基于机器翻译的方法和基于平行语料库的方法,基于深度学习的跨语言情感分析方法为了减少对机器翻译系统和平行语料库的依赖,借助深度学习算法强大的特征自动提取能力、丰富的语义表示能力,将不同语言的文本投影到同一个词向量表示空间后,再进行情感分析。这种方法主要基于 Mikolov 提出的理论,即不同语言下同一语义的单词之间呈相同的分布结构,因此,将不同语言的文本投影到同一语义空间后,具有相同语义的、不同语言的单词距离相近[6]。例如,英语和中文的单词映射到同一语义空间后,"猫"和"cat"靠在一起,"狗"和"dog"靠在一起。

　　现有基于深度学习的跨语言情感分析,非常依赖于词向量表示的质量。单词是语言构成的基本单元,识别不同语言的单词并用统一的方式表示出来,对于基于深度学习的跨语言情感分析尤为重要。大部分现有工作[7-8]为了减少随机词向量表示对跨语言情感分析的影响,采用 Word2vec 模型[9]得到源语言和目标语言的词向量表示。现有实验结果表明,相比于随机初始化或者基于 Word2vec 模型的源/目标语言词向量表示,借助预训练好的双语词嵌入(Bilingual Word Embedding,BWE)能够大大提升跨语言情感分析的效果[6]。比较遗憾的是,高质量的 BWE 较难获得,尤其对于大部分小语种语言来说,由于缺少生成高质量 BWE 的训练标注预料,使得生成的 BWE 质量并不理想。

　　因此,为了获得高质量的 BWE 词典并且减少在 BWE 生成过程中对目标语言标注数据的依赖,相关工作[10-12]研究无监督的 BWE 生成,借助大量无标注的目标语言数据生成得到 BWE 表示,取得了较好的效果。然而,Søgaard 等[13]指出,基于无监督的 BWE 生成方法对于语言对的选择非常敏感,仅仅依靠无监督的学习方法在某些语言对(例如英语-日语)上难以得到高质量的 BWE 表示,仍需借助目标语言监督信息,例如少量的双语种子词典等。

　　本节提出一种基于情感特征表示的跨语言情感分析模型,尝试解决不同语言对的 BWE 词典较难获得的问题,不依赖于目标语言的标注数据,而是通过引入源语言具备的丰富的情感监督信息获得情感感知的词向量表示,从源语言的角度获得兼顾语义信息和情感特征信息的词向量表示,改进现有基于 Word2vec 词向量表示的跨语言情感分析方法仅体现文本语义信息而忽略了单词之间情感关联的问题,从而有效提升跨语言情感分析的性能。

实验以英语作为源语言,分别将 3 种数据集上的 6 种不同的语言(中文、法语、德语、日语、韩语和泰语)作为目标语言进行测试。与机器翻译方法、不采用情感特征表示的跨语言情感分析方法相比,所提模型能够提高跨语言情感分类预测性能约 9.3% 和 8.7%。

10.1.2　相关研究工作

跨语言情感分析研究旨在借助丰富的源语言情感分析资源帮助目标语言开展情感分析工作,最早可追溯到 2004 年 Shanahan 等[15]首次探索性地通过机器翻译来解决跨语言情感分析问题。

诸多研究表明,跨语言情感分析能够将英语语言下积累的研究成果,在其他语言情境下推广应用。例如,万小军等[1]利用英语有标注的情感分类数据,通过机器翻译实现中文文本的情感分类预测。余传明等[8]以亚马逊的产品评论为例实现从英语到中文和日语文本的情感分类预测。Vulic 等[16]通过跨语言词向量实现英语和荷兰语的相互检索。近年来,跨语言情感分析已成为情感分析领域的一个重要研究方向。

跨语言情感分析研究的难点在于目标语言情感资源的匮乏以及不同语言之间情感表达无直接关联[17],因此,早期的跨语言情感分析主要采用机器翻译来实现不同语言间的关联,利用机器翻译系统直接将源语言语料翻译成目标语言,在此基础上进行情感分析任务。Carmen Benea 等[18]利用机器翻译获得目标语言的标注文本,然后利用有限的目标语言标注数据去训练情感分类器。万小军等[2]首先实现从目标语言到源语言的机器翻译转换,再训练情感分类模型进行分类;在此基础上又提出了半监督的协同学习框架,进一步利用目标语言的无标注语料来提升系统的性能。虽然通过机器翻译来构建跨语言间的情感分析联系已足够成熟,但仍避免不了机器翻译失误给文本情感带来的约 10% 的扭曲或反转现象[19]。

为了克服机器翻译质量对跨语言情感分析的影响,相关工作通过双语词典、平行语料库获取一致空间上的文本表示后再进行跨语言的情感分类。例如,Barnes 等[20]利用双语词典获取投影矩阵,将源语言和目标语言分别映射到共享空间。Zhou 等[5]利用部分标记的平行语料库形成跨语言情感分类子空间的学习框架。Turney 等[21]基于情感词对在语料中的共现频率来判断词的情感极性。在基于双语词典的跨语言情感分析中,关键在于如何构建高质量的双语情感词典。Wan 等[22]采用机器翻译将英文情感词典翻译成中文,但存在一词多义或者多词一义的问题,导致中英词条数量不对等。此外,双语词典和平行语料双语资源很难获取,仅能在部分语言对之间建成较完备的双语资源。

近年来,随着深度学习的快速发展,并在自然语言处理的各类任务上取得了不错的表现,研究学者们尝试将深度学习技术应用于跨语言情感分析,减少对机器翻译和平行语料库的依赖。

研究学者们提出,基于深度学习中的生成对抗网络(Generative Adversarial Network,GAN)或者改进生成对抗网络(如对抗自动编码器)开展跨语言情感分析[15]。这些工作[7-8,12]通过生成-对抗模式进行迭代训练,得到目标语言在与源语言相同语义特征空间的词向量表示。实验表明,基于生成对抗网络的方法在跨语言情感分析上具有明显优势,性能优于基于机器翻译的跨语言情感分析方法。然而,基于生成对抗网络的跨语言情感分析[7-8,12]需要借助 BWE 表示,对于缺少 BWE 的语言对只能采用单语言下的随机词向量表示或者 Word2vec、fastText 等词向量表示,大大局限了基于深度学习的跨语言情感分析模型的性能。

因此,近年来相关工作开始研究跨语言的词向量表示(Cross Language Word Embedding,CLWE)以获得不同语言对的 BWE 表示,尤其是研究无监督的 CLWE 生成[10-12]。例如,Zhang 等提出一种基于对抗学习算法的双语词向量表示无监督生成算法,以便获得更好的词向量表示,为下游的跨语言任务服务[10]。Søgaard 等研究发现,基于无监督方法生成的 BWE 表示,对语言对的选择非常敏感。对于部分语言来说,依靠完全无监督的 CLWE 难以得到高质量的 BWE 表示[13]。

沿袭基于生成对抗网络的跨语言情感分析框架,本节在此基础上提出基于词向量情感特征表示的跨语言文本情感分析模型。模型通过引入情感感知的源语言词向量表示,使得源语言的表达兼顾语义和情感特征信息,在基于深度学习的跨语言情感分析中关注到更多情感分析任务相关的特征,从而提高性能。

10.1.3　基于情感感知的跨语言情感分析模型

图 10-1 描述了情感感知的跨语言情感分析模型的构建流程,主要包括 3 个模块:源语言情感感知的词向量表示、基于生成对抗网络的跨语言联合特征提取以及情感分类预测模块。

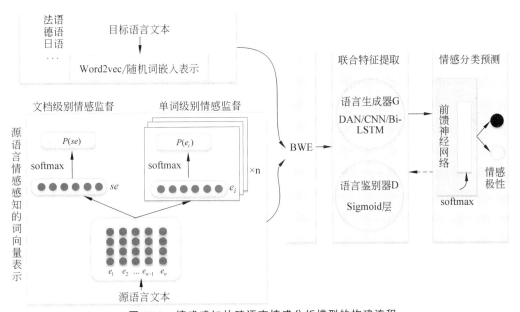

图 10-1　情感感知的跨语言情感分析模型的构建流程

模型的基本思路是:首先引入源语言的情感监督信息,获得情感感知的源语言词向量表示,目标语言的词向量表示则通过随机初始化获得或者采用 Word2vec 获得。然后,基于源语言的词向量表示,利用生成对抗网络获得目标语言与源语言在同一特征空间的联合特征表示。最后,输入上述 2 步获得的源语言和目标语言的联合特征提取,基于已标注的源语言文本语料对情感分类器进行训练,预测目标语言文本的情感倾向。

给定源语言的标注文档用 $S=\{s_1,s_2,\cdots,s_N\}$ 表示,N 为文档的个数,s_k 表示 S 中的第 k 个文档。S 中文档的情感标注用 $Y=\{y_1,y_2,\cdots,y_N\}$ 表示,$y_k=1$ 表示文档 s_k 的情感极性为积极,$y_k=-1$ 则表示情感极性为消极。目标语言的待预测情感文档用 $D=\{d_1,d_2,\cdots,d_{N'}\}$ 表示,N' 为目标语言文档的个数,d_k 表示 D 中的第 k 个文档。跨语言情感分析需要解决的问题是利用源语言的已标注文本集合 S 和 Y,预测目标语言文档集合 D 中的情感极性。

1. 源语言情感感知的词向量表示

本小节借助源语言的情感词典和已标注的源语言文本分别作为单词级别(Word-level)以及文档级别(Document-level)的情感监督信息,获得源语言情感感知的词向量表示。

给定文档 $s_k=\{x_{k1},x_{k2},\cdots,x_{kn}\}$,$x_{ki}$ 表示文档 s_k 中的第 i 个单词,e_{ki} 为单词 x_{ki} 的词向量表示,$e_{ki}\in\mathbb{R}^M$,M 是词向量的维度。

根据 S 中所有单词构成的词汇表,构造一个词嵌入矩阵 $V\in\mathbb{R}^{C\times M}$,$V$ 中的每一行是一个单词的词向量表示,则 C 等于词汇表中单词的个数。利用正态分布初始化 V 中每一个单词的词向量表示。

(1)单词级别情感监督。

使用源语言的情感词典,作为单词级别的情感监督信息训练单词的词向量表示。对于 S 中每篇文档的每个单词 x,通过查表 V 得到其词向量表示 e 后,将 e 输入到单词级别的 softmax 层,预测单词的情感倾向,得到单词的情感倾向分布 $p(c|e)$ 为

$$p(c|e)=\mathrm{softmax}(\theta_w \cdot e+b_w) \tag{10-1}$$

其中,θ_w 和 b_w 分别表示词语级别 softmax 层的权重值和偏置值,$c\in\{1,-1\}$ 表示单词的情感极性,1 表示正面,-1 表示负面。

训练过程中,采用平均交叉熵作为损失函数,即对于单词预测的情感分布值 $p(c|e)$ 与单词的实际情感分布值 $\hat{p}(c|x)$,损失函数定义为

$$f_{\mathrm{word}}=-\frac{1}{T}\sum_{k=1}^{N}\sum_{x\in s_k}\sum_{c\in\{1,-1\}}\hat{p}(c|x)\log p(c|e) \tag{10-2}$$

其中,T 为语料中所有单词的个数。每个单词 x 的实际情感分布值 $\hat{p}(c|x)$ 通过情感词典查表得到。

(2)文档级别情感监督。

使用已标注的源语言标注文本作为文档级别的情感监督信息。给定文档 s_k,通过查表 V 得到所有单词的词向量表示,令 se_k 表示文档 s_k 的向量表示。定义 se_k 等于 s_k 中所有单词的词向量的均值,计算公式为

$$se_k=\frac{1}{|s_k|}\sum_{i=1}^{|s_k|}e_i \tag{10-3}$$

其中,$|s_k|$ 表示文档 s_k 中单词的个数。将 s_k 的向量表示 se_k 输入到文档级别的 softmax 层,根据向量表示 se_k 预测文档的情感倾向概率,得到文档 s_k 的情感分布值 $p(c|se_k)$ 为

$$p(c|\boldsymbol{se}_k) = \text{softmax}(\theta_d \cdot \boldsymbol{se}_k + b_d) \tag{10-4}$$

其中，θ_d 和 b_d 分别表示文档级别 softmax 层的权重值和偏置值。

用平均交叉熵作为损失函数，衡量文档的情感分布预测值和文档的真实情感标注之间的距离为

$$f_{\text{doc}} = -\frac{1}{N}\sum_{k=1}^{N}\sum_{c\in\{1,-1\}}\hat{p}(c|s_k)\log p(c|\boldsymbol{se}_k) \tag{10-5}$$

其中，$\hat{p}(c|s_k)$ 是文档 s_k 的情感倾向标注值，等于 1 表示文档 s_k 的情感类别是积极，等于 -1 则表示情感类别为消极。

（3）联合单词级别和文档级别的表示学习。

单词的词向量表示应同时考虑到单词级别和文档级别的情感信息。因此，定义总的损失函数为单词级别和文档级别损失函数的和，计算公式为

$$f = \alpha f_{\text{word}} + (1-\alpha) f_{\text{doc}} \tag{10-6}$$

其中，$\alpha\in[0,1]$ 为折中系数，调整 f_{word} 和 f_{doc} 对总的损失函数的影响。当 $\alpha=0$ 时，单词的词向量表示仅考虑文档语境的情感信息，α 越大则考虑单词语境的情感信息越多，后面通过实验分析不同 α 值对跨语言情感分析性能的影响。

2. 源语言和目标语言的词向量空间转换

源语言和目标语言的词向量空间转换，旨在根据已知源语言的词向量表示得到目标语言在同一语义空间的文本向量表示，这一过程非常适用生成对抗网络实现[24]。生成对抗网络，主要包括生成器 G 和语言鉴别器 D 两个模块。

生成器 G 进行特征提取和词向量空间转换，使生成的目标语言词向量分布接近于源语言的词向量分布。设源语言的词向量 $\boldsymbol{e}^s$ 服从分布 p_s，目标语言的词向量 $\boldsymbol{e}^d$ 服从分布 p_d。生成器 G 通过学习一个映射函数 $g: \mathbb{R}^M \to \mathbb{R}^M$，使得 $g(\boldsymbol{e}^d)$ 的分布尽可能接近于源语言的分布。

生成器的目标是最小化源语言词向量分布和目标语言词向量分布之间的 JS 散度距离[25]。相比较 JS 散度距离，Wasserstein 距离在超参数选择上性能更稳定。因此，生成器利用 Wasserstein 距离衡量源语言词向量分布 p_s 和目标语言词向量分布 p_d 之间的距离，目标是最小化 $\text{Wasserstein}(p_s, p_d)$。语言鉴别器 D 是一个二元分类器，将 $g(\boldsymbol{e}^d)$ 作为输入，输出判别其是来自于目标语言还是源语言。

G 和 D 都是反向传播的神经网络，通过生成对抗训练互相博弈学习，反复迭代梯度更新，利用 Adam 进行优化。如果一个训练好的鉴别器 D 对于 G 转换得到的词向量分布无法判断是来自于目标语言或者源语言，说明生成器 G 实现了从目标语言词向量空间到源语言词向量空间的转换，迭代结束。

使用交叉熵损失函数定义生成器和鉴别器的损失函数。生成器的损失函数为

$$L_G = -\log(D(g(\boldsymbol{e}^d))) \tag{10-7}$$

其中，$D(g(\boldsymbol{e}^d))$ 表示鉴别器将生成器转换后的词向量判别为源语言的概率。

鉴别器的目标是区分源语言向量和目标语言的转换向量，其损失函数为

$$L_D = -\log(D(\boldsymbol{e}^s)) - \log(1 - D(g(\boldsymbol{e}^d))) \tag{10-8}$$

模型分别采用深度平均网络（Deep Averaging Network，DAN）和 CNN 分别作为语言生成器 G，比较不同语言生成器对模型的性能影响。DAN 相比于 CNN，具有更快的收敛时间[6]。语言鉴别器 D 则选择隐藏层数量为 1 的多层感知机。

3. 跨语言情感判别

基于源语言和目标语言在同一语义空间的词向量表示，利用源语言的已标注文本对情感分类器进行训练后，输入在同一语义空间表示的目标语言文本，判别输出其情感极性。

源语言的词向量通过文档级和单词级联合学习的方法初始化，目标语言的词向量通过上述的生成对抗网络训练得到。源语言和目标语言文本的向量表示，等于文档中所有单词的词向量的均值。将源语言和目标语言在同一空间的文档向量统一表示为 $\widetilde{de}$，将 $\widetilde{de}$ 输入到情感分类器的 softmax 层，输出预测的情感极性。

对于情感分类器，其目标是为了最小化目标语言文档的情感预测值 $\hat{p}(y|\widetilde{de})$ 和真实值的距离 y，其损失函数为

$$L_p = -\frac{1}{N'}\sum_{k=1}^{N'}\sum_{y\in\{1,-1\}} y\log(\hat{p}(y|\widetilde{de})) \tag{10-9}$$

所提模型将目标语言的词向量空间转换以及跨语言情感极性判别作为统一整体。在训练过程中，同时将情感分类器的判别结果和语言鉴别器 D 的判别结果反馈给语言生成器 G，优化目标语言的特征语义提取。使用超参数 λ 来平衡二者的影响，因此，语言生成器 G 的损失函数被定义为

$$L = L_p + \lambda L_G \tag{10-10}$$

10.1.4　实验结果

为了验证所提模型（以下简称 Senti_Aware）在不同语言上的跨语言情感分析性能，实验将已标注的英语数据作为源语言，选取 6 种不同的语言作为目标语言进行测试，并与以下 5 种对比算法进行比较。

（1）单语言下的情感预测上限方法（以下简称 Upper）：在目标语言（中文、法语、德语、日语、韩语和泰语）中使用该语言标注好的文档数据作为情感分类模型的输入，然后将训练好的情感分类模型直接用于预测在该目标语言下的未标注文档。Upper 方法中选择支持向量机（Support Vector Machine，SVM）模型作为分类模型。SVM 在情感分类中表现优异，优于朴素贝叶斯、随机森林等算法[25]。

（2）机器翻译：通过谷歌机器翻译引擎将目标语言翻译成源语言文本，利用已标注的源语言语料作为训练集对 SVM 情感分类器模型进行训练，再对翻译后的源语言文本进行预测。

（3）Bi_w2v 模型：与 Senti_Aware 模型采用相同的跨语言联合特征提取模块和情感分类预测模块，参数设置亦相同；但没有使用情感感知的源语言词向量表示，而是用 Word2vec 获得源语言和目标语言的向量表示。

（4）Bi_random 模型：与 Bi_w2v 模型采用相同的模型和参数设置，但是使用随机生

成的源语言和目标语言的词向量表示替代 Word2vec 词向量表示。

（5）CLCDSA 模型：基于 Encoder-Decoder 的无监督跨语言跨领域情感分模型[27]，利用有标注的源语言数据和大量无标注的目标语言数据对跨语言同领域或者跨语言跨领域的文本进行情感预测。实验中，CLCDSA 采用与所提模型相同的数据集，数据集中所有文本作为同一个领域输入，不再细分数据的领域（例如属于 DVD、书籍或音乐）。实验参数设置与文献[27]设置相同：语言模型采用 AWD-LSTM 模型[28]，每层的隐藏单元数为1150，dropout rate=0.5，语言鉴别器采用 1 个 3 层的多层感知机，每层有 400 个隐藏单元，训练的迭代数为 20000 步长，每个词向量的维度为 200。

1. 实验数据集

考虑到没有一个现有的数据集能够提供 5 种以上语言的跨语言情感评测数据，因此实验选取了 3 个数据集，包括 6 种不同的目标语言，测试所提模型在不同数据集、不同语言上的泛化性能。这也是首次在跨语言情感分析研究中选择 5 种以上的语言进行实验评测。每个语种的实验数据集参数如表 10-1 所示。

其中，源语言和目标语言中的中文、日语、法语和德语的数据来源于亚马逊网站的产品评论多语种数据集[29]，每种语言包括 12000 条标注的数据，分别是 1 星、2 星、4 星和 5星的产品评分，星值越大表示评分越高。实验中将 3 星以下的数据标注为负面评论，将 3星以上的数据标注为正面评论。

表 10-1　实验数据集参数

语种	标注情况	已　标　注	未　标　注
源语言	英语	12000	105220
目标语言	日语	12000	293967
	法语	12000	58164
	德语	12000	317345
	中文	12000	—
	韩语	12000	—
	泰语	10000	—

韩语数据集的来源为韩国影评网站 NAVER 的用户评论[30]，一共包含 20 万条评论的数据，已标注为正面或负面情感。为了与中文、日语、法语和德语的数据测试规模保持一致，选取 12000 条韩语数据作为跨语言预测数据。

泰语数据集的来源为用户产品服务评论[31]，一共包含 26737 条评论，已标注为正面、负面和中性情感极性。其中，正负面评论共 11601 条，经过数据预处理、分词后选取长度大于 1 的数据，一共 10000 条作为泰语跨语言预测数据。

英语源语言采用已标注数据中的 6000 条作为训练数据，6000 条作为测试数据；所提模型不需要目标语言的标注数据进行训练,因此目标语言的标注数据仅作为验证跨语言情感分析的性能使用。中文、日语、法语、德语和韩语采用12000条数据作为待预测数据,泰语使用10000条数据作为待预测数据。英语、日语、法语和德语还包括了大量无标注数据,这些未标注的数据和已标注的数据一起作为CLCDSA模型的输入,训练得到英语、日语、法语和德语的二进制编码文件。而对于中文、韩语和泰语,它们的二进制编码文件则是通过采用规模相对较小的有标注数据,将标注去掉后作为CLCDSA模型所需的目标语言无标注数据进行训练,得到中文、韩语和泰语的二进制编码文件。

在进行跨语言情感分析前,需要对数据进行预处理。对实验数据集的文本统一去除标点及特殊符号。对于中文文本,采用jieba分词器进行分词,使用百度停用词表去除停用词;对于日语文本,采用MeCab分词系统,在调用Python接口时引入sys模块和MeCab模块,在-Owakati模式(无词性标注)下进行分词;对于泰语文本,使用泰语自然语言处理库PyThaiNlp进行分词。数据集中的法语、德语和韩语的文本,单词之间已按空格划分,无需进一步分词。

2. 实验参数设置

实验的主要参数设置如表10-2所示。词向量的维度等于50;Batch_size(批量大小)为50;Epoch(训练次数)等于30;学习率为5×10^{-4}。超参数λ设置为0.01。采用准确率和$F1$值作为情感分类预测的评价指标。

表 10-2　实验的主要参数设置

词向量维度	50/200
Batch_size	50
Epoch	30
学习率	5×10^{-4}
λ	0.01
Dropout	0.2

3. 实验结果分析

表10-3展示了以英语为源语言,中文、法语、德语、日语、韩语和泰语作为目标语言的跨语言情感分类预测结果。表中,每个目标语言最优的预测准确率和$F1$值用加粗表示,次优数值用下划线表示。

表10-3实验中,所提模型设置词向量的维度为50维,α取值为0.8,分别采用DAN和CNN作为源语言和目标语言联合特征提取的语言生成器。后续章节将讨论不同词向量维度、α取值以及是否采用预训练好的BWE词典作为联合特征提取器对于实验结果的影响。

在进行不同跨语言对之间的情感预测时,性能会受到数据集大小、数据本身质量以及数据预处理程度的影响。例如,有的语言数据集本身的情感倾向表达比较明显,有助于情感预测；而有的情感倾向表达比较隐晦，不利于情感预测。这一点体现在 Upper 方法应用在不同语言上的情感预测性能各不相同。在进行跨语言情感预测时，既要进行纵向对比，即在同一种语言中对比不同算法的跨语言预测性能，分析不同算法的性能优劣；又要进行横向对比，分析同一个算法在不同语言中的跨语言预测性能。

表 10-3　跨语言情感预测结果

方法	法语		德语		日语	
	准确率	F1 值	准确率	F1 值	准确率	F1 值
Upper 方法	0.864	0.865	0.854	0.856	0.786	0.774
机器翻译	0.634	0.687	0.726	0.719	0.649	0.674
Bi_random	0.620	0.788	0.560	0.714	0.583	0.582
Bi_w2v	0.705	0.789	0.730	0.714	0.572	0.609
Senti_Aware (DAN)	0.732	<u>0.842</u>	<u>0.812</u>	**0.840**	0.652	0.649
Senti_Aware (CNN)	<u>0.738</u>	**0.846**	**0.818**	<u>0.826</u>	<u>0.668</u>	**0.719**
CLCDSA	**0.788**	0.793	0.782	0.789	**0.673**	<u>0.713</u>
方法	中文		韩语		泰语	
	准确率	F1 值	准确率	F1 值	准确率	F1 值
Upper 方法	0.795	0.718	0.740	0.734	0.846	0.755
机器翻译	0.634	0.687	0.628	0.675	0.613	0.642
Bi_random	0.578	0.673	0.524	0.6667	0.592	0.6557
Bi_w2v	0.626	0.704	0.521	0.7105	0.588	0.6286
Senti_Aware (DAN)	<u>0.654</u>	<u>0.742</u>	**0.619**	**0.729**	**0.647**	**0.6857**
Senti_Aware (CNN)	**0.715**	**0.744**	0.610	<u>0.701</u>	<u>0.627</u>	<u>0.643</u>
CLCDSA	0.616	0.66	<u>0.614</u>	0.679	0.599	0.632

表 10-3 的实验结果表明，所提模型在中文、法语、德语、日语、韩语和泰语 6 种不同语言上的跨语言情感分类的性能，都优于基于机器翻译、Bi_random 和 Bi_w2v 方法，验证了基于情感特征表示的跨语言文本情感分析方法的有效性。Upper 方法提供了模型能达到的跨语言情感预测分类性能的上限值。可以看到，所提模型 Senti_Aware(DAN)在德语上的准确率和 F1 值分别为 0.812 和 0.840，接近于 Upper 方法的 0.854 和 0.856。

从不同语种比较，当法语、德语作为目标语言时，情感特征表示的优势更明显。在法语实验中 Senti_Aware(CNN)准确率提升至 0.738，F1 值提高至 0.846；在德语中准确率和 F1 值则分别为 0.818 和 0.826。在数据处理过程相同、参数条件不变的情况下，纵向比较不同方法在不同语言上的性能，跨语言分析模型在德语数据集上表现最好，主要与不同语言之间的距离有关。英语与德语同属日耳曼语族,虽然英语在词汇上较法语接近,但在语法和语音上与德语更接近,因此在英语-德语语言对的跨语言情感分类中性能最好,符合实验预期。

分析 Word2vec 词向量生成对跨语言情感预测的影响。对比 Bi_random 和 Bi_w2v 在不同语言上的性能发现,Bi_w2v 相比 Bi_random 并没有明显的性能提升,说明相比于随机生成得到的词向量表示,采用 word2vec 对源语言和目标语言分别生成独立的词向量空间对跨语言情感分类预测提升不明显,更重要的是如何将两个独立的词向量空间映射到同一语义空间。这也进一步印证了在跨语言情感分析中,通过深度学习模型实现两种语言的词向量特征空间学习、迁移是非常重要的一步。

基于机器翻译方法的性能在法语、德语和中文上的跨语言情感预测性能甚至低于 Bi_w2v 算法。在实验过程中,由于现有的翻译引擎 API 接口不能支持多于 5000 字的文本翻译,实验过程对机器翻译方法的实现需要将数据集切分成几个部分,分开翻译再合并,耗费了大量的翻译、数据整理时间;性能上却没有 Bi_w2v 简单采用 Word2vec 生成词向量后进行跨语言情感提取和预测好。侧面说明,相比于基于机器翻译的跨语言情感预测,基于深度学习的方法优势明显,是跨语言情感分析未来的发展方向。

CLCDSA 方法在不同目标语言上的跨语言情感预测性能差别较大,在法语、德语和日语的性能相比其他三种目标语言更为突出,而在中文上的性能最差(相比较其他算法)。除了上述分析中以英语为源语言,与目标语言法语和德语更为接近以外(日语和英语的距离并不接近,可以看到与法语和德语相比,日语的效果明显较低),主要原因在于:法语、德语和日语数据集包括了大量的无标注数据(具体见表 10-1),而对于数据集中的中文、韩语和泰语则没有提供无标注数据,实验中只能将对应语言的有标注数据去掉作为 CLCDSA 模型的无标注数据进行输入。在中文、韩语和泰语中,又以中文的标注数据最少,只有 1.2 万条。

实验结果确证了 CLCDSA 方法在跨语言情感分析上的贡献,即利用目标语言大量的无标注数据学习单词语义,帮助提高跨语言的情感预测。当缺少无标注数据时,CLCDSA 的性能明显下降。此外,实验中曾将 Chen 等[6] 使用的数据集作为 CLCDSA 的中文无标注数据,发现对性能提升不大,主要原因在于酒店的用户评论数据和亚马逊数据集有一定区别,对于目标待预测文本的语义学习帮助不大。

CLCDSA 在法语和日语上得到了最好的情感预测准确率,分别为 0.788 和 0.673,高于所提模型 Senti_Aware(CNN)的 0.738 和 0.668。但从 6 种不同的目标语言上看,所提模型在不同语言、不同数据集上的泛化性能更突出。在同样的亚马逊数据集上,所提模型在德语、日语和中文上的预测准确率和 F1 值均优于 CLCDSA;在跨语言跨数据集时,即以亚马逊用户评论的英文数据集预测目标语言为韩语的电影评论数据集和目标语言为泰语的产品数据集,Senti_Aware(DAN) 相比 CLCDSA 具有明显优势。此发现与 Feng 工作[27] 中的结论吻合:CLCDSA 在跨语言、跨领域的情感预测性能低于在跨语言、同领域中的性能。

对比分析不同的特征提取网络对所提模型的影响。实验中分别利用 DAN 和 CNN 作为特征提取网络,发现改变特征提取网络,Senti_Aware 的性能有波动但基本稳定。相较于其他对比算法,Senti_Aware(DAN)和 Senti_Aware(CNN)仍有明显优势,表明本书模型在跨语言情感分析任务中的有效性。实验结果表明,在改变特征提取网络后,模型准确率可提升 0.6%～1%,特征网络为 CNN 时的平均准确率略高一些。在训练过程中,DAN 的收敛速度更快,CNN 则相对速度较慢。例如,在型号为 Tesla V100、显存大小为 31GB 的 GPU 服务器上跑相同的数据集和相同的实验设置,以泰语的数据集文本预测为例,基于 DAN 特征提取网络的 Senti_Aware 需要时间约 6 分 11 秒,而基于 CNN 特征提取网络的 Senti_Aware 需要时间约 12 分 3 秒,CLCDSA 模型则需要 42 分 50 秒。

横向对比跨语言情感预测模型在不同语言上的情感预测性能发现:当法语、德语作为目标语言时,跨语言情感预测性能更接近于 Upper 方法在单语言下的预测性能,明显优于以日语、中文、韩语和泰语为目标语言时的性能。以 Senti_Aware(DAN)为例,所提模型在法语和德语上的预测准确率分别为 0.732 和 0.812,而在其他目标语言上的预测准确率都低于 0.68。主要原因在于以英语为源语言时,英语-法语、英语-德语跨语言对之间的语法、语义差别较小,而英语-中文、英语-韩语和英语-泰语这些语言对之间的差别较大。实验结果从侧面说明,在进行跨语言情感分析时,也应从语言本身出发,针对目标语言选择距离较近的源语言,提高跨语言情感分析的性能。

综上所述,所提模型在不同语种、不同数据集实验中具有较强鲁棒性,能取得相对较好的分类效果,证明融合情感特征表示有助于跨语言情感分析。

4. 影响跨语言情感分析的因素分析

本小节讨论影响跨语言情感分析模型的因素,主要讨论不同 α 值、词向量维度和跨语言特征提取网络对模型的影响。以德语为目标语言为例进行分析,在其他几个语言上的对比分析结果类似,因篇幅关系不一一列举。

(1) α 值对跨语言情感分析的影响。

在融合情感语义的词嵌入训练过程中,α 值的大小会对词嵌入的表示能力有影响。由于在德语数据集上分类效果变化最明显,选用德语数据集探究不同 α 值的影响,步长为 0.1,实验结果如图 10-2 所示。

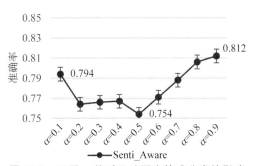

图 10-2　不同 α 值对于跨语言情感分类的影响

从图 10-2 可以看出,α 为 0.1 时分类准确率可达到 0.794,此时文档级别的情感信息权重最大;当 α 值逐渐增大,分类准确率逐渐下降;当 α 值为 0.5 时准确率最低,此时单词级别和文档级别的情感信息权重相同。当 α 值继续增大,代表单词级别的情感信息权重超过文档级别情感信息,此时分类准确率有所提升,并在 α 值为 0.9 时达到最高准确率 0.812。实验结果表明,单词级别与文档级别的情感信息均有较好的独立监督效果,但当二者权重接近时,情感信息利用率下降,从而影响词嵌入表示效果,进而导致跨语言情感分类准确率下降。

(2)词向量维度对跨语言情感分析的影响。

BWE 由于词向量的维度大小对于词嵌入语义表示能力有一定影响,因此本小节实验设置词向量维度分别为 50 维、100 维、150 维、200 维,探究不同词向量维度对于实验结果的影响。实验仍选用德语数据集,特征提取网络选择 DAN,实验结果如表 10-4 所示。

表 10-4　词向量维度对跨语言情感分析的影响

方法	50 维		100 维		150 维		200 维	
	准确率	F1 值	准确率	F1 值	准确率	F1 值	准确率	F1 值
Upper 方法	0.854	0.856	—	—	—	—	—	—
机器翻译	0.726	0.719	—	—	—	—	—	—
Bi_random	0.560	0.714	0.600	0.6415	0.580	0.553	0.618	0.7083
Bi_w2v	0.730	0.714	0.753	0.749	0.768	0.7137	0.754	0.714
CLCDSA	0.598	0.643	0.668	0.692	0.713	0.729	0.782	0.789
Senti_Aware	0.812	0.840	0.774	0.775	0.793	0.7386	0.768	0.6857

从实验结果可以看出,在跨语言情感分类任务中,随着词向量维度的升高,仅采用随机生成词嵌入在词向量维度为 200 维时分类准确率也能达到 0.618,F1 值为 0.7083,且提升最为明显。说明对于随机初始化文本向量的 Bi_random 方法,词向量维度较大时,表征的信息更多、效果更好。

当采用 Bi_w2v 方法和本书所提 Senti_Aware 方法时,增大词向量维度,准确率有小幅度提升,当词向量为 100 维时 Word2vec 方法获得最高 F1 值 0.749,词向量为 150 维时获得最高准确率 0.768,而当词向量维度进一步增大到 200 维时,准确率和 F1 值反而有所下降。

对于本书所提出的 Senti_Aware 方法,高维词向量对于分类准确率提升作用不明显,在维度为 50 维时已经能很好融合情感语义信息,最高准确率达到 0.812,F1 值达到 0.84,具有很好的稳定性。

对于 CLCDSA 方法,在词向量维度是 200 维的时候,性能最好。随着向量维度的降低,性能有所下降。下降的原因主要是 Encoder-Decoder 模型的参数随着向量维度的下降而降低:在词向量维度等于 200 时,模型的参数个数是 1333 万个;当词向量维度等于 50 时,模型的参数个数降到 72 万个。

(3)BWE 对跨语言情感分析的影响。

本小节讨论 BWE 双语词嵌入词典对跨语言情感分析的影响。相关工作指出,相比于随机初始化的词向量表示或 Word2vec 生成单语言空间下的词向量表示,借助预训练的 BWE 词典获得源/目标语言的词向量表示够大大提升跨语言情感分析的效果[8]。

为了分析 BWE 对跨语言情感分析的影响,使用预训练的 BWE 词向量表示(以下简称 Bi_BWE 方法)替代基于情感特征表示的词向量(即所提 Senti_Aware 方法)进行对比实验。两种方法采用完全相同的实验参数和设置,以 DAN 为特征提取网络,α 值取 0.9。由于不同语言对的 BWE 词典较难获得,在实验测试的 6 种目标语言中,仅有英语-中文、英语-法语和英语-德语具有预训练好的 BWE 词典,因此本小节的对比实验以中文、法语和德语为例进行。

实验中,英语-中文 BWE 词典来源于 Zou 等的工作[13],一共包含了 199870 个中英文单词的词向量表示;英语-法语和英语-德语的 BWE 词典则来自于广泛使用的 MUSE 双语词嵌入词典集(通过对各种语言的维基百科的数据词条进行预训练得到,涵盖了 30 种不同的语言,主要以欧盟国家的语言为主),各包含 40 万个双语单词的词向量表示,其中,英语、法语和德语各有 20 万个单词。

表 10-5　不同 BWE 词典跨语言情感预测性能对比

	Senti_Aware		Bi_BWE	
	准确率	F1 值	准确率	F1 值
英-中	0.654	0.742	0.680	0.730
英-法	0.732	0.842	0.726	0.800
英-德	0.812	0.840	0.705	0.722

分析表 10-5 的结果发现,所提模型 Senti_Aware 的性能与 Bi_BWE 相比仍具有一定优势,二者在中文上性能相当,所提模型在法语上略有提升,在德语上表现出明显优势。此外,对比前文实验结果,可以发现采用 BWE 词典的性能在不同语言上都明显优于 Bi_random 的随机词向量表示,但与 Bi_w2v 相比性能提升不大。分析原因主要如下。

(1) 英文-中文的 BWE 词典是基于中英文用户评论数据训练得到,所采用的训练数据与实验数据集比较贴近,能够较好地表示实验文本中单词的词向量,因此在中文上性能提升较大;而英语-法语和英语-德语的 BWE 词典是基于维基百科的数据词条训练得到的,词典大而全,但是在语义表达上并不贴合实验的用户评论数据集,在性能上不如直接采用 Word2vec 基于实验数据集生成得到的词向量表示。

(2) 所提模型在德语上的跨语言情感预测性能提升最大,明显优于法语。从 Bi_BWE 的结果看则没有这个区别。除了上述分析的英语-德语之间的语义距离较英语-法语更近之外,另一主要原因在于实验数据集中德语用于训练目标语言的词向量表示的数据约为 31 万条,而法语的数据量则约为 5 万条(见表 10-1),数据量越多越有利于生成得到更好的词向量表示,有助于下游的情感预测任务。

综上实验结果表明,采用 BWE 词典能够提升跨语言情感分析性能,所采用的 BWE 词典的语义应与预测的数据集的语义表示比较接近,才能更有效提高跨语言情感预测的性能。

5. 单词词向量表示的可视化分析

为了从语言学和语义角度分析基于源语言情感特征的词向量表示相比 Word2vec 更能兼顾单词语义和情感特征信息,有助于跨语言情感分析,本小节利用可视化方法对比 Senti_Aware 和 Word2vec 模型所获得的词向量表示。

通过 Word2vec 或 Senti_Aware 得到的单词词向量表示都是 50 维的高维向量,无法在二维平面进行可视化,因此实验中采用主成分分析(Principal Component Analysis,PCA)方法对实验中获得的词向量表示进行降维,最后在二维平面输出。PCA 常被用于高维数据的降维,提取高维数据的主要特征分量后映射到低维平面输出[31]。

图 10-3 和图 10-4 分别展示了 2 组单词在 Word2vec 和 Senti_Aware 词向量表示下的二维平面可视化输出。为了能够清楚看到可视化的表示结果,实验选取了少量单词作为示例。图中的每一个点代表一个单词的高维词向量在 PCA 降维后的 2 维平面嵌入结果,两个点的词向量表示越接近,则在二维平面中越靠近。Word2vec 的词向量表示结果在图的左边;Senti_Aware 词向量表示的结果在图的右边。

图 10-3 中为一组单词"good""delicious""hate""bad""exciting""happy""beautiful"在二维平面的可视化结果。这组单词的情感极性比较明显,可以看到 Senti_Aware 的词向量表示兼顾了单词的情感特征信息,能够区分情感极性不同的单词。例如,情感极性负面的单词"hate"和"bad"比较靠近,而"good"和"delicious"则聚集在一起。对比 Word2vec 的词向量表示,单词"happy"、"bad"和"beautiful"聚集在一起,无法有效区分单词的情感极性。

在图 10-3 的基础上,增加几个语义较为接近的单词:"dog"、"cat"和"bird",而随机去掉几个单词,可视化结果如图 10-4 所示。可以看到,Word2vec 模型在语义表征上更有优势,能够将语义相近的单词"dog"、"cat"和"bird"聚集在一起,但是单词"hate"和"exciting"则仍重叠在一起。而 Senti_Aware 的词向量表示则仍能明显区分单词的情感极性,"hate"作为情感极性为消极的单词,与其他单词有明显的语义距离。

彩色配图

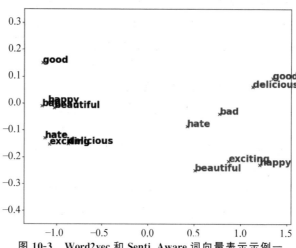

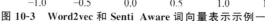

图 10-3　Word2vec 和 Senti_Aware 词向量表示示例一

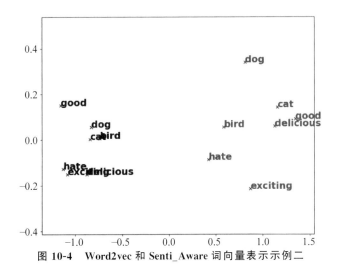

彩色配图

图 10-4　Word2vec 和 Senti_Aware 词向量表示示例二

10.1.5　结论

　　本节提出一种基于词向量情感特征表示的跨语言文本情感分析方法,在缺乏 BWE 词典的情况下实现从英语到其他目标语言的跨语言情感极性预测,解决了在基于深度学习的跨语言情感分析中 BWE 词典较难获得的问题。所提方法在跨语言情感分析模型中引入源语言的情感监督信息以获得源语言情感感知的词向量表示,使得词向量表示能兼顾语义信息和情感特征信息,从而提高情感预测的性能。实验以英语已标注的文本数据为源语言,分别在 6 种目标语言(中文、法语、德语、日语、韩语和泰语)的未标注文本上进行情感极性预测。

　　实验表明,所提模型在 6 种语言上均有较好表现,优于基于机器翻译、基于 Word2vec 和采用 BWE 双语词嵌入词典的跨语言情感预测方法。所提模型在德语上的跨语言情感分类性能最好,达到 0.812,接近于在德语单语言下的情感预测性能。本节还分析了影响跨语言情感分析模型的不同因素,实验发现:(1)单词级别与文档级别的情感信息均有较好的独立监督效果,能够提升模型的性能;(2)选择不同的特征提取网络(例如 DAN、CNN 和 Bi-LSTM)对模型的性能带来 $0.6\%\sim1\%$ 抖动,从模型预测准确率和收敛速度上看,DAN 的总体表现较好;(3)高维词向量对于所提模型的分类准确率提升作用不明显,在维度为 50 维时已经能很好地融合情感语义信息;(4)采用 BWE 双语词典有助于跨语言情感预测,然而不同语言对的 BWE 词典较难获得,本节所提的方法能够在缺少 BWE 词典的情况下实现跨语言情感极性预测。

10.2　基于持续学习的多语言情感分析研究

　　现有的情感分析模型非常依赖于训练数据集,基于一种语言的情感标注数据训练好的情感分析模型,只能用于预测该语言下的数据集。导致在面对多语言情感分析任务时,往往需要重复多次地分语种训练。本节提出一种基于持续学习的多语言情感分析模型。

该模型面对多个语言的情感分析任务时,不断学习新语言的语言特征,并且仍旧保持旧语言的语言特征,有效解决了 BERT 和 Multi-BERT 模型在多语言情感分析任务中的灾难性遗忘问题。

10.2.1　模型背景

现有的情感分析研究主要是基于单任务和单语言开展,致力于提升在给定数据集下的情感分析性能。即在给定语言的情感标注数据集下,训练情感分析模型,进而用于预测该语言下的数据集。当语言数据集改变时,模型往往需要重新训练。由于不同语言存在语法差异性和数据异构性,导致多语言的情感分析任务通常需要分语种训练模型,缺乏能够支持多语言持续性学习的情感分析模型。

近年来,跨语言词向量模型尤其是无监督跨语言词向量模型的提出,能够在一定程度上解决多语言情感分析所面临的语言异构性问题。Mikolov 等提出,不同语言之间的词向量结构具有一定的相似性[32]。因此,无监督的跨语言词向量模型能够获得不同语言在同一语义空间的统一词向量表示。例如,基于不同语言中相同语义的单词应具有相似词向量分布这一前提,Artetxe 等提出一种无监督的跨语言词向量模型 Vecmap。基于 Vecmap 模型,以英语语言的情感标注数据为源语言训练情感分析模型,对目标语言为德语、法语和西班牙语的情感分类预测准确率分别达到 74.0%、82.3% 以及 81.7%[34]。

然而,Søgaard 等研究发现无监督的跨语言词向量模型对于语言对的选择非常敏感[35],在英-德或者英-法语言对的情感分析性能较好,但是在英-日等较远语义的语言对上性能并不理想。以英-日为例,基于跨语言词向量的情感分析性能仅有 24%,远远低于在英语或者在日语单语言下的情感分析性能。

2018 年,BERT 等预训练模型首次提出无监督的预训练和有监督的微调这一训练模式,基于双向 Transformer 结构,能够更深层次地提取文本的语义信息。"预训练-微调"两段式的范式允许 BERT 模型利用大规模无标注的文本通过自监督方式学习到通用的语言特征,然后通过微调动态地提取下游不同语言任务的特征,从而实现多语言情感分析任务。由于 BERT 预训练模型仅使用单语语料进行预训练,不能够保证在所有语种中获得同等的性能。因此,2019 年,多语言 BERT(Multi-BERT)模型作为一种精通各种语言的预训练模型被提出。通过 104 种语言数据的预训练,Multi-BERT 模型学习到处理不同语言时的跨语言对齐(Cross-lingual Alignment)能力。

然而,BERT 和 Multi-BERT 等深度学习模型存在灾难性遗忘问题[38],在进行下游不同任务微调的适应性训练时可能会忘记在预训练时学习到的部分知识,达不到较好的多语言情感分析性能。如图 10-5 所示,令 BERT 预训练模型的参数表示为 θ_0,经过语言 1 的微调学习后模型参数从 θ_0 变为 θ_1,再经过语言 2 的微调学习后模型参数从 θ_1 变为 θ_2,由于 θ_2 和语言 1 的优秀性能参数领域相差较远,所以在旧语言任务 1 上出现"灾难性遗忘"。

为了能够解决多语言情感分析任务面临的语义异构性以及 BERT 预训练模型的灾难性遗忘问题,笔者提出将持续学习(Continual Learning,CL)的思想[30]引入到 BERT 和 Multi-BERT 预训练模型中。持续学习的思想是机器能够持续、不断地学习新的任务,

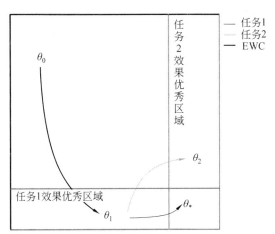

彩色配图

图 10-5　多语言预训练模型的灾难性遗忘图示

并且在学习新的任务之后,旧的任务依然能够做得好。在图 10-5 所示中,尽量使得模型参数沿着 θ_* 的方向修改,进入两个语言性能均表现优秀的并集区域,通过一系列任务训练,得到一个在多种任务上表现良好的模型。

本节通过将持续学习思想引入到 BERT 和 Multi-BERT 模型中,提出一种基于持续学习的多语言情感分析模型(BERT-EWC、mBERT-EWC)。该模型面对多个语言的情感分析任务,不断学习新语言的语言特征,并且仍旧保持旧语言的语言特征,有效解决了 BERT 模型在多语言情感分析任务中的灾难性遗忘问题。实验基于微博和 Twitter 社交平台评论数据的中文、英语和法语 3 种语言数据集进行测试,验证 BERT-EWC 模型的有效性。实验结果表明,BERT-EWC 模型相比于 BERT-base 模型在解决灾难性遗忘问题上,情感分类准确率在前序两个任务上提升了 5.41%、3.08%;mBERT-EWC 模型相比于 Multi-BERT 模型在法语和英语任务上的情感分类准确率提升了约 2% 和 3.5%。

10.2.2　持续学习理论及相关研究

1. 持续学习理论

(1) 持续学习的定义。

持续学习思想模拟人类大脑的学习思考方式,指机器能持续地、不断地学习了新任务,并且在学习了新的任务之后,旧的任务依然能够做得好。也就是说,机器将旧任务习得的知识运用到新任务上,使得其更快更好地学习新任务;并且不会忘记旧任务,对曾经训练过的任务依旧保持很高的精度,即具备可塑性(学习新知识的能力)和稳定性(旧知识的记忆能力)。

对于现有的深度学习架构来说,要想在学习一项新任务的同时不忘记以前获得的知识较为困难。此外,对于语言学习来说,尤其具有挑战性,因为自然语言是离散、包含文化含义的,其意义可能取决于上下文的语境。

（2）灾难性遗忘问题。

一个参数模型在学习数据样本或一连串任务时，最终会达到一个极限点，即不能再存储更多的知识。要解决这个问题，要么扩大模型的容量，要么对已学知识进行选择性遗忘，后者会导致模型准确率下降。

深度神经网络在多任务连续学习时存在一个弊端——灾难性遗忘（Catastrophic Forgetting）。同一个神经网络模型，学习完一个任务后的权重，在学习新任务时可能会出现大幅度的参数变化。例如，假设某一模型的原始参数为 θ_1，在进行新任务学习后，参数由 θ_1 改变为 θ_2，由于 θ_2 与 θ_1 差距较大，模型在旧任务上的表现会呈现"灾难性的下降"。因此，为了保证模型具备持续学习能力，在多任务学习上解决灾难性遗忘尤为重要。

（3）持续学习的实现方法。

持续学习的实现方法包括以下 3 大类：基于排练（Rehearsal）的方法、基于正则化（Regularization）的方法以及基于模型结构（Architecture）的方法。

基于排练的方法，主要思路是：保留以前任务中的一些训练样本，用于后续任务的训练过程中；在学习新的任务时，再次训练先前任务存储的样本，可以使得模型对先前任务的遗忘减少。此外，由于每个任务都保留了训练样本，并在学习过程中定期重放，计算成本和所需存储空间会随着任务的数量的增长快速地成比例增加。为了减少存储，人们提出，利用以前任务样本的概率分布生成留下的样本（Pseudo-rehearsal）；但是，随着时间推移，在多次生成样本后，模型的准确率会逐渐下降。

基于正则化的方法，主要思路是：在损失函数中增加一个额外的损失项，对权重进行约束，保护并巩固已学习的知识。基于正则化的方法可以进一步分为基于数据的方法和基于先验信息的方法。基于数据的方法，将数据输入先前模型中进行推断，得到推断后的知识，再利用输入数据和推断后的知识在新训练的模型上进行知识蒸馏，从而实现知识保留。基于先验信息的方法，思路是限制模型参数的变化范围，计算出旧模型中所有参数的重要程度，在新任务训练时尽量不更改重要参数的取值，从而减慢旧任务中重要参数的遗忘速率。但是，这种方法可能会影响模型的可塑性，即制衡新任务的学习能力。

基于模型结构的方法，主要思路是：通过对网络进行模块化架构，固定或屏蔽旧任务参数；并将新的参数动态加入模型中，对网络结构进行调整，增加模型的额外模块使其适应新的任务。这样，使得模型既能学习到新的知识也能避免旧任务的遗忘。但是，这种方法可能导致参数数量的大幅增加。为了避免这个问题，可以使不同任务的模块之间具有重复性，使得部分模块可以被不同任务共同使用，从而减少参数数量的规模。另一方面，随着任务数量的增多，模型结构会不断扩大，计算量也会不断增加。因此，该方法不适用于大规模数据，只适用于简单的持续学习任务。

持续学习的三种实现方法中，基于正则化和基于排练的方法受到的关注更多、更接近持续学习的目标；然而，基于模型结构的方法由于需要引入较多的参数和计算量，通常只用于较简单的任务。

2. 持续学习相关研究

神经网络模型在学习新任务时，会出现灾难性遗忘问题。为了解决这一问题，持续学习思想被提出,用于改善自然语言处理任务中神经网络模型的灾难性遗忘性能。

当前,持续学习理论的研究还在不断探索发展,在自然语言处理任务中引入持续学习思想的相关研究也在逐渐增多。2020 年,Biesialska 等对自然语言处理领域中持续学习的相关研究进行调研,指出持续学习思想被应用到对话问答、文本分类和机器翻译等自然语言处理任务,并使这些任务的性能得到提升[41]。

2021 年,Xu 构建了基于持续学习思想的问答系统框架,提出了基于持续学习的关系抽取算法,用于解决灾难性遗忘问题。该框架突破了当前问答系统大多是静态的局限,使与用户进行交互得到的信息能不断更新到问答系统中。在持续学习新数据的基础上提升系统的性能,也使问答系统框架更贴近真实场景下的应用[42]。

2022 年,Liu 等提出了 ELLE 框架,实现了维持网络功能的预训练模型扩展,使现有预训练模型能够灵活扩展,对新来的数据进行高效的持续预学习,提高了预训练模型在面对新数据时进行模型更新的效率。ELLE 框架采用 FPE(Function Preserved model Expansion)算法扩展模型的宽度和深度来学习新知识,并通过存储少量旧数据进行少量的回忆训练来维持旧知识的记忆,最终实现学习新知识并维持旧知识的持续预学习,拓展了现有预训练模型的性能[43]。

目前,持续学习思想在情感分析领域的研究较少,本模型基于持续学习的多语言情感分析探索,能为其他自然语言处理任务的持续学习提供参考。

10.2.3　基于持续学习的多语言情感分析模型

基于持续学习的多语言情感分析模型示意图如图 10-6 所示,一共包括三个模块:文本表示层、模型训练层和情感判别层。

模型的基本思路是:首先将原始语言数据集处理为符合模型输入要求的任务数据集。然后,对于给定的情感分析任务,利用 BERT 模型或 Multi-BERT 模型依次逐个训练每个任务,并在训练每个任务时计算当前模型所有参数的重要度矩阵 F,固定模型参数的变化范围,最终使模型在不同任务上都具有较好效果。最后,利用该模型对各语言任务测试集进行情感分类。在这个过程中,如何实现多个语种情感分析任务之间的持续学习,是该模型的重点。本节以 BERT 模型为例。

1. 文本表示层

给定 k 种语言的情感分析任务序列 $T = \{T_1, T_2, \cdots, T_k\}$,$T_i$ 表示第 i 种语言的文档数据集,k 为语言总个数。$T_i = \{t_{i1}, t_{i2}, \cdots, t_{iN}\}$ 表示语言 i 的文档数据集,N 为文档的个数,t_{ij} 表示 T_i 中的第 j 个文档。T_i 中文档的情感标注用 $Y_i = \{y_{i1}, y_{i2}, \cdots, y_{iN}\}$ 表示,$y_{ij} = 1$ 表示文档 t_{ij} 的情感极性为积极,$y_{ij} = 0$ 则表示文档 t_{ij} 的情感极性为消极。

2. EWC 训练层

将 k 种语言的情感数据集 $T = \{T_1, T_2, \cdots, T_k\}$ 依次作为模型的输入,将经过每种语言数据集微调训练后的模型记为 $M = \{M_1, M_2, \cdots, M_k\}$,$M_i$ 表示对语言 T_i 标注数据集微调训练后得到的第 i 个模型,令 M_0 表示 BERT 提供的预训练模型。

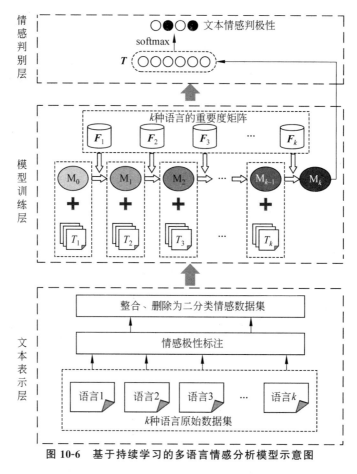

图 10-6 基于持续学习的多语言情感分析模型示意图

为了实现 k 种语言情感分析的持续学习,BERT-EWC 模型在 BERT 模型微调的基础上固定模型参数的变化方向,并在学习新语言知识时通过对模型各参数加入不同权重的二次损失项,使得上一个语言的重要参数尽可能不变,只改变不重要参数的取值。

令 F_i 表示语言 T_i 的重要度矩阵,记 F 序列为 $\{F_1, F_2, \cdots, F_k\}$。BERT-EWC 模型在训练语言 T_i 时计算并存储模型所有参数的重要度矩阵 F_i,然后在训练语言 $T_{i=1}$ 时修改 BERT 的损失函数,利用 F_i 的取值对不同参数赋予不同权重来约束 BERT 模型参数的变化,同时考虑当前语言训练本身的损失函数以及 EWC 损失项。

F_i 可使用 Fisher 信息矩阵的方法计算得到,给模型输入 $T_i = \{t_{i1}, t_{i2}, \cdots, t_{iN}\}$ 训练样本,计算损失函数并使用反向传播计算梯度。对于每个参数,累加所有的梯度后除以样本数量,即可得到模型参数 θ 的 Fisher 信息矩阵 $F_i(\theta)$,计算公式为

$$F_i(\theta) = \frac{1}{N} \sum_{(t_{ij}, y_{ij}) \in T_i} \left(\frac{\partial L(\theta_i \mid (t_{ij}, y_{ij}))}{\partial \theta_i} \right)^2 \tag{10-11}$$

其中,$L(\theta_i)$ 表示 BERT 模型对语言 T_i 情感标注数据集进行微调得到的原损失函数。则基于持续学习训练的损失函数 $L_{\text{EWC}}(\theta_i)$ 表示为

$$L_{\text{EWC}}(\theta_i) = L(\theta_i) + \lambda \sum_j F_{i-1}(\theta_{i,j} - \theta_{i-1,j})^2 \tag{10-12}$$

其中,$\sum_j F_{i-1}(\theta_{i,j}-\theta_{i-1,j})^2$ 为 BERT-EWC 为实现持续学习给各参数加入的二次损失项。$\theta_{i,*}$ 表示当前模型的各参数,$\theta_{i-1,*}$ 表示前一个语言的模型各参数。重要性矩阵帮助固定模型参数的变化方向,此外持续学习还需要解决模型可塑性和稳定性平衡的问题,为此在损失函数中加入平衡参数 λ。λ 取值太小导致模型可塑性高但稳定性低,即学习新知识但会忘记旧知识;取值太大则会导致模型保持了旧知识的记忆,但无法很好学习到新知识。

为减少计算存储量,BERT-EWC 模型无需保留所有语言的 $\boldsymbol{F}$ 序列信息,只需在针对语言 T_i 训练时保存上一个语言任务的矩阵 F_{i-1}。

3. 情感判别层

BERT-EWC 模型经过 k 个语言任务训练之后得到了模型 M_k,将各语言任务的测试集输入 M_k 中,M_k 对测试集文本内容 t_{ij} 进行文本表示得到以[CLS]开头的向量序列。将[CLS]对应的向量输入到全连接层通过 softmax 预测 t_{ij} 的情感类别,计算为

$$l_{ij}=\mathrm{softmax}(\boldsymbol{E}_{ij}[\mathrm{CLS}]) \tag{10-13}$$

其中,$\boldsymbol{E}_{ij}[\mathrm{CLS}]$ 表示每个待预测文本 t_{ij} 首部的[CLS]位置输出的词向量。

10.2.4　实验结果

为了验证所提模型在多语言情感分析上的持续学习效果,实验选取中文、英语和法语 3 种语言数据集进行测试,并将 BERT-EWC 和 mBERT-EWC 与 6 种不同的模型对比:

(1) fastText:基于维基百科多语言页面数据训练得到的单语词向量表示,一共提供了 157 种语言的词向量表示,将每个单词表示成为 300 维的向量;基于 fastText 表示实现不同语言的统一表示,将多语言情感分析等价为单语言情感分析。

(2) CNN:卷积神经网络模型,通过使用卷积来替代多层感知器模型中的全连接。

(3) LSTM:长短期记忆模型,是传统 RNN 模型的变体,可以改善循环神经网络中由迭代性引起的长期依赖和梯度爆炸问题。

(4) BiLSTM:双向长短期记忆模型,由前向 LSTM 与后向 LSTM 组合而成。

(5) BERT:基于 Transformer 的深度双向表示预训练模型。

(6) Multi-BERT:通过 104 种语言的维基百科数据训练得到的预训练模型,具备不同语言的跨语言对齐能力。

1. 实验数据集

实验数据集包括中文、英语和法语。中文数据集是第九届全国社会媒体处理大会(SMP2020)提供的微博情绪六分类数据集,共 48374 条数据。英语和法语数据集均来自 Kaggle 的 Twitter 评论数据集,其中英语为三分类数据集,共 16 万条数据;法语为二分类数据集,共 150 万条数据。因为英语和法语的数据集较为庞大,实验随机选取其中的 50000 条数据。

为保持各语言情感分类的类别一致,将上述三个数据集同步为二分类数据集。其中,

中文的六分类数据集通过删除、整合一些分类后,最终得到共 31860 条二分类数据。英文的三分类数据集通过从积极和消极类别中随机抽取 50000 条数据构成二分类数据集。将各语言数据集按照 8∶1∶1 的比例划分为训练集、验证集和测试集。实验的数据集信息如表 10-6 所示。

实验使用准确率、精确率和 F1 值作为多语言情感分类预测的评价指标。

表 10-6　实验的数据集信息

数据集	数据量		训练集	验证集	测试集
	积极	消极			
中文	13672	18188	25488	3186	3186
英语	16495	33505	40000	5000	5000
法语	25000	25000	40000	5000	5000

2. 实验结果分析

法语、英语和中文三种语言的实验结果如表 10-7 和表 10-8 所示,包括以下三类语言训练中各模型性能对比:单语言非持续学习、两种语言持续学习以及三种语言持续学习。表中的性能最优值用加粗及下画线显示。

(1) 单语言非持续学习情感分析。

单语言非持续学习情感分析是指,基于各个单语数据集训练模型后,用于预测该语言的情感分类。例如,基于法语的数据集训练模型,预测法语的待预测数据。在单语言训练下,没有应用持续学习方法,因此 BERT 和 BERT-EWC 模型等价,Multi-BERT 和 mBERT-EWC 模型等价,实验结果相同。

首先,对比不同语言的单语言非持续学习的情感分析性能发现,除 BiLSTM 模型下中文性能优于英语外,其余模型下均为英语的性能最好。主要原因在于实验所用的英语数据集的情感倾向,较其他语种更为明显,因此分类准确率更高。例如,英语数据集在 BERT 模型单语下达到 0.974 的准确率。

其次,对比不同模型的单语言非持续学习的情感分析性能,发现 BERT 和 Multi-BERT 模型性能明显优于 fastText、CNN、LSTM 和 Bi-LSTM。例如,即使是在性能表现最差的法语数据集下,BERT 和 Multi-BERT 模型的准确率为 0.785 和 0.792,远高于 CNN 模型的准确率 0.647 以及 LSTM 模型的准确率 0.641。说明 BERT 和 Multi-BERT 等预训练模型作为深层神经网络模型,相比传统的浅层神经网络模型,在情感分类上有更好的表现。在 CNN、LSTM 和 Bi-LSTM 三种模型中,又以 Bi-LSTM 的性能最好。说明 Bi-LSTM 通过双向的 LSTM 结构能够捕获更多的上下文结构信息,因此在情感分类中表现更为突出。

最后,对比不同模型的语言泛化性。Multi-BERT 的语言泛化性最好,BERT 模型其次。实验看出,Multi-BERT 在三种语言的单语言非持续学习任务上性能较 BERT 模型更稳定。例如,BERT 模型在中文数据集上性能较差,甚至低于 CNN 与 BiLSTM 这两种传统机器学习模型,也远低于 Multi-BERT 在中文数据集上 0.919 的准确率,说明 Multi-BERT 通过 104 种语言维基百科数据集的预训练,能够提升预训练模型在不同语言的通用性。

表 10-7　不同模型的多语言情感分析准确率性能对比

模型	单语言非持续学习			两种语言持续学习		三种语言持续学习		
	法语	英语	中文	法语	英语	法语	英语	中文
fastText	0.745	0.872	0.735	0.740	0.842	0.699	0.845	0.738
CNN	0.647	0.821	0.816	0.659	0.716	0.502	0.330	0.619
LSTM	0.641	0.671	0.647	0.634	0.714	0.580	0.661	0.678
Bi-LSTM	0.743	0.868	0.906	0.689	0.728	0.570	0.554	0.874
BERT	0.785	**0.974**	0.805	0.723	**0.969**	0.717	0.936	0.811
Multi-BERT	**0.792**	0.965	**0.919**	0.730	0.964	0.758	0.897	**0.921**
BERT-EWC	0.785	**0.974**	0.805	0.755	0.963	0.751	**0.942**	0.808
mBERT-EWC	**0.792**	0.965	**0.919**	**0.770**	0.949	**0.778**	0.932	0.918

表 10-8　不同模型的多语言情感分析 F1 值性能对比

模型	单语言非持续学习			两种语言持续学习		三种语言持续学习		
	法语	英语	中文	法语	英语	法语	英语	中文
fastText	0.739	0.904	0.543	0.749	0.886	0.655	0.884	0.551
CNN	0.616	0.819	0.805	0.659	0.659	0.339	0.164	0.514
LSTM	0.621	0.803	0.447	0.543	0.787	0.526	0.793	0.437
Bi-LSTM	0.739	0.871	0.883	0.666	0.734	0.484	0.545	0.870
BERT	**0.785**	**0.980**	0.743	0.745	**0.977**	0.747	0.953	0.746
Multi-BERT	0.784	0.974	**0.901**	0.746	0.973	0.773	0.920	**0.903**
BERT-EWC	**0.785**	**0.980**	0.743	0.767	0.972	0.778	**0.957**	0.746
mBERT-EWC	0.784	0.974	**0.901**	**0.774**	0.962	**0.784**	0.949	0.901

（2）两种语言的持续学习情感分析。

在两种语言的持续学习中,实验依次单独训练法语和英语的数据集后,再将训练好的模型分别预测法语和英语的情感分类效果。

首先,面对两种语言的情感分类任务,fastText、CNN、LSTM 和 Bi-LSTM 模型存在灾难性遗忘现象。以 Bi-LSTM 模型为例,经过法语、英语的持续学习训练后,再去预测法语数据集的情感分类,只有 0.689 的准确率,低于在单语言非持续学习下法语的准确率 0.743,说明经过英语任务的训练学习后,Bi-LSTM 等传统神经网络模型对之前法语语言的训练存在一定的遗忘。

其次,BERT 与 Multi-BERT 模型也有一定程度的灾难性遗忘,但是远低于 Bi-LSTM 等传统神经网络模型。例如,BERT 模型经过法语和英语数据集的持续学习训练后,再去预测法语的情感分类,准确率为 0.723,低于在单语非持续学习下法语的准确率 0.785。但是,BERT-EWC 模型对这一现象有所改善,经过两种语言持续学习后,BERT-EWC 的法语准确率达到 0.755,相比 BERT 模型的法语准确率提升了 3.2%,说明 BERT-EWC 模型改善了多语言学习中的灾难性遗忘问题。

最后,BERT-EWC 和 mBERT-EWC 模型使用了持续学习技术均衡多种语言的性能,能够更好地保留旧语言的知识,但对于新语言的性能略有下降。这是因为持续学习技术对模型参数学习有所约束导致的。例如,在法语和英语的持续学习后,BERT-EWC 模型在英语上的准确率为 0.963,略低于 BERT 模型的准确率 0.969,下降并不明显。

(3) 三种语言的持续学习情感分析。

在三种语言的持续学习中,实验依次单独训练法语、英语和中文后,再分别预测法语、英语和中文的情感分类性能。

首先,与两种语言的持续学习结果类似,fastText、CNN、LSTM 和 Bi-LSTM 模型在三种语言上仍然存在灾难性遗忘现象,这里不再赘述。

其次,采用持续学习技术在三种语言上能够明显改善灾难性遗忘现象。例如,BERT-EWC 在法语任务上的准确率为 0.751,相比于 BERT 模型的准确率 0.717,提升了 3.4%。同样地,mBERT-EWC 也有类似发现。经过 3 种语言的持续学习后,mBERT-EWC 在英语任务上准确率为 0.932,相比于 Multi-BERT 模型的准确率 0.897,提升了 3.5%。

最后,经过法语-英语-中文三种语言的持续学习后,BERT-EWC 和 mBERT-EWC 模型对于新语言(中文)的性能也是略有下降。例如,mBERT-EWC 模型的中文准确率为 0.918,略低于 Multi-BERT 模型的准确率 0.921,下降了 0.3%。

10.2.5　结论

本节提出一种基于持续学习的多语言情感分析模型,在不断学习新语言的语言特征时,仍旧保持旧语言的语言特征,解决了 BERT 和 Multi-BERT 等预训练模型面对多语言训练任务时的灾难性遗忘现象。所提模型在多语言情感分析模型中引入持续学习方法,通过多语言的训练,得到一个适用于多语言情感分析的模型,并提升了多语言情感分析的性能。实验选用法语、英语和中文三种语言,在单语言非持续学习、两种语言持续学习以及三种语言持续学习上预测模型情感分析性能。

实验表明,所提模型改善了多语言学习中的灾难性遗忘现象,mBERT-EWC 模型在法语-英语-中文学习顺序下,较 Multi-BERT 模型在法语和英语上准确率分别提升了 2% 和 3.5%。此外,研究得到:(1)BERT 和 Multi-BERT 等预训练模型在情感分析任务上明显优于传统的浅层神经网络模型;(2)104 种语言数据共同训练得到的 Multi-BERT 模型语言泛化性最好,优于 BERT 模型;(3)持续学习技术能帮助模型保留旧语言的知识,但对于新语言的性能略有下降。

10.3　大语言模型对多语言智能研究的发展与启示

大语言模型（Large Language Model，LLM）[44] 被认为是走向通用人工智能（Artificial General Intelligent，AGI）[45] 的重要途径之一。2022 年 11 月 30 日，ChatGPT 大语言模型被提出，2 个月内活跃用户达 1 个亿。大语言模型具有强大的通用性能力和逻辑推理能力，能够进行聊天对话、邮件撰写、诗歌创作、代码编写以及商业提案制定等，它的诞生标志着 AGI 迈向新的发展阶段。

大语言模型从早期的 Word2vec（2013）、GloVe（2014）等静态词向量表示模型，发展到 Transformer（2017）架构，再到 BERT（2018）、GPT（2018）、GPT-2（2018）、GPT-3（2019）等预训练模型，模型参数从百亿级增加到千亿级，为模型性能带来了质的飞跃，彻底颠覆了人们对人工智能的认知、应用和研究范式。

作为本书的结尾，笔者将简单梳理大语言模型的发展脉络、剖析大语言模型在多语言智能领域中的研究现状、分析大语言模型在多语言智能应用上的局限和改进，并探讨大语言模型对多语言相关研究的影响和未来发展启示。

10.3.1　大语言模型的发展脉络

大语言模型被认为是未来通用人工智能的关键技术之一，是一代代语言模型经过不断继承、优化和迭代的结果。图 10-7 展示了 2013 年至今，大语言模型相关的深度学习技术的发展历程，并列举了每个模型的参数规模。

Word2vec 和 GloVe 等词向量表示模型的提出，实现了文本语义的分布式向量表示。但是 Word2vec 和 GloVe 属于静态词向量表示模型，对于一词多义问题无能为力。为了提高理解自然语言的能力，能够更深层次表示语义信息的 Transformer 架构因此诞生。Transformer 采用自注意力机制以及编码器和解码器堆叠的方式，在语义特征提取能力和任务特征抽取能力上都显著超过卷积神经网络等深度学习模型。现有的语言模型主要是基于 Transformer，构建的架构和路线多种多样。例如，BERT 是基于 Transformer 编码器模块构建的双向模型，GPT 是基于 Transformer 解码器模块构建的单向模型，T5 是基于 Transformer 编码器和解码器模块构建的模型。

BERT 和 GPT 系列模型的提出，使得大语言模型框架逐渐收敛到两种不同的技术范式："预训练＋微调"范式以及"预训练＋提示"范式。其中，"预训练＋微调"范式以 BERT 模型为代表。首先，使用维基百科知识、网页新闻等大规模的无标注数据，进行充分的自监督预训练；然后，使用特定任务的标注数据进行微调，优化模型在特定任务上的性能。"预训练＋提示"范式以 GPT 系列模型为代表。首先，基于大规模的无标注数据进行自监督预训练，然后通过零样本提示（One-shot Prompt）或少样本提示（Few-shot Prompt），加深模型对特定任务的理解。

在大语言模型发展的早期阶段，以 BERT 模型为代表的微调范式受到更多的关注，主要原因在于 BERT 是双向语言模型，在自然语言处理的理解类任务上优于 GPT 的单向自回归模型。因此，BERT 模型的变体，例如 XLNet（2019）、RoBERTa（2019）、

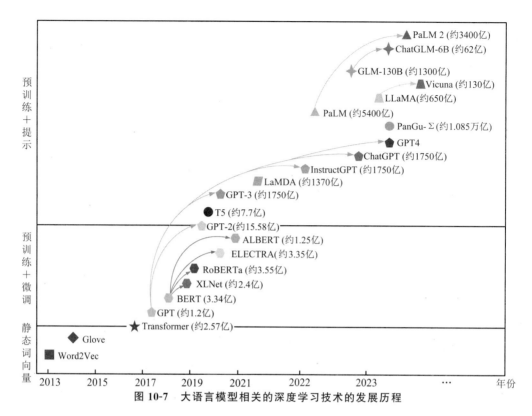

图 10-7 大语言模型相关的深度学习技术的发展历程

ALBERT(2020)和 ELECTRA(2020)被相继提出。GPT 模型提出之后,OpenAI 提出了具有更大参数规模和更大训练数据集的 GPT-2(2019)和 GPT-3(2020)。如表 10-9 所示,GPT-2 的数据量与模型参数是 GPT 模型的 10 倍左右,数据量达 40GB,模型参数规模达15 亿;GPT-3 的数据规模扩大到 45TB,模型参数扩大到 1750 亿。

随着大语言模型的参数规模越来越大,在下游任务的微调成本很高。因此,GPT-3之后的模型应用到下游任务时,一般不进行梯度更新或微调,而是使用少样本提示提供少量的上下文示例帮助模型推理,也称之为上下文学习(In-Context Learning)。得益于更高的数据质量和更大的数据规模,大语言模型在少样本学习上表现出涌现能力(Emergent Ability)。

表 10-9 部分代表性大语言模型的参数

模型	发布时间	参数规模	训练数据	模型架构
GPT	2018 年	约 1.2 亿	BooksCorpus	12 层 Transformer 解码器
GPT-2	2019 年	约 15 亿	WebText (约 40GB 文本)	48 层 Transformer 解码器
GPT-3	2020 年	约 1750 亿	Commom Crawl, WebText2, Books1, Books2, and Wikipedia (共约 5000 亿标记(Tokens))	96 层 Transformer 解码器

续表

模型	发布时间	参数规模	训 练 数 据	模型架构
LaMDA	2022 年	约 1370 亿	公开对话和网络文本 人工标注数据 （7680 亿标记）	64 层 Transformer 解码器
InstructGPT	2022 年	约 1750 亿	数万提示文本及生成结果标注	GPT-3+ RLHF 算法
PaLM	2022 年	约 5400 亿	Webpages，books，Wikipedia，News，Github，and social media conversations（7800 亿标记）	118 层 Transformer 解码器
ChatGPT	2022 年	与 GPT-3 相当	额外的标注数据 （具体信息未知）	与 InstructGPT 类似
LLaMA	2023 年	约 650 亿	CommonCrawl，C4，Github，Wikipedia，books，ArXiv，and StackExchange（1.4 万亿标记）	80 层 Transformer 解 码器
GPT-4	2023 年	—	文本数据、图像数据	Transformer 解码器
PanGu-Σ	2023 年	约 1.085 万亿	WuDaoCorpora2.0，Pile dataset，Python and Java code（4 个主领域超 3000 亿标记）	40 层 Transformer 解 码器
Vicuna	2023 年	约 130 亿	在 LLaMa-13B 的基础上 使用监督数据微调 （7 万个用户共享的 ChatGPT 对话）	40 层 Transformer 解 码器
PaLM 2	2023 年	约 3400 亿	Web documents，books，code，mathematics，and conversational data（更高比例的非英语数据）（3.6 万亿标记）	Transformer 解码器

　　GPT-3 作为千亿级别参数规模的模型，已经具备很强的知识能力。但其基于概率统计的文本生成机制，容易产生不真实（Untruthful）、无用（Useless）甚至有害（Toxic/Harmful）的输出。这个问题单靠增加大语言模型的规模无法解决。因此，InstructGPT（2022）和 ChatGPT（2022）被相继提出，尝试将大语言模型的生成进一步与人类的意图对齐。其中，InstructGPT 和 ChatGPT 分别基于 GPT-3 和 GPT-3.5 架构。2023 年，GPT-4 作为一个大型的多模态模型被提出，将文本单模态输入扩展到图像和文本多模态。

　　以 GPT 系列为代表的自回归语言模型和提示学习范式得到产业界和学术界的支持和跟进。例如，谷歌于 2022 年推出 LaMDA，其采用了 GPT-3 的基本架构。通过微调人工标注数据以及让模型学会利用外部知识，显著提升了模型在安全性以及事实性这两个关键问题上的性能。基于对 LaMDA 模型的微调，谷歌于 2023 年 3 月推出 Bard 模型，并于同年推出 PaLM。PaLM 模型是第一款基于 Google Pathways 系统训练的超大规模语言模型，其参数扩大至 5400 亿，多语言能力大幅提高。2023 年 5 月，对标 GPT-4 的 PaLM 2 被提出，虽然训练参数大大减少，但它比 PaLM 有更好的多语言和推理能力，而且计算效率更高，在一些任务也取得了与 GPT-4 相当或更好的表现。基于 PaLM 2，谷歌还推出了 Med-PaLM 2 和 Sec-PaLM 2 两个专业领域大模型。其中,Med-PaLM 2 由谷歌健康团队打造,能回答各种医学问题;Sec-PaLM 2 面向网络安全维护,使用人工智能来帮助分析和解释潜在恶意脚本的行为。

Meta 于 2023 年 2 月推出开源大语言模型 LLaMA,LLaMA 与其他模型的不同之处在于,它只使用公开可用的数据且使用了更多标记进行训练,得到较小模型,因此其模型更高效、资源密集度更低。随后,斯坦福大学推出 Vicuna,通过在 LLaMA-13B 模型基础上使用监督数据进行微调,Vicuna-13B 模型已经达到了 ChatGPT 和 Bard 模型的 90% 以上的质量,并且它还在 90% 的情况下超过了 LLaMA-13B 和斯坦福大学 Alpaca-13B 模型,更值得一提的是训练 Vicuna 的成本仅约为 300 美元。

英伟达/微软的 Megatron-Turing,华为的 Pangu-α 和 PanGu-Σ 等亿级参数规模的大模型也均采用了 GPT-3 的基本架构,并在此基础上进行了改进。

10.3.2 大语言模型的多语言探索

大语言模型在多语言上的探索,最早可追溯到 2018 年 Pires 等提出的多语言 BERT (Multi-BERT)模型。该模型是由 12 层 Transformer 组成,使用 104 种语言的单语维基百科页面数据进行训练。Multi-BERT 训练时没有使用任何标注数据,也没有使用任何翻译机制来计算语言的表示,所有语言共享一个词汇表和权重,通过掩码语言建模 (Masked Language Modeling)进行预训练。大量探索性的实验发现,Multi-BERT 在零样本跨语言模型任务中表现出色,尤其是在相似语言之间进行跨语言迁移时效果最好。

在 Multi-BERT 模型之后,更多的多语言预训练模型被相继提出。例如,为了解决单语语料库共享词汇过少的问题,Facebook 在 BERT 预训练模型的基础上提出了跨语言模型(Cross-Lingual Language Model,XLM)。XLM 利用平行句对引导模型实现多语言的表征对齐,提升模型的跨语言表征性能。XLM 虽然取得比 Multi-BERT 模型更好的效果,但是依赖于双语平行句对语料。

2020 年,XLM-RoBERTa 作为 XLM 模型的改进被提出,证明大规模多语言预训练模型能够显著提高跨语言迁移任务的性能。XLM-RoBERTa 在 3 个方面对 XLM 进行了改进:(1)增加训练数据集的语种数量和语种质量,一共使用了 100 种语言、规模大小为 2.5TB 的 Common Crawl 多语言语料数据;(2)微调过程中使用多种语言的标注数据,以提升下游任务的性能;(3)调整模型参数,抵消跨语言迁移导致模型对每种语言的理解能力下降问题。实验表明,XLM-RoBERTa 在低资源语言上表现出色,在跨语言分类、序列标注和知识问答任务中性能优异。

迁移学习是解决低资源语言缺少预训练所需大规模单语数据问题的一般思路。但是,语言之间的表示差距(Representation Gap)往往使得语言对之间的迁移学习效果不佳,尤其是对于语义较远的语言对。因此,MetaXL 模型作为一种元学习框架被提出,用于弥合语言之间的表示差距,使得源语言和目标语言在表达空间上更加接近,提高跨语言迁移学习的性能。实验表明,与 Multi-BERT 和 XLM-RoBERTa 相比,MetaXL 在跨语言情感分析和命名实体识别任务中的性能平均提高 2.1%。未来可以通过增加源语言的数量、优化多个语言表示转换网络的位置以提高 MetaXL 的性能。

10.3.3　大语言模型的多语言局限和改进

现有的大语言模型在多语言场景下存在语料资源的不均衡、语言文化的伦理偏见以及语言风格的趋同化等局限。

（1）**语料资源的不均衡**。Multi-BERT、XLM、XLM-RoBERTa 以及 MetaXL 等多语言预训练模型提出的初衷，是希望屏蔽不同语言的语法差异，实现对多语言文本的统一表示和处理。即获得一个适用于所有语言、泛化的多语言模型。然而，不同语言的可用语料资源规模差别较大，现有大多数标注数据集主要集中在少数几种语言。例如，在 Multi-BERT 模型预训练使用的 104 种语言的维基百科语料资源中，英语语言的数据资源最多，有 15.5GB；鲁巴语（Yoruba）的数据资源最少，只有 10MB。

不均衡的语料资源导致多语言模型在不同语言上的性能差异非常大。Wu 等测试 Multi-BERT 模型在 99 种语言上的命名实体任务性能，发现 Multi-BERT 在高资源语言和低资源语言上的表现截然不同[46]：相比于单语 BERT（Monolingual BERT）模型，Multi-BERT 在高资源语言上能够取得旗鼓相当或者更好的性能；但是在语言资源排名靠后 30% 的低资源语言上表现更糟糕。同理，ChatGPT 能够理解和支持英语、中文、日语、西班牙语、法语以及德语等 95 种语言，但是在英语语境下的文本生成速度和质量都明显优于其他语言。

（2）**语言文化的伦理偏见**。训练数据携带偏见，是大语言模型生成文本带有偏见性的根本原因[47]。这一问题在多语言文化背景下被进一步加剧。例如，研究人员发现预训练模型中存在广泛的性别偏见现象（Gender Bias），预训练模型从海量数据中学习语言表示的同时，也不可避免地继承了数据中的偏见[48]。研究人员对 ChatGPT 进行政治立场测试，发现其表现出严重的左倾和自由主义的政治立场[49]。因此，语言模型需要妥善处理不同语言、不同文化碰撞和融合时的跨文化伦理冲突。

为了提升语言模型的性能，生成更遵循人类意图的文本，语言模型会使用大量真实的用户历史交互数据进行迭代优化。训练数据中的偏见性可能在多次迭代优化中被放大，随着训练数据的多样化、迭代次数的增加，使得生成文本的伦理偏见性更加不可控。此外，许多大语言模型能够支持多种语言，但是涉及不同语言的传统文化、风土民情时，仍可能出现无法准确理解的情况。例如，大语言模型对于中医药知识、诗词歌赋、文言文方面的理解能力比较弱，性能仍有待提高。

（3）**语言风格的趋同化**。大语言模型的生成文本存在语言风格趋同化和单一化的问题，一定意义上丧失了语言文字本身的功能。语言文字除了传递信息和知识之外，还有诸多功能，例如情感放松、吸纳和认同等。虽然 ChatGPT 等大语言模型生成文本的速度快、准确性高，但是其语言生动性和丰富度不足，句式风格较为单一、情感表达层次不够、缺乏文学和美学观赏性。

不同应用场景对语言模型生成文本的风格，也有不同的要求。例如，在新闻评论应用中，要求生成的文本言简意赅、客观公正；在心理咨询应用中，要求生成的文本情感细腻、具有共情。然而，大语言模型基于单词共现概率的文本生成机制，本质上导致了语言风格的不可控。数据集的语言风格和用词习惯，对文本生成的质量有着举足轻重的影响，因此对数据标注人员的专业性和知识丰富性提出了更高要求。

为了提升大语言模型在多语言场景下的性能,现有研究认为大语言模型在多语言智能上共有以下 5 种改进思路。

(1) **同一语系家族语言的联合训练**。不同语言之间存在词汇共享、混合使用的特点,而同一语言家族的语言之间差异最小。例如,英语和德语同属日耳曼语,固有词汇很像。研究发现,通过多种语言的联合预训练,能够弥补低资源语言缺少训练数据的缺陷,帮助多语言模型学习到低资源语言中更好的表示[50],从而提升多语言模型的处理能力。例如,Pfeiffer 等指出在同一语言家族的两种语言间进行跨语言情感分析,能够最大程度提高跨语言的性能。缅甸语和闽东语均属于汉藏语系,使用缅甸语作为源语言能够使得针对闽东语的跨语言情感分析准确率得到最大提升,反之亦然[51]。

(2) **在语言模型中添加多语言适配器**。多语言预训练模型存在"多语言诅咒(Curse of Multi-linguality)"现象[52]。联合更多的语言在一定程度可以提高模型在低资源语言上的性能,然而超过临界点后,随着模型覆盖更多的语言,其在单语和跨语言基准测试上的整体性能将下降。多语言适配器(Multi-lingual Adapter)[53]技术能够解决多语言诅咒问题,在保持语言模型原始网络参数固定的情况下,学习多种语言的表示。例如,Pfeiffer 等提出一种基于适配器的多任务跨语言迁移框架 MAD-X[51],使得模型能够适应训练数据中未涵盖的语言。

(3) **借助跨语言迁移学习技术**。迁移学习是一种将源领域(源语言)知识适用于目标领域(目标语言)的技术。基于迁移学习技术,人们能够将高资源语言的方法模型或语料资源用于支持低资源语言,提升语言模型对多语言任务的支持。例如,Bornea 等提出利用语言对抗训练(Language Adversarial Training,LAT)和语言仲裁框架(Language Arbitration Framework,LAF),帮助以英语数据训练为主的模型理解其他的不同语言[54]。

(4) **借助提示语工程技术**。语言模型即服务(Language-Model-as-a-Service,LMaaS)是未来使用语言模型的主流方式。提示语工程(Prompt Engineering)技术允许用户根据特定任务设计提示(Prompt/Instruction),以通过 API 接口访问语言模型,并通过提示进行黑盒调整(Black-box Tuning),优化语言模型在特定任务的性能。研究表明,基于提示语技术带来的语言模型性能的提升,优于基于大语言模型自身的上下文学习方法,且优于基于梯度的优化方法。通过允许不同语言用户设计高质量、不同风格的提示语,从语言格式和风格上影响生成文本的质量,从而改善语言风格趋同化和单一化问题。

(5) **引入基于人工智能反馈的强化学习**。低资源语言由于标注数据匮乏,难以在多语言环境下使用基于人类反馈的强化学习算法。因此,基于人工智能反馈的强化学习(Reinforcement Learning from AI Feedback,RLAIF)算法被提出,通过设定少量的自然语言准则令 AI 自动输出偏好,指导语言模型对齐生成文本与人类意图,降低模型对人类反馈标注数据的依赖,从而有助于提升语言模型在低资源语言上的性能[55]。

10.3.4　大语言模型的多语言应用场景

随着大语言模型的语言通用性能力和语义理解推理能力的提高,不同应用通过 API

接口方式能够调用大语言模型背后的算力资源和数据资源,进行多个语言应用场景的部署,包括多语言智能客服、多语言智能创作、多语言智能搜索以及多语言智能翻译。

（1）**多语言智能客服**。大语言模型的语义理解能力能够支持复杂的对话场景,进行多轮有逻辑的高质量互动,突破了传统人机对话系统中对话管理能力的界限。通过"理解能力＋对话能力＋通用性能力",大语言模型能够生成更符合人类交流习惯的流畅对话,支持不同语言间的对话切换。此外,基于用户的个人信息和历史交互信息,基于大语言模型的多语言智能客服能够提供更个性化的回答,实现真正的智能客服。

（2）**多语言智能创作**。人工智能生成内容（AI Generated Content,AIGC）是大语言模型的典型应用,根据用户的输入指令,生成满足任务需求的输出。例如,商业文案制定、电影剧本编辑、程序代码编写、邮件内容撰写等。多语言智能创作能够支持多种语言的 AIGC 任务,根据指定的语言以及用户的需求智能生成内容,扩宽创意思路、提高工作效率。

（3）**多语言智能搜索**。大语言模型与搜索引擎结合实现双向赋能,诞生了对话式搜索引擎。一方面,通过搜索引擎将大语言模型的信息量和数据量接轨到真实世界,保证信息的实时性和真实性;另一方面,大语言模型对信息的筛选、归纳和整理能力,颠覆了传统搜索引擎的结果呈现方式和用户体验感受,实现真正的"兴趣＋内容＋交互"。多语言智能搜索能支持不同用户语言、不同语言页面的智能搜索。人们能够更快、更好、更准确地找到满足自身需求、偏好及习惯的推荐信息,从而更好地做出决策。

（4）**多语言智能翻译**。大语言模型对不同语言的通用理解能力,能够支持多语种的智能翻译。例如,与谷歌翻译等商业翻译软件相比,ChatGPT 等大语言模型在高资源语言上性能相当,但在低资源语言上表现欠佳。通过将语音文本转换工具接入大语言模型,能够实现人机对话的实时机器翻译,借助大语言模型对口语化信息的强大理解能力,生成更自然流畅的多语言机器翻译,更好地模拟人类对话。

10.3.5　结论

大语言模型被认为是未来通用人工智能的关键技术,现有的大语言模型是一代代语言模型经过不断继承、优化和迭代的结果。通过梳理大语言模型的发展脉络以及大语言模型在多语言上的探索,本小节探讨了大语言模型在多语言上的局限,并总结了现有研究的改进思路和方向。未来大语言模型在多语言智能客服、多语言智能创作、多语言智能搜索以及多语言智能翻译上具有广阔的应用场景。

同时也应看到,"语言模型＋多模态多语言"是通用人工智能发展的必然。通用人工智能要求语言模型能够理解和生成不同语言的文本,并在文本生成过程中兼顾不同语言文化背景。通用人工智能发展的多语言智能,正是多语言情感分析研究乃至多语言自然语言处理研究的目标所在。

10.4　本章小结

作为本书的最后一章,本章首先选取多语言情感分析的 2 个实现模型,是笔者在跨语言情感分析的研究成果,包括基于情感特征表示的跨语言文本情感分析模型以及基于持续学习的多语言情感分析模型。分析阐述了跨语言情感分析以及多语言情感分析的研究背景、国内外研究现状、提出的模型思路、以及实验分析等。这些模型已经在英语、德语、法语、中文、日语、泰语、韩语、西班牙语等语言中进行实验验证和应用。

其次，本章就大语言模型对多语言智能研究的未来发展与启示进行了探讨分析，梳理大语言模型的发展脉络、剖析大语言模型在多语言智能领域的研究现状、分析大语言模型对多语言相关研究的影响，并提出未来发展展望。

10.5　参考文献

[1]　Wan X. Using Bilingual Knowledge and Ensemble Techniques for Unsupervised Chinese Sentiment Analysis[C]. Proceedings of the 2008 Conference on Empirical Methods in Natural Language Processing. 2008：553-561.

[2]　Wan X. Co-training for Cross-lingual Sentiment Classification[C]. Proceedings of the Joint Conference of the 47th Annual Meeting of the ACL and the 4th International Joint Conference on Natural Language Processing of the AFNLP：Volume 1，Stroudsburg，PA，USA. 2008：235-243.

[3]　Lu B，Tan C，Cardie C，et al. Joint Bilingual Sentiment Classification with Unlabeled Parallel Corpora[C]. Proceedings of the 49th Annual Meeting of the Association for Computational Linguistics：Human Language Technologies. 2011：320-330.

[4]　Zhou X，Wan X，Xiao J. Cross-lingual Sentiment Classification with Bilingual Document Representation Learning[C]. Proceedings of the 54th Annual Meeting of the Association for Computational Linguistics (Volume 1：Long Papers). 2016：1403-1412.

[5]　Zhou G，He T，Zhao J，et al. A Subspace Learning Framework for Cross-lingual Sentiment Classification with Partial Parallel Data[C]. 24th International Joint Conference on Artificial Intelligence. 2015：1426-1433.

[6]　Mikolov T，Sutskever I，Chen K，et al. Distributed Representations of Words and Phrases and Their Compositionality[J]. Advances in Neural Information Processing Systems，2013，26.

[7]　Chen X，Sun Y，Athiwaratkun B，et al. Adversarial Deep Averaging Networks for Cross-lingual Sentiment Classification[J]. Transactions of the Association for Computational Linguistics，2018，6：557-570.

[8]　余传明，王峰，胡莎莎，等. 基于生成对抗网络的跨语言文本情感分析[J]. 情报理论与实践，2019：135-141.

[9]　Mikolov T，Chen K，Corrado G，et al. Efficient Estimation of Word Representations in Vector Space[J]. Computer Science，2013.

[10]　Zhang M，Liu Y，Luan H，et al. Adversarial Training for Unsupervised Bilingual Lexicon Induction[C]. Proceedings of the 55th Annual Meeting of the Association for Computational Linguistics (Volume 1：Long Papers). 2017：1959-1970.

[11]　Conneau A，Lample G，Ranzato M A，et al. Word Translation Without Parallel Data[J]. arXiv preprint arXiv：1710.04087，2017.

[12]　Artetxe M，Labaka G，Agirre E. A Robust Self-learning Method for Fully Unsupervised Cross-Lingual Mappings of Word Embeddings[J]. arXiv preprint arXiv：1805.06297，2018.

[13]　Søgaard A，Ruder S，Vulić I. On the Limitations of Unsupervised Bilingual Dictionary Induction

[J]. arXiv preprint arXiv：1805.03620，2018.

[14]　Zou W Y，Socher R，Cer D，et al. Bilingual Word Embeddings for Phrase-Based Machine Translation. [C] Proceedings of the 2013 Conference on Empirical Methods in Natural Language Processing，Seattle，Washington，USA. 2013：1393-1398.

[15]　Shanahan J G，Grefenstette G，Qu Y，et al. Mining Multilingual Options Through Classification and Translation[C]. Proceeding of AAAI. Menlo Park，CA：AAAI，2004

[16]　Vulic I，Moens M F. Monolingual and Cross-lingual Information Retrieval Models Based on Bilingual Word Embeddings[C]. ACM SIGIR Conference on RDIR. 2015：363-372.

[17]　Thang L，Hieu P，Christopher D M. Bilingual word Representations with Monolingual Quality in Mind [C]. Proceeding of the 1st Workshop on Vector Space Modeling for Natural Language Processing. 2015：151-159.

[18]　Carmen B，Rada M，Janyce W，et al. Multilingual Subjectivity Analysis Using Machine Translation[C]. Proceedings of the Conference on Empirical Methods in Natural Language Processing. 2008：127-135.

[19]　陈强. 跨语言情感分析方法研究[D]. 武汉：武汉大学，2017.

[20]　Barnes J，Klinger R，Schulte S，et al. Bilingual Sentiment Embeddings：Joint Projection of Sentiment Across Languages [J]. arXiv preprint arXiv：1805.09016，2018.

[21]　Turney P. Semantic Orientation Applied to Unsupervised Classification of Reviews [C]// Proceedings of ACL-02，40th Annual Meeting of the Association for Computational Linguistics. 2002：417-424.

[22]　Wan X. Using Only Cross-document Relationships for Both Generic and Topic-focused Multi-document Summarizations[J]. Information Retrieval Journal，2008，11(1)：25-49.

[23]　Meng Z，Yang L，Luan H，et al. Adversarial Training for Unsupervised Bilingual Lexicon Induction[C]. Proceedings of the 55th Annual Meeting of the Association for Computational Linguistics (Volume 1：Long Papers). 2017：1959-1970.

[24]　Sisman B，Zhang M，Dong M，et al. On the Study of Generative Adversarial Networks for Cross-lingual Voice Conversion[C]. IEEE Automatic Speech Recognition and Understanding Workshop (ASRU). IEEE，2019：144-151.

[25]　Fuglede B，Topsoe F. Jensen-Shannon Divergence and Hilbert Space Embedding[C]. International Symposium on Information Theory. IEEE，2004.

[26]　Pang B，Lee L，Vaithyanathan S. Thumbs up? Sentiment Classification Using Machine Learning Techniques[J]. arXiv preprint cs/0205070，2002.：79-86.

[27]　Feng Y，Wan X. Towards a Unified End-to-end Approach for Fully Unsupervised Cross-lingual Sentiment Analysis[C]. Proceedings of the 23rd Conference on Computational Natural Language Learning (CoNLL). 2019：1035-1044.

[28]　Merity S，Keskar N S，Socher R. Regularizing and Optimizing LSTM Language Models[J]. arXiv preprint arXiv：1708.02182，2017.

[29]　Prettenhofer P，Stein B. Cross-language Text Classification Using Structural Correspondence Learning[C]. The 48th Annual Meeting of ACL. 2010：1118-1127.

[30]　Maas. Nsmc：Naver Sentiment Movie Corpus v1.0 [DB/OL]. https://github.com/e9t/nsmc. 2016.

[31]　Suriyawongkul A，Chuangsuwanich E，Chormai P，et al. Pythainlp/wisesightsentiment：First

　　release[DB/OL]. Https://zenodo.org/record/3457447#.YihsJRBBz_Q. 2019.

[32]　Sainani K L. Introduction to Principal Components Analysis[J]. PM&R, 2014, 6(3)：275-278.

[33]　Mikolov T, Le Q V, Sutskever I. Exploiting Similarities Among Languages for Machine Translation[J]. arXiv preprint arXiv：1309.4168, 2013.

[34]　Conneau A, Lample G, Ranzato M A, et al. Word Translation Without Parallel Data[J]. arXiv preprint arXiv：1710.04087, 2017

[35]　Ruder S, Vulić I, Søgaard A. A Survey of Cross-lingual word Embedding Models[J]. Journal of Artificial Intelligence Research, 2019, 65：569-631.

[36]　Devlin J, Chang MW, Lee K, et al. BERT：Pre-training of Deep Bidirectional Transformers for Language Understanding[C]. In：Proc. of the 2019 Conf. of the North American Chapter of the Association for Computational Linguistics：Human Language Technologies, Volume 1 (Long and Short Papers). 2019：4171-4186.

[37]　Peters M, Neumann M, lyyer M, et al. Deep Contextualized Word Representations [C]. Proceedings of the 2018 Conference of the North American Chapter of the Association for Computational Linguistics：Human Language Technoloaies.Volume1(Lona Papers). New Oreans. USA.2018：2227-2237.

[38]　Radford A, Narasimhan K, Salimans T, et al. Improving Language Understanding by Generative Pre-training[J]. 2018.

[39]　Kirkpatrick J, Pascanu R, Rabinowitz N, et al. Overcoming Catastrophic Forgetting in Neural Networks[J]. Proceedings of the National Academy of Sciences, 2017, 114(13)：3521-3526.

[40]　Parisi G I, Kemker R, Part J L, et al. Continual Lifelong Learning with Neural Networks：A review[J]. Neural Networks, 2019, 113：54-71.

[41]　Biesialska M, Biesialska K, Costa-Jussa M R. Continual Lifelong Learning in Natural Language Processing：A Survey[J]. arXiv preprint arXiv：2012.09823, 2020.

[42]　徐尹翔. 基于知识图谱的持续学习的问答系统研究[D]. 无锡：江南大学,2021.

[43]　Qin Y, Zhang J, Lin Y, et al.ELLE：Efficient Lifelong Pre-training for Emerging Data[J]. arXiv preprint arXiv：2203.06311,2022.

[44]　Wei J, Tay Y, Bommasani R, et al. Emergent Abilities of Large Language Models[J]. arXiv preprint arXiv：2206.07682, 2022.

[45]　Goertzel B. ArtificialGeneral Intelligence：Concept, State of the art, and Future Prospects[J]. Journal of Artificial General Intelligence, 2014, 5(1)：1.

[46]　Wu S, Dredze M. Are All Languages Created Equal in Multilingual BERT? [C].In Proceedings of the 5th Workshop on Representation Learning for NLP. Stroudsburg, PA：The Association for Computational Linguistics, 2020：120-130.

[47]　Keita K, Nidhi V, Ayush P, et al. Measuring Bias in Contextualized Word Representations[C]. In Proceedings of the First Workshop on Gender Bias in Natural Language Processing, Florence, Italy. Association for Computational Linguistics, 2019：166-172.

[48]　Blodgett SL, Barocas S, Daumé III H, Wallach H. Language (technology) is power：ACritical Survey of "bias" in nlp[J]. arXiv preprint arXiv：2005.14050. 2020.

[49]　Rozado D. ThePolitical Biases of Chatgpt. Social Sciences[J]. 2023, 12(3)：148.

[50]　Wu S, Dredze M. Beto, Bentz, Becas：The Surprising Cross-Lingual Effectiveness of BERT[C]. In Proceedings of the 2019 Conference on Empirical Methods in Natural Language Processing and

the 9_{th} International Joint Conference on Natural Language(EMNLP-IJCNLP). Stroudsburg，PA：Association for Computational Linguistics. 2019：833-844.

［51］　PfeifferJ，Vuli I，Gurevych I，et al. MAD-X：An Adapter-Based Framework for Multi-Task Cross-LingualTransfer［C］. Proceedings of the 2020 Conference on Empirical Methods in Natural Language Processing. USA：Association for Computational Linguistics，2020：7654-7673.

［52］　Conneau A，Khandelwal K，Goyal N，et al. Unsupervised Cross-lingual Representation Learning at Scale［J］. arXiv preprint arXiv：1911.02116，2019.

［53］　Rebuffi S A，Bilen H，Vedaldi A. LearningMultiple Visual Domains with Residual Adapters［J］. Advances in neural information processing systems，2017，30.

［54］　Bornea M，Pan L，Rosenthal S，et al. MultilingualTransfer Learning for QA Using Translation as Data Augmentation［C］. Proceedings of the AAAI Conference on Artificial Intelligence. 2021，35(14)：12583-12591.

［55］　Bai Y，Kadavath S，Kundu S，et al. Constitutional AI：Harmlessness from AI Feedback［J］. arXiv preprint arXiv：2212.08073，2022.